- 国家级一流本科课程
- 北京高校优质本科课程

"飞行力学（研究型课程）"配套教材

飞行力学数值仿真

（第2版）

林 海　王晓芳　编著

北京理工大学出版社
BEIJING INSTITUTE OF TECHNOLOGY PRESS

内 容 简 介

本书以项目为载体介绍了通过数值仿真实验来研究飞行力学相关问题的方法，内容涉及：铅垂面内的无控弹道计算和无控弹道散布研究；铅垂面内弹道设计与成形控制；六自由度无控弹道解算及散布分析；攻角、侧滑角、速度倾斜角导数的计算；垂直发射导弹方案弹道仿真；英美坐标体系下六自由度无控弹道解算及其与俄罗斯坐标体系下的结果转换；追踪法、平行接近法、比例导引律和三点法导引弹道；导弹纵向动态特性分析；面对称型飞行器侧向动态特性分析；质心移动对飞行器飞行稳定性和操纵性的影响；补偿导弹阻尼不足的方法；图像导引头建模与仿真；轴对称导弹倾斜运动的自动稳定；"导弹－目标"攻防对抗建模与仿真；一种具有终端角约束的滑模导引律；多导弹协同作战鲁棒制导律；等等。

为了方便读者研习或组织教学，本书对涉及的项目给出了预期学习成果、实验背景、实验基础、前序实验、相关知识和理论基础、必要的基础数据、具体实验项目内容和结果分析要点，并提供了进一步思考和探索的方向，还在每个项目的结尾提供了讲授相关理论知识的视频资源。

本书可以作为高等学校航空航天类专业核心课程"飞行力学"的配套教材使用，特别适用于教师组织实施基于团队的研究型课程教学，也可供对此感兴趣的读者自主研习。

版权专有　侵权必究

图书在版编目（CIP）数据

飞行力学数值仿真 / 林海，王晓芳编著. -- 2 版. -- 北京：北京理工大学出版社，2023.11
ISBN 978-7-5763-3207-0

Ⅰ．①飞… Ⅱ．①林…②王… Ⅲ．①飞行力学–计算机仿真 Ⅳ．①V212-39

中国国家版本馆 CIP 数据核字（2023）第 241656 号

责任编辑：曾　仙	文案编辑：曾　仙
责任校对：周瑞红	责任印制：李志强

出版发行 ／ 北京理工大学出版社有限责任公司
社　　址 ／ 北京市丰台区四合庄路 6 号
邮　　编 ／ 100070
电　　话 ／（010）68944439（学术售后服务热线）
网　　址 ／ http://www.bitpress.com.cn
版 印 次 ／ 2023 年 11 月第 2 版第 1 次印刷
印　　刷 ／ 保定市中画美凯印刷有限公司
开　　本 ／ 787 mm × 1092 mm　1/16
印　　张 ／ 13.5
字　　数 ／ 298 千字
定　　价 ／ 59.00 元

图书出现印装质量问题，请拨打售后服务热线，负责调换

第 2 版前言

大学的根本任务在于立德树人，课程是落实这项根本任务最重要、最基本的单元。近年来，"知识传授、能力养成、价值塑造"三位一体的教书育人观念，已经从一种相对抽象的概念变为广大教师的共识。在知能并重的基础上，情感领域的价值目标（如家国情怀、工匠精神、奉献精神等）正在通过广大教师的不懈努力，融入一门门具体的课程。

飞行器设计与工程专业肩负着为国家培养高性能、高品质新型飞行器研发人才的重要使命，而飞行力学一直都是该专业的核心课程。因此，为学生奠定坚实的理论基础和专业能力，塑造正确的价值体系，飞行力学课程义不容辞、责无旁贷。

《飞行力学数值仿真》最初是为了配合"飞行力学（研究型课程）"改革而编写的。该课程改革构思于 2012 年，试行于 2013 年春季，基本思路是保留原课程的知识体系，但要以项目研究为载体，对原课程进行项目化重构。课程改革虽然很快就取得了一些实效，但同时也遇到了相当多的困难，其中之一就是没有适合这种以项目化重构为特色的"飞行力学（研究型课程）"的配套教材。直到 2018 年，历时 5 年的《飞行力学数值仿真》（第 1 版）终于问世，在一定程度上解决了以下几个问题：

(1) 为学生知行合一进行探究性学习提供了必要的指导。

(2) 为教师设计课内留白和课外补白提供了必要的配套项目。

(3) 为教师的因材施教和学生的个性化学习提供了必要的研习项目。

这部教材出版以来，深受广大读者的好评，入选了 2019 年北京高校优质本科教材课件，并支撑"飞行力学（研究型课程）"入选 2020 年北京高校优质本科课程，该课程于 2023 年入选第二批国家级一流本科课程。

2018 年以来，将情感领域价值目标融入专业课程教学，已逐渐深入人心，成为各校的广泛共识。"飞行力学（研究型课程）"也不例外，我将励志报国、诚信严谨、精益求精等情感、态度和信念，采用"专业知识、研习项目、主题任务"三结合的设计，以知行合一的方式融入课程教学和项目研习的过程之中。与课程的持续改进相比，原来的配套教材在这方面的融合就显得有些滞后，有必要进行修订了。

此次修订继承了上一版的编写理念和所有特色，并在以下几方面进行了改进：

（1）三位一体的研究性学习项目。在每一章的预期学习成果中，增加了情感领域价值目标，并在专业研习项目的基础上，融合设计了同样具有专业属性的主题任务，用来落实、支撑预期学习成果中的情感领域价值目标。每个主题任务与专业研习项目之间有着极强的内在联系，既可使情感领域价值目标自然地融入其中，"润物细无声"地得以落实，还可提升学习者专业认知领域目标达成的层次和境界。这种"知识、能力、价值"三位一体的研究性学习项目，使教材能够更好地配合"飞行力学（研究型课程）"，发挥"知识传授、能力养成、价值塑造"三位一体的育人作用。

（2）知行合一的价值塑造模式。要实现情感领域的教育目标，最适合的教育模式和达成途径莫过于知行合一，这与研究型课程所强调的"在研究中学习，在学习中研究"的理念不谋而合。为此，本书的重点并不在于直接、系统地阐述某种时代精神或价值观，而是利用"三位一体"研习项目中的主题任务，让研习者在主题任务的研究与实践过程中，通过知行合一的价值塑造来达成预期的情感价值目标。

（3）可落实、可评价原则。如何对情感领域教育目标的达成情况进行评价，这几乎是一个世界性的难题。问题的根源首先就在于，在描述教育目标时没有认真考虑它的可落实性和可评价性。为避免出现这种情况，对于每一个研习项目，无论是描述专业认知领域的预期学习成果，还是描述情感领域的价值目标，均应坚持可落实、可评价的原则——充分尊重一门课程、一部教材、一个项目、一个主题任务的承载能力，实事求是地描述教育教学目标，而不是片面追求宏伟、远大。相信这部教材的编写理念和素材，可以帮助教师对自己的课程进行项目化重构，使课程的情感领域价值目标可落实、可评价。

（4）结构化、融入性替换。一般情况下，教材修订、再版的周期较长，具有相对的固化特点和稳定性，而情感领域的价值目标具有明显的时代性。尽管此次修订已经融入了一些最新的时代精神和价值导向，但在使用一段时间之后，仍有可能跟不上时代发展和时事变化的节奏。为此，本次修订设计了一种"结构化、融入性"替换模式，教师可根据具体情况和时事的发展变化，适时地重新设计更具时代性的情感领域价值目标和主题任务，并将其数字化，利用数字平台网络技术，对教材中的研习项目实施结构化、融入性替换，确保教材"知识、能力、价值"三位一体的内涵与特色能够始终与时代同步。

（5）数字化授课视频资源支持。传统意义上，教材与课程之间的最大区别在于，前者的受众是开放的，而后者的受众是封闭的。事实上，我们设计的"飞行力学（研究型课程）"采用了双配套教材，考虑到另一部配套教材中对飞行力学的知识体系已经介绍得颇为系统，因此这部教材关注的重点并不是知识体系，对有关内容的介绍就相对简略。鉴于理论知识对于解决复杂工程问题的重要性，本次修订时，针对一些重要的理论知识，特意在每一章的最后增加了数字化授课视频资源。读者可以扫描本书提供的视频二维码进行自主学习，为项目研习奠定更加坚实的理论基础。

全书按照研习项目分为20章，第1~5章、第8~14章由我编写，其他章节由王晓芳编写。这些研习项目涵盖了本科飞行力学课程的大部分内容，包括：弹道的建模、设计、解算与成形控制；导引弹道的运动学分析与制导律设计；飞行器的稳定性和操纵性分析；图像导引头建模与仿真；"导弹-目标"攻防对抗建模与仿真；等等。本书的部分研习项目也适合硕士研究生进行初步的项目研究训练。

本书的每一章都由预期学习成果开始，描述学习者在完成项目研习后预期能够达成的专业认知领域目标和情感领域价值目标，便于教学双方关注和促进预期学习成果的达成；在介绍项目相关的应用场景和必要的基础知识之后，由浅入深、层层递进地给出该项目需要完成的具体内容，然后用一系列启发式的问题，引导学习者对仿真结果进行分析，甚至重构仿真实验来回答所提问题；在此基础上，给出可进一步深入探究的方向，引导学习者自行设计仿真实验对有关问题进行深入研究，进而提升学习者发现问题、分析问题和解决复杂问题的能力；最后是若干与项目研究内容高度关联、密不可分的主题任务，帮助学习者在知行合一的研习过程中达成预期学习成果中的情感领域价值目标，同时提升专业认知领域目标达成的层次和境界。

由于编者水平有限，书中难免存在一些疏漏，恳请广大读者批评指正。

林 海

2023年8月于珠海

第 1 版前言（节选）

　　飞行力学是研究飞行器运动规律的一门学科，是研究和设计飞行器的理论基础。因此，飞行力学课程是飞行器设计与工程专业的必修课，也是一门非常重要的专业基础课。该课程集中运用了飞行器概论、自动控制原理、空气动力学、工程力学等航空航天类课程和其他先修课程的知识，信息量大，涉及面广，公式多而复杂。其主要包括三部分：（1）飞行器系统数学建模与仿真；（2）飞行弹道与导引规律；（3）飞行器动态特性研究。

　　飞行力学课程的教学目标分为三个层次：（1）掌握飞行力学的基本原理、概念和方法；（2）应用飞行力学基本原理、概念和方法解决飞行力学问题的必要技能；（3）应用相关知识、原理和方法进行飞行器系统分析与设计的能力。

　　目前，大多数学校的飞行力学课程都基本使用大致固定的教材，围绕上述三部分内容，采用比较传统的模式，即以讲授为主，结合一两个实验，再加上少量习题训练。在这种模式中，课程内容和教学过程以知识传授为主，实验的综合性、设计性不够，特别是学生针对特定的飞行力学问题自主设计实验进行研究的训练更加不够，因此很难达到第（2）层次教学目标，更不用说第（3）层次了。

　　至于对学习效果的考核评价，一般都采用"平时成绩"+"期末考试"的办法。但所谓的"平时成绩"，通常是以"作业"（甚至"考勤"）来评判，最多加上一两次实验报告；而所谓的"期末考试"，仍然离不开传统的试卷模式。以至于"平时"所考流于形式，"期末"所考限于传统。用这种考核评价模式对教学目标是否达成进行检验，通常只能停留在第（1）个层次。这样一来，即使是对基本原理、概念和方法的掌握，也容易仅仅停留于表面。多年的教学实践已经证明，在这种模式下，学生一旦通过考试，那些突击学到的知识很快就被忘得干干净净。

　　因此，有必要对飞行力学课程的教学内容、教学模式和考核评价方法进行改革，使学生通过"在研究中学习、在学习中研究"的教学过程，获得更有实际意义的预期学习成果。

我从事飞行力学相关课题研究将近30年，主讲飞行力学相关课程也有20多年。从2000年起，结合科研成果，我在"近代飞行力学"和"飞行力学设计"等研究生课程中试行采用基于团队项目研究的课程教学改革，将课程内容通过一系列相关项目和案例来展开，实施"教研结合"的教学方式，致力于将教学过程转变为"在研究中学习、在学习中研究"的过程。同时，我彻底改变考核评价模式，取消期末考试，根据学生在整个课程学习过程中的表现来评定其成绩——学生在项目设计、问题研讨、报告答辩等过程中的表现，以及研究报告、数学模型、仿真软件等文档的整理与撰写质量，都是考核评价的观察点。经过十多年的课程改革实践，这种教学模式被证明是行之有效的。那些取材于最新科研成果的项目和案例，以及基于团队项目研究的课程教学效果，得到了研究生及其导师的一致好评。

2012年，我开始思考这种教学模式是否可以用于和怎样用于本科层次的飞行力学课程。我将以往的本科飞行力学课程的教学经验和教训进行了总结和分析，归纳了以下三个主要问题：

（1）教学内容和教学过程按传统的教科书形式展开，教学模式过于传统，与工程实际联系不密切，不利于调动、激发学生的积极性和主动性。学生基本上只能被动地参与教学，对相关问题的思考在深度上和广度上都很不够，运用所学知识解决实际工程问题的能力训练严重不足。

（2）与课程配套的作业基本上只能起到让学生复习各个分散的知识点、基本原理和概念等的作用，仅有少量实验且实验缺少综合性和设计性，加上考核评价体系与教学目标不匹配，难以引导学生实现"在研究中学习、在学习中研究"，也不利于培养学生自行设计实验研究飞行器设计相关问题的能力。

（3）飞行器设计与工程专业的学生应着重培养分析、研究和设计复杂动力学系统的能力，但传统的课程教学内容、教学模式和考评方法容易使学生"重成绩、轻过程""重知识、轻能力""重细节、轻系统""重学习、轻研究""重个体、轻团队"，显然不适应飞行器设计相关领域对人才素质和能力的要求。

为此，我开始着手对飞行力学课程进行改革，主要的变化体现在以下几方面：

（1）将课程内容、教学过程项目化。针对各章内容，从最新的科研成果中组织提炼相关的项目和案例作为载体，组织开展相关内容的教学，以项目研究引导和推动学生对相关章节内容进行主动学习，变被动为主动，促进学生在联系工程实际进行深入思考的基础上，分析和解决相关问题。

（2）围绕课程内容，将习题、作业和配套实验融入项目研究。采取研究报告、软件开发、仿真实验、答辩研讨等多种形式，使学生通过亲自参与综合性、设计性强的项目研究来实现"在研究中学习、在学习中研究"，培养学生从系统的观点去分析和研究问题的习惯。

（3）实施基于团队项目的教学内容、教学过程、教学模式和考评方法的改革。学生按四人一组组成固定团队，以轮值的方式在项目组中担任不同的角色，完成不同的研究任务。学生的学习和研究以及教师对学生的考核评价贯穿每个项目和整个课程，确保学生的综合素质和能力得以提高。

（4）飞行力学的很多问题，最好通过理论和实验相结合的方法进行研究。但是，涉及导弹与目标相对运动有关的实体飞行试验和实验，不大可能经济而方便地在学校开展。因此，在组织教学项目和案例时，有关的实验全部都是在计算机上进行的数值仿真实验。这样做的好处还在于，课程的有关资源可以不受限制地向感兴趣的学习者开放，不必虑及他们因缺少实体飞行试验和实验条件而无法学习。

这部教材收录了我自2013年第一次试行这样的课程改革以来，逐渐累积的一些深浅程度不同的教学项目。每一章以一个项目引出若干问题，引导学生在完成项目和拓展研究的过程中深入理解飞行力学的基本原理、概念和方法。

作为本科层次的飞行力学课程的配套教材，本书特别适用于教师开展基于团队项目的研究型教学。我比较推荐的办法是：将学生按每四人一组分为若干课题组，采用成员固定和组长轮值制，以课题组为单位开展研究。以48学时的课程为例，每6个学时完成一个项目，共8个案例。在对这8个案例的研究过程中，课题组每个成员至少担任2次课题组长。每个项目的6个学时分为三次课，具体安排为：第一次课介绍背景情况和相关知识，每三人一组研讨解决方案；第二次课为组内深入研讨，教师答疑并根据答疑情况补充讲授相关知识；第三次课由课题组长在全班进行报告、答辩，教师组织全体学生研讨交流并进行点评和总结。通过以不同角色（课题组长、成员、答辩者、评审者等）亲自参与项目的分析、设计、研究和评价，学生在掌握飞行力学基本原理、概念、方法的基础上，发现、分析、沟通、表达、批判、协作和领导等多种能力都能得到较好的锻炼。

对学生学习成果的考核评价，宜采用研究过程与研究结果相结合、学生自评和教师评价相结合、个人贡献与团队成绩相结合的模式，使考核评价贯穿于每个项目的全过程和课程教学的全过程，而不是在课程结束时通过一张试卷来进行考评。

OBE（Outcome Based Education）是世界一流大学普遍利用的教育模式，它在提高教育质量和课程评价方面的有效性已被许多世界一流大学经过长期实践所证明。同时，它也被"华盛顿协议"全面接受，并将其作为成员国和地区之间进行实质等效互认的重要基础。按照OBE的理念和"华盛顿协议"下的国际实质等效认证要求，"教"与"学"双方在一开始就必须非常清楚地了解课程的ILOs（Intended Learning Outcomes，即预期学习成果），以便在教学的"设计、实施、考评和改进"四个方面都能够根据学生的需求和ILOs的达成情况来进行。

为便于教师更好地利用这部教材组织符合OBE理念的教学，这部教材在每一个项目的一开始便明确给出了若干可能的ILOs。但必须说明的是，这并不意味着只要通过该项目的研习，就一定能达成这些ILOs。比较实际的观点是，这仅仅是飞行力学课程的配套教材之一，还需要教师精心组织教学并与学生一起投入大量的精力进行研习，学生才有可能在教师的帮助下，借助这些项目的研习达成课程的ILOs。

根据6年来的教学实践经验，如果使用五六个项目为载体，基本就可以承载一般飞行力学课程（48学时）所包含的内容。学生按四人一组以团队形式完成研习，师生双方的工作量大约都是传统对应课程的四五倍，甚至更多。但从教学实效看，学生对相关内容理解的深度，以及各项ILOs的达成方面，与传统课程教学相比，确有大幅提高。

如果爱好者进行自主研习，亦可在完成项目研习之后，对 ILOs 的达成情况进行自我评价。

在本教材的完成过程中，张艺伟、柴劲、贺敏、胡邦亚、李东旭、杜宗霖、肖念远等研究生做了大量的文字校正和修订工作，在此表示感谢。

由于编者水平有限，书中难免存在一些不足，欢迎读者批评指正。

林　海

2018 年 7 月于北京

主要符号说明

a_n——导弹的法向加速度。

$a_{11},a_{12},a_{21},a_{22},\cdots,a_{36}$——纵向扰动运动的动力系数。

$b_{11},b_{12},b_{21},b_{22},\cdots,b_{38}$——侧向扰动运动的动力系数。

c_x,c_y,c_z——阻力系数、升力系数、侧向力系数。

c_{x0}——当$\alpha=0$、$\beta=0$时的阻力系数。

c_{y0}——由于外形相对于平面Ox_1z_1不对称引起的升力系数。

$c_x^{\alpha^2}$——阻力系数对α^2的导数。

$c_x^{\beta^2}$——阻力系数对β^2的导数。

c_y^{α}——升力系数对攻角的导数。

$c_y^{\delta_z}$——升力系数对升降舵偏角的导数。

F_{gx},F_{gy},F_{gz}——干扰力在弹道坐标系上投影的三个分量。

G——重力。

g——重力加速度。

J_x,J_y,J_z——导弹绕Ox_1、Oy_1、Oz_1轴的转动惯量。

K_M,K_α,K_{n_y}——导弹传递系数、攻角传递系数、法向过载传递系数。

L——特征长度。

M_x,M_y,M_z——滚转力矩、偏航力矩、俯仰力矩。

M_{gx},M_{gy},M_{gz}——干扰力矩在弹体坐标系上投影的三个分量。

m——导弹质量。

m_c——单位时间内燃料消耗量。

m_{x0}——由生产误差引起的外形不对称产生的滚动力矩系数。

m_{z0}——由于外形相对于平面Ox_1z_1不对称引起的俯仰力矩系数。

m_x,m_y,m_z——滚转力矩系数、偏航力矩系数、俯仰力矩系数。

$m_x^\beta,m_y^\beta,m_z^\alpha$——横向静稳定导数、偏航静稳定导数、俯仰静稳定导数。

$m_x^{\bar\omega_y},m_y^{\bar\beta},m_z^{\bar\alpha}$——滚动力矩系数对$\bar\omega_y$的偏导数、偏航力矩系数对$\dot\beta$的导数、俯仰力矩系数对$\dot\alpha$的导数。

$m_x^{\bar\omega_x},m_y^{\bar\omega_y},m_z^{\bar\omega_z}$——滚动阻尼力矩系数导数、偏航阻尼力矩系数导数、俯仰阻尼力矩系数导数。

$m_x^{\delta_x},m_y^{\delta_y},m_z^{\delta_z}$——副翼(差动舵)操纵效率、方向舵操纵效率、升降舵操纵效率。

$m_x^{\delta_y}, m_y^{\overline{\delta_y}}, m_z^{\overline{\delta_z}}$——滚动力矩系数对$\delta_y$的偏导数、偏航力矩系数对$\overline{\delta_y}$的导数、俯仰力矩系数对$\overline{\delta_z}$的导数。

n——导弹法向过载。

n_T——目标法向过载。

$\boldsymbol{P}$——推力矢量。

R_M——导弹与制导站之间的距离。

R_T——目标与制导站之间的距离。

r——导弹与目标之间的距离。

S——特征面积。

T_1——气动力时间常数。

T_M——导弹时间常数。

V——导弹的飞行速度。

V_C——制导站的运动速度。

V_T——目标的运动速度。

$\boldsymbol{W}$——风速矢量。

X——升力。

x, y, z——导弹质心在地面坐标系的坐标。

x_G——导弹质心离头部顶点的距离。

Y——阻力。

Z——侧向力。

α——攻角。

β——侧滑角。

$\overline{\dot{\alpha}}, \overline{\dot{\beta}}, \overline{\dot{\delta}_y}, \overline{\dot{\delta}_z}$——分别为对$\dot{\alpha}$、$\dot{\beta}$、$\dot{\delta}_y$、$\dot{\delta}_z$进行无量纲化处理后的角度变化率。

γ——倾斜角。

γ_V——速度倾斜角。

$\delta_x, \delta_y, \delta_z$——副翼偏转角、方向舵偏转角、升降舵偏转角。

$\varepsilon_M, \varepsilon_T$——导弹高低角、目标高低角。

η——导弹速度前置角。

η_T——目标速度前置角。

ϑ——俯仰角。

θ——弹道倾角；俯仰角（英美坐标体系）。

θ_T——目标的纵向航向角。

ξ_M——相对阻尼系数。

ρ——大气密度。

σ_C——制导站的航向角。

ψ——偏航角。

ϕ——滚转角。

ψ_V——弹道偏角。

ψ_{TV}——目标的偏航航向角。

ω_c——固有频率。

ω_x——导弹绕 Ox_1 轴的转动角速度，即滚转角速度。

ω_y——导弹绕 Oy_1 轴的转动角速度，即偏航角速度。

ω_z——导弹绕 Oz_1 轴的转动角速度，即俯仰角速度。

$\bar{\omega}_x, \bar{\omega}_y, \bar{\omega}_z$——分别为对角速度 ω_x、ω_y、ω_z 进行无量纲化处理后的角速度。

$Axyz$——地面坐标系。

$Ox_1y_1z_1$——弹体坐标系。

$Ox_2y_2z_2$——弹道坐标系。

$Ox_3y_3z_3$——速度坐标系。

$Ox_by_bz_b$——弹体坐标系（英美坐标体系）。

$Ox_gy_gz_g$——地面坐标系（英美坐标体系）。

$Ox_1y_1z_1$——光轴坐标系。

$Ox_py_pz_p$——地平坐标系。

$Ox_ay_az_a$——风轴坐标系（英美坐标体系）。

$Ox_sy_sz_s$——视线坐标系。

目 录
CONTENTS

第 1 章　铅垂面内的无控弹道计算 ·················· 001
  1.1　预期学习成果 ·················· 001
  1.2　实验背景 ·················· 001
  1.3　实验基础 ·················· 001
    1.3.1　前序实验 ·················· 001
    1.3.2　相关知识与理论基础 ·················· 001
    1.3.3　基础数据 ·················· 005
  1.4　实验项目内容 ·················· 005
  1.5　实验结果分析 ·················· 005
  1.6　探索与思考 ·················· 008
  1.7　主题任务 ·················· 008

第 2 章　铅垂面内的无控弹道散布研究 ·················· 010
  2.1　预期学习成果 ·················· 010
  2.2　实验背景 ·················· 010
  2.3　实验基础 ·················· 010
    2.3.1　前序实验 ·················· 010
    2.3.2　相关知识与理论基础 ·················· 011
    2.3.3　基础数据 ·················· 014
  2.4　实验项目内容 ·················· 014
  2.5　实验结果分析 ·················· 014
  2.6　探索与思考 ·················· 015
  2.7　主题任务 ·················· 015

第 3 章　铅垂面内弹道设计与成形控制 ·················· 017
  3.1　预期学习成果 ·················· 017
  3.2　实验背景 ·················· 017

3.3 实验基础 ··· 018
   3.3.1 前序实验 ·· 018
   3.3.2 相关知识与理论基础 ·· 018
   3.3.3 基础数据 ·· 020
3.4 实验项目内容 ·· 020
3.5 实验结果分析 ·· 020
3.6 探索与思考 ·· 022
3.7 主题任务 ··· 022

第 4 章　六自由度无控弹道解算及散布分析 ································· 024
4.1 预期学习成果 ·· 024
4.2 实验背景 ··· 024
4.3 实验基础 ··· 024
   4.3.1 前序实验 ·· 024
   4.3.2 相关知识与理论基础 ·· 025
   4.3.3 基础数据 ·· 029
4.4 实验项目内容 ·· 030
4.5 实验结果分析 ·· 031
4.6 探索与思考 ·· 033
4.7 主题任务 ··· 033

第 5 章　攻角、侧滑角、速度倾斜角导数的计算 ··························· 035
5.1 预期学习成果 ·· 035
5.2 实验背景 ··· 035
5.3 实验基础 ··· 035
   5.3.1 前序实验 ·· 035
   5.3.2 相关知识与理论基础 ·· 035
   5.3.3 基础数据 ·· 037
5.4 实验项目内容 ·· 037
5.5 实验结果分析 ·· 038
5.6 探索与思考 ·· 038
5.7 主题任务 ··· 039

第 6 章　垂直发射导弹方案弹道仿真 ······································· 040
6.1 预期学习成果 ·· 040
6.2 实验背景 ··· 040
6.3 实验基础 ··· 041
   6.3.1 前序实验 ·· 041
   6.3.2 相关知识与理论基础 ·· 041
   6.3.3 基础数据 ·· 047
6.4 实验项目内容 ·· 047

6.5 实验结果分析 ………………………………………………………… 048
 6.5.1 俯仰角、弹道倾角和攻角的变化规律 ………………………… 048
 6.5.2 导弹飞行弹道的分析 …………………………………………… 048
 6.5.3 四元数与欧拉角的对应关系 …………………………………… 048
6.6 探索与思考 …………………………………………………………… 048
6.7 主题任务 ……………………………………………………………… 049

第7章 英美坐标体系下六自由度无控弹道解算及其与俄罗斯坐标体系下的结果转换 …………………………………………………… 050

7.1 预期学习成果 ………………………………………………………… 050
7.2 实验背景 ……………………………………………………………… 050
7.3 实验基础 ……………………………………………………………… 050
 7.3.1 前序实验 ………………………………………………………… 050
 7.3.2 相关知识与理论基础 …………………………………………… 051
 7.3.3 基础数据 ………………………………………………………… 056
7.4 实验项目内容 ………………………………………………………… 057
7.5 实验结果分析 ………………………………………………………… 057
 7.5.1 导弹的飞行状态对比 …………………………………………… 057
 7.5.2 模型切换时导弹飞行状态对比 ………………………………… 061
7.6 探索与思考 …………………………………………………………… 061
7.7 主题任务 ……………………………………………………………… 062

第8章 追踪法导引弹道 …………………………………………………… 064

8.1 预期学习成果 ………………………………………………………… 064
8.2 实验背景 ……………………………………………………………… 064
8.3 实验基础 ……………………………………………………………… 064
 8.3.1 前序实验 ………………………………………………………… 064
 8.3.2 相关知识与理论基础 …………………………………………… 064
 8.3.3 基础数据 ………………………………………………………… 066
8.4 实验项目内容 ………………………………………………………… 066
8.5 实验结果分析 ………………………………………………………… 067
8.6 探索与思考 …………………………………………………………… 068
8.7 主题任务 ……………………………………………………………… 069

第9章 平行接近法导引弹道 ……………………………………………… 070

9.1 预期学习成果 ………………………………………………………… 070
9.2 实验背景 ……………………………………………………………… 070
9.3 实验基础 ……………………………………………………………… 070
 9.3.1 前序实验 ………………………………………………………… 070
 9.3.2 相关知识与理论基础 …………………………………………… 070
 9.3.3 基础数据 ………………………………………………………… 071

9.4 实验项目内容 ··· 071
9.5 实验结果分析 ··· 072
9.6 探索与思考 ··· 073
9.7 主题任务 ··· 074

第 10 章 比例导引律导引弹道 ··· 075
10.1 预期学习成果 ··· 075
10.2 实验背景 ··· 075
10.3 实验基础 ··· 075
10.3.1 前序实验 ··· 075
10.3.2 相关知识与理论基础 ··· 075
10.3.3 基础数据 ··· 077
10.4 实验项目内容 ··· 077
10.5 实验结果分析 ··· 078
10.6 探索与思考 ··· 080
10.7 主题任务 ··· 080

第 11 章 三点法导引弹道 ··· 082
11.1 预期学习成果 ··· 082
11.2 实验背景 ··· 082
11.3 实验基础 ··· 082
11.3.1 前序实验 ··· 082
11.3.2 相关知识与理论基础 ··· 082
11.3.3 基础数据 ··· 085
11.4 实验项目内容 ··· 085
11.5 实验结果分析 ··· 085
11.6 探索与思考 ··· 086
11.7 主题任务 ··· 087

第 12 章 导弹纵向动态特性分析 ··· 088
12.1 预期学习成果 ··· 088
12.2 实验背景 ··· 088
12.3 实验基础 ··· 089
12.3.1 前序实验 ··· 089
12.3.2 相关知识与理论基础 ··· 089
12.3.3 基础数据 ··· 092
12.4 实验项目内容 ··· 092
12.5 实验结果分析 ··· 093
12.5.1 动力系数 ··· 093
12.5.2 特征方程根 ··· 094
12.5.3 短周期扰动运动特征方程根 ··· 095

	12.5.4 导弹纵向传递函数及关键参数	095
	12.5.5 动力系数 a_{24} 的影响	100
	12.5.6 舵面阶跃偏转时各偏量的过渡过程求解及分析	100
12.6	探索与思考	101
12.7	主题任务	101

第13章 面对称型飞行器侧向动态特性分析 ··· 103

- 13.1 预期学习成果 ··· 103
- 13.2 实验背景 ··· 103
- 13.3 实验基础 ··· 103
  - 13.3.1 前序实验 ··· 103
  - 13.3.2 相关知识与理论基础 ··· 104
  - 13.3.3 基础数据 ··· 106
- 13.4 实验项目内容 ··· 107
- 13.5 实验结果分析 ··· 107
  - 13.5.1 扰动运动 ··· 107
  - 13.5.2 侧向传递函数 ··· 107
  - 13.5.3 自由扰动运动的变化趋势 ··· 108
  - 13.5.4 偏量变化 ··· 109
  - 13.5.5 利用侧向稳定边界图分析侧向运动 ··· 109
- 13.6 探索与思考 ··· 111
- 13.7 主题任务 ··· 112

第14章 质心移动对飞行器飞行稳定性和操纵性的影响 ··· 114

- 14.1 预期学习成果 ··· 114
- 14.2 实验背景 ··· 114
- 14.3 实验基础 ··· 115
  - 14.3.1 前序实验 ··· 115
  - 14.3.2 相关知识与理论基础 ··· 115
  - 14.3.3 基础数据 ··· 115
- 14.4 实验项目内容 ··· 115
- 14.5 实验结果分析 ··· 116
  - 14.5.1 与质心移动有关系的动力系数 ··· 116
  - 14.5.2 质心移动对导弹传递系数 K_M 和导弹时间常数 T_M 等参数的影响 ··· 117
  - 14.5.3 初始扰动 ··· 118
  - 14.5.4 对阶跃输入 $\Delta\delta_z = 2°$ 的响应 ··· 119
- 14.6 探索与思考 ··· 120
- 14.7 主题任务 ··· 120

第15章 补偿导弹阻尼不足的方法 ··· 122

- 15.1 预期学习成果 ··· 122

  15.2 实验背景 ·· 122
  15.3 实验基础 ·· 122
    15.3.1 前序实验 ·· 122
    15.3.2 相关知识与理论基础 ··· 123
    15.3.3 基础数据 ·· 126
  15.4 实验项目内容 ··· 126
  15.5 实验结果分析 ··· 126
  15.6 探索与思考 ··· 127
  15.7 主题任务 ·· 128

第16章 图像导引头建模与仿真 ·· 129
  16.1 预期学习成果 ··· 129
  16.2 实验背景 ·· 129
  16.3 实验基础 ·· 129
    16.3.1 前序实验 ·· 129
    16.3.2 相关知识与理论基础 ··· 130
    16.3.3 基础数据 ·· 136
  16.4 实验项目内容 ··· 137
  16.5 实验结果分析 ··· 137
  16.6 探索与思考 ··· 139
  16.7 主题任务 ·· 139

第17章 轴对称导弹倾斜运动的自动稳定 ··· 140
  17.1 预期学习成果 ··· 140
  17.2 实验背景 ·· 140
  17.3 实验基础 ·· 140
    17.3.1 前序实验 ·· 140
    17.3.2 相关知识与理论基础 ··· 141
    17.3.3 基础数据 ·· 143
  17.4 实验项目内容 ··· 143
  17.5 实验结果分析 ··· 143
  17.6 探索与思考 ··· 145
  17.7 主题任务 ·· 145

第18章 "导弹-目标"攻防对抗建模与仿真 ··· 147
  18.1 预期学习成果 ··· 147
  18.2 实验背景 ·· 147
  18.3 实验基础 ·· 148
    18.3.1 前序实验 ·· 148
    18.3.2 相关知识与理论基础 ··· 148
    18.3.3 基础数据 ·· 156

18.4	实验项目内容	156
18.5	实验结果分析	157
18.5.1	控制系统	157
18.5.2	导弹攻击直线运动坦克的搜索情况及攻击情况分析	158
18.5.3	导弹攻击机动直升机的搜索情况及攻击情况分析	158
18.6	探索与思考	159
18.7	主题任务	159

第19章 一种具有终端角约束的滑模导引律 … 160

19.1	预期学习成果	160
19.2	实验背景	160
19.3	实验基础	161
19.3.1	前序实验	161
19.3.2	相关知识与理论基础	161
19.3.3	基础数据	164
19.4	实验项目内容	165
19.5	实验结果分析	165
19.6	探索与思考	165
19.7	主题任务	166

第20章 多导弹协同作战鲁棒制导律 … 167

20.1	预期学习成果	167
20.2	实验背景	167
20.3	实验基础	167
20.3.1	前序实验	167
20.3.2	相关知识与理论基础	168
20.3.3	基础数据	173
20.4	实验项目内容	174
20.5	实验结果分析	174
20.6	探索与思考	175
20.7	主题任务	175

参考文献 … 177

附录A 某导弹弹道计算相关数据 … 178

附录B 基于四元数的坐标系变换 … 183

后记 … 190

第 1 章　铅垂面内的无控弹道计算

1.1　预期学习成果

1) 深入理解导弹在空间的运动与受力之间的关系。
2) 能够用合适的数学工具和计算机解算铅垂面内的无控弹道。
3) 能够根据仿真结果研判计算程序和数学模型的正确性。
4) 能够根据仿真结果研判主要弹道参数和相关导弹总体设计参数的合理性。
5) 能够通过调研来正确认识基础条件和环境条件对弹道技术发展的影响。

1.2　实验背景

导弹在空间力系的作用下飞行,当操纵机构不偏转时,其在空间做无控飞行。研究导弹的无控飞行是研究其有控飞行的基础,为了进一步简化问题,本实验着重解算、分析导弹在铅垂面内的无控运动规律。通过分析导弹所受的力和力矩,定义相应的坐标系,本实验建立由动力学方程、运动学方程、质量变化方程、几何关系方程组成的无控导弹运动模型;在给定初始条件的基础上,本实验采用欧拉法、龙格-库塔法等数值积分方法对表征导弹模型的一阶常微分方程组进行求解,并对结果进行分析。

1.3　实验基础

1.3.1　前序实验

本实验无前序实验。

1.3.2　相关知识与理论基础

1. 导弹所受的力和力矩

导弹所受的力主要有发动机的推力、导弹本身的重力,以及导弹在大气中飞行时所受到的空气动力。导弹所受的力矩主要有空气动力引起的空气动力矩、推力作用线不通过导弹质心时的推力矩。

发动机的推力为发动机喷出高速燃气流的反作用力,是导弹飞行的动力。导弹上采用的发动机有火箭发动机(采用固体或液体燃料)和航空发动机。火箭发动机的推力只与导弹的飞行高度有关,而与导弹的其他运动参数无关,它的大小主要取决于发动机的性能参数。航空喷气发动机的推力大小与导弹飞行高度、马赫数、飞行速度、攻角等参数有关。推力方向一般与导弹弹体纵轴重合或平行,若推力方向与弹体纵轴有夹角,则会产生推力矩。本实验不考虑推力矩的影响。

导弹本身的重力由地心引力与离心惯性力组成,在本实验中,不考虑地球自转的影响,且将航程地表面视为平面,故而将离心惯性力忽略。由于飞行高度较低且变化不大,重力加速度变化也不大,因此,重力加速度采用地球表面的重力加速度 g_0(工程上一般取 $g_0 = 9.81 \text{ m/s}^2$)。需要注意,由于发动机在工作中不断消耗燃料,因此导弹的质量会不断减小,导弹所受的重力也会不断减小。

导弹在大气中飞行时所受到的空气动力沿速度坐标系可以分解为升力 Y、阻力 X 和侧向力 Z。其中,升力 Y 主要由导弹弹翼提供,单独弹翼的升力受攻角 α 和马赫数 Ma 的影响,弹身与尾翼也会产生升力,工程上常用升力系数 c_y 来表述全弹的升力,考虑同一参考面积对升力系数进行计算。当攻角 α 与升降舵偏转角 δ_z 较小时,升力系数 c_y 可以表示为

$$c_y = c_{y_0} + c_y^\alpha \alpha + c_y^{\delta_z} \delta_z \tag{1-1}$$

式中,c_{y_0}——攻角 α 和升降舵偏角 δ_z 均为零时的升力系数,它是导弹外形相对于 Ox_1z_1 平面不对称引起的;

c_y^α——升力系数 c_y 对攻角 α 的导数;

$c_y^{\delta_z}$——升力系数 c_y 对升降舵偏角 δ_z 的导数。

当导弹为轴对称时,有 $c_y = c_y^\alpha \alpha + c_y^{\delta_z} \delta_z$。

阻力通常分为两部分,即零升阻力与诱导阻力。零升阻力与升力无关,可以分为摩擦阻力和压差阻力;诱导阻力与升力有关,随攻角值的增大而迅速增大。阻力系数受飞行高度和飞行马赫数的影响。阻力系数 c_x 的表达式为

$$c_x = c_{x_0} + c_x^{\alpha^2} \alpha^2 + c_x^{\beta^2} \beta^2 \tag{1-2}$$

式中,c_{x_0}——当攻角 $\alpha = 0$、侧滑角 $\beta = 0$ 时的阻力系数;

$c_x^{\alpha^2}$——阻力系数对 α^2 的导数;

$c_x^{\beta^2}$——阻力系数对 β^2 的导数。

本实验只涉及导弹在铅垂面的运动,因此 $\beta = 0$。

侧向力是由于气流不对称地流过导弹纵向对称面的两侧而引起的,本次实验研究铅垂面的无控弹道,故不考虑导弹的侧向力。

导弹所受的空气动力矩沿弹体坐标系可以分为滚动力矩、偏航力矩和俯仰力矩。滚动力矩使导弹绕纵轴转动,偏航力矩使导弹绕立轴转动,俯仰力矩使导弹绕横轴转动。我们可以通过研究空气动力矩系数来对空气动力矩进行研究。当 α、δ_z、ω_z、$\dot{\alpha}$、$\dot{\delta}_z$ 较小时,俯仰力矩与这些量的关系呈近似线性,俯仰力矩系数 m_z 可以表示为

$$m_z = m_{z_0} + m_z^\alpha \alpha + m_z^{\delta_z} \delta_z + m_z^{\bar{\omega}_z} \bar{\omega}_z + m_z^{\bar{\dot{\alpha}}} \bar{\dot{\alpha}} + m_z^{\bar{\dot{\delta}}_z} \bar{\dot{\delta}}_z \tag{1-3}$$

与之类似，轴对称导弹的偏航力矩系数 m_y 可以表达为

$$m_y = m_y^\beta \beta + m_y^{\delta_y} \delta_y + m_y^{\bar{\omega}_y} \bar{\omega}_y + m_y^{\dot{\bar{\beta}}} \dot{\bar{\beta}} + m_y^{\dot{\bar{\delta}}_y} \dot{\bar{\delta}}_y \tag{1-4}$$

滚动力矩是由迎面气流不对称绕流过导弹产生的，因此其大小取决于导弹几何形状、飞行速度和高度、侧滑角和舵偏角。滚动力矩系数 m_x 的表达式为

$$m_x = m_{x_0} + m_x^\beta \beta + m_x^{\delta_x} \delta_x + m_x^{\delta_y} \delta_y + m_x^{\bar{\omega}_x} \bar{\omega}_x + m_x^{\bar{\omega}_y} \bar{\omega}_y \tag{1-5}$$

在本实验中，不涉及偏航力矩和滚转力矩。

2. 铅垂面内导弹无控运动模型

建立导弹的运动模型是解算、分析其运动的基础。导弹运动方程组由动力学方程、运动学方程、几何关系方程、质量关系方程和控制关系方程组成。在本实验中，我们主要研究导弹的无控运动，因此无须建立控制关系方程。另外，导弹在铅垂面的运动由沿着地面坐标系的 Ox 轴和 Oy 轴的质心平动运动和围绕质心的俯仰角运动组成。因此，其数学模型为

$$\left. \begin{aligned} & m \frac{\mathrm{d}V}{\mathrm{d}t} = P\cos\alpha - X - G\sin\theta \\ & mV \frac{\mathrm{d}\theta}{\mathrm{d}t} = P\sin\alpha + Y - G\cos\theta \\ & J_z \frac{\mathrm{d}\omega_z}{\mathrm{d}t} = M_z^\alpha \alpha + M_z^{\bar{\omega}_z} \bar{\omega}_z \\ & \frac{\mathrm{d}\vartheta}{\mathrm{d}t} = \omega_z \\ & \frac{\mathrm{d}x}{\mathrm{d}t} = V\cos\theta \\ & \frac{\mathrm{d}y}{\mathrm{d}t} = V\sin\theta \\ & \frac{\mathrm{d}m}{\mathrm{d}t} = -m_c \\ & \alpha = \vartheta - \theta \end{aligned} \right\} \tag{1-6}$$

式中，空气动力及空气动力矩的表达式为

$$\left. \begin{aligned} & X = c_x \frac{1}{2}\rho V^2 S \\ & Y = c_y \frac{1}{2}\rho V^2 S \\ & M_z^\alpha \alpha = m_z^\alpha \alpha \frac{1}{2}\rho V^2 SL \\ & M_z^{\bar{\omega}_z} \bar{\omega}_z = m_z^{\bar{\omega}_z} \bar{\omega}_z \frac{1}{2}\rho V^2 SL \end{aligned} \right\} \tag{1-7}$$

式中，m——导弹弹体质量；

V——导弹飞行速度；

P——作用在导弹上的推力；

X——作用在导弹上的阻力；

Y——作用在导弹上的升力；

J_z——导弹弹体转动惯量；

ω_z——俯仰角速度；

M_z^α——俯仰静稳定力矩对攻角的偏导数；

$M_z^{\bar{\omega}_z}$——俯仰阻尼力矩对无量纲俯仰角速度 $\bar{\omega}_z(\bar{\omega}_z = \omega_z \cdot L/V)$ 的偏导数；

x, y——导弹的质心位置；

m_c——导弹单位时间内的质量消耗量，它应该是单位时间内燃料组元质量消耗量和其他物质质量消耗量之和，但主要是燃料的消耗，故 m_c 又称为燃料的质量秒流量；

S——特征面积。对于有翼式导弹（特别是飞航式导弹），常以弹翼面积来表示；对于弹道式导弹，常以弹身最大横截面积来表示；

L——特征长度。对于有翼式导弹，在计算俯仰力矩时，特征长度常以弹翼的平均气动力弦长来表示；在计算偏航力矩和滚动力矩时，特征长度常以弹翼的翼展来表示。对于弹道式导弹，在计算空气动力矩时，特征长度均以弹身长度来表示。

3. 一阶常微分方程组的数值解法

由于非线性常微分方程组通常得不到解析解，因此在工程上采用数值积分的方法对其进行求解。常用的数值积分法一般分为三类：单步法、多步法和预测校正法。欧拉法、龙格－库塔法和阿当姆斯预测校正法都是比较常用的方法，其各有特点。欧拉法属于单步法，易理解、易实现，但误差较大。龙格－库塔法也属于单步法，可自启动，具有精度高、稳定性好的特点。阿当姆斯预测校正法具有精度高、计算量小的特点，但无法自启动。所以，本实验采用龙格－库塔法来求解铅垂面的导弹运动模型。

龙格－库塔法的本质是利用微分方程右端子函数在若干点上的函数值的线性组合来构造近似公式，构造时要求近似公式在任意一点处的泰勒展开式与解处的泰勒展开式的前几项重合，从而使近似公式达到所需的阶数和更高的精度。四阶龙格－库塔法由于其良好的稳定性和计算精度而被广泛应用于工程实践中。在四阶龙格－库塔法中，每积分一个步长，就需要计算四次左右函数值，并将其线性组合求出被积函数的增量。

若已知 t_k 时刻的参数值 x_k，则采用四阶龙格－库塔公式计算 $t_{k+1} = t_k + \Delta t$ 时刻的 x_{k+1} 的近似公式为

$$\left.\begin{aligned}
x_{k+1} &= x_k + \frac{1}{6}(K_1 + 2K_2 + 2K_3 + K_4) \\
K_1 &= \Delta t \cdot f(t_k, x_k) \\
K_2 &= \Delta t \cdot f\left(t_k + \frac{\Delta t}{2}, x_k + \frac{1}{2}K_1\right) \\
K_3 &= \Delta t \cdot f\left(t_k + \frac{\Delta t}{2}, x_k + \frac{1}{2}K_2\right) \\
K_4 &= \Delta t \cdot f(t_k + \Delta t, x_k + K_3)
\end{aligned}\right\} \quad (1-8)$$

在给定初始时刻 t_0 的初始值 x_0 的前提下，采用式（1-8）所示的四阶龙格－库塔公式可以迭代求出之后每步的值。

1.3.3 基础数据

见附录 A。本章为无控弹道，因此无须用到附录 A 中表 A-11 和表 A-12 中的数据。

1.4 实验项目内容

1）基于附录 A 给定的初始值，采用数值积分法求解导弹无控运动模型，并分析导弹质心位置参数、速度、攻角、俯仰角、弹道倾角等参数的变化规律。

2）调整初始发射参数，获得导弹的最大射程和最小射程，分析最大射程与最小射程的影响因素。

3）改变导弹的静稳定度（即在相同攻角和马赫数下，将表 A-7 中的静稳定力矩系数增大 10% 或减小 10%），对比研究导弹的运动变化情况（尤其对比攻角）。

4）分别在不考虑和考虑飞行高度对大气密度的影响的情况下，解算弹道并对比分析。

1.5 实验结果分析

1）在给定初始条件下，分析无控运动。

导弹的弹道示意如图 1-1 所示。

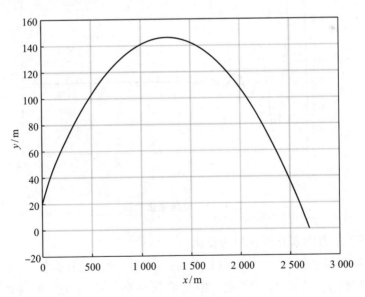

图 1-1 无控弹道示意

导弹的速度随时间变化的情况如图 1-2 所示。

速度的变化与导弹受到的推力、阻力和重力都有关系，分析这些力与速度变化的关系。攻角随时间变化的情况如图 1-3 所示。

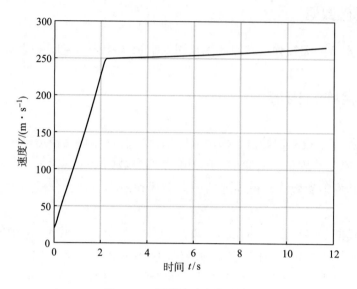

图 1-2 导弹速度变化示意

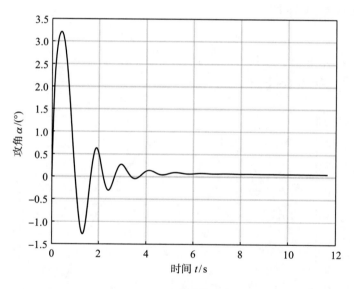

图 1-3 攻角变化示意

可以从以下 3 个方面来分析攻角的变化：

(1) 在初始一小段时间内，攻角由零变为正攻角，原因是什么？

(2) 在前几秒内，攻角振荡变化，振荡的频率和什么相关？振荡的幅度为什么会减小？

(3) 振荡结束后，攻角是否为零？为什么？

弹道倾角和俯仰角随时间变化的情况分别如图 1-4 和图 1-5 所示。

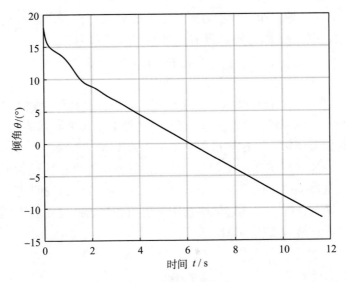

图 1-4　弹道倾角变化示意

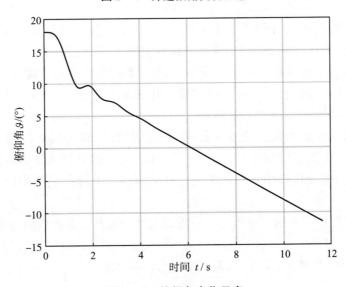

图 1-5　俯仰角变化示意

根据导弹所受法向力的情况分析弹道倾角的变化，根据导弹所受的力矩情况分析俯仰角的变化。着重关注：

(1) 弹道倾角和俯仰角为何在前期出现明显振荡，是什么原因引起了这种振荡？

(2) 对比分析弹道倾角和俯仰角曲线，在飞行后期，两者会完全重合吗？为什么？

2) 在 [20°,70°] 范围内调整初始发射角，其他条件不变，分析初始发射角对射程、射高的影响。随着初始发射角的增大，射程将增大还是减小？

3) 偏导数 m_z^α 或 $m_z^{c_y}$ 的符号可以说明导弹是否具有纵向静稳定性，其数值大小能够体现导弹静（不）稳定性的强弱。对比分析在不同静稳定性情况下，导弹的弹道、速度、攻角、弹道倾角、俯仰角等参数的变化情况，尤其关注攻角振荡频率与静稳定性之间的关系，分析原因。

4）导弹所受的空气动力和空气动力矩与空气密度成正比，因此空气密度对飞行器的运动有重要的影响。空气密度 ρ_H 随高度 H 的变化可以近似为

$$\rho_H = 1.225 \left(\frac{288.15 - 0.0065H}{288.15} \right)^{4.256} \qquad (1-9)$$

由式（1-9）可知，随着高度增加，空气密度减小，当其他参数不变时，导弹在高空受到的力和力矩小于在低空的情况。在整个飞行过程中，如果导弹跨越的高度范围不大，可以把空气密度近似看作常数，这样近似带来的误差不大。如果在飞行过程中，导弹跨越的高度范围比较大，那么把空气密度看作常数来计算弹道将带来比较大的误差。在本实验中，在不考虑空气密度随高度的变化（令 $\rho_H = 1.225 \text{ kg/m}^3$）和按照式（1-9）考虑空气密度随高度变化这两种情况下，通过调整初始发射角和初始速度得到不同的弹道，对比分析将空气密度近似看作常数带来的影响。

1.6 探索与思考

1）若导弹的射程较大（如几千千米），则在建立其数学模型时，如何建立合理的坐标系和环境参数模型？与本实验中的建模方法有何异同？

2）在助推段发动机总冲不变的情况下，改变助推推力并相应调整助推段工作时间，对无控段弹道会有什么影响？主要弹道参数变化规律会有什么不同？可以先进行理论分析、提出观点，再设计仿真实验进行验证。

3）利用本实验中的数据，建立一种虚拟的飞行环境和铅垂面内的导弹运动数学模型，研究在没有大气层包围的地球表面发射导弹，导弹的射程随发射角的变化规律，以及弹体姿态随时间的变化规律。与正常飞行环境条件下的变化规律相比，有何不同？为什么？

4）利用本实验中的数据，重构另一种虚拟大气环境和铅垂面内的导弹运动数学模型，模拟导弹从地表发射升空，冲出大气层，再入大气层，直至落地的飞行过程。与正常飞行环境和无大气飞行环境相比，有何区别？为什么？

1.7 主题任务

调研分析国内外再入式弹道导弹的弹道方案对最大射程的影响，总结各国在利用优化弹道方案和大气层外飞行增加导弹最大射程方面的技术优势。在此基础上思考以下问题：

1）各国能够形成自己的技术优势，需要具备什么条件？近年来，我国为什么能够在弹道导弹这种大国重器上不断取得重大突破？

2）我国弹道导弹发展的基础条件和环境条件与西方发达国家有何不同？我们的优势和困难在哪里？

相关视频

空气动力

推力与重力

空气动力矩概述

纵向静稳定力矩
与静稳定性

俯仰操纵力矩
与阻尼力矩

用右手法则
确定角度

导弹动力学方程

导弹运动学方程

导弹的纵向运动与侧向运动

导弹的平面运动

第 2 章　铅垂面内的无控弹道散布研究

2.1　预期学习成果

1) 理解导弹在飞行过程中受到的主要干扰因素的形成原因。
2) 掌握主要扰动因素的建模和引入过程。
3) 能够用合适的数学工具和计算机研究弹道散布和相关领域的问题。
4) 能够通过调研、分析和仿真计算，印证、理解和认识精益求精的工匠精神对于飞行器等大国重器的重要意义。
5) 能够用系统的、发展的观点，认识和理解精益求精的工匠精神，及其对行业发展所产生的深远影响和所具有的战略意义。

2.2　实验背景

导弹武器系统的精度是导弹武器系统的重要技术指标，也是评定导弹武器系统的重要内容之一，而导弹的弹道散布是反映导弹精度的重要指标之一。因此，对导弹的弹道散布进行研究是非常有意义的。

导弹在飞行过程中，不可避免会受到各种因素的干扰，导弹的弹道参数因此偏离预定的弹道而产生误差，从而形成散布。导弹在飞行过程中受到的随机干扰主要有导弹离开发射装置瞬时的初始扰动、发动机推力偏心、风、导弹质量分布不均匀等。研究这些干扰因素的形成原因、模型建立以及导弹在这些干扰作用下的无控弹道散布，对于深入理解各种干扰及综合干扰对弹道的影响以及掌握飞行器弹道散布的计算方法具有重要意义。

2.3　实验基础

2.3.1　前序实验

- 铅垂面内的无控弹道计算

2.3.2 相关知识与理论基础

2.3.2.1 干扰因素的形成原因分析及建模

1. 初始扰动

导弹在发射装置上，通常依靠前后两个定向滑块来支持并提供准确定位。然而，两个定向滑块之间要有配合间隙，因此导弹在沿着定向器运动的过程中会发生晃动。在前定向滑块已离开定向器、后定向滑块尚未离开的时候，导弹处于一种半约束的运动状态。在各种干扰因素的作用下，导弹将围绕后定向滑块支点做空间的摆动运动。这样，当导弹完全离开定向器并开始在空中飞行时，它的运动初始条件将具有随机分布的特性。在本实验中，考虑初始弹道倾角和初始俯仰角速度的扰动。一般来说，实际的初始条件可以写成理论初始参数与偏差的和，即

$$\theta_0 = \theta'_0 + \Delta\theta_0 \tag{2-1}$$

$$\omega_{z_0} = \omega'_{z_0} + \Delta\omega_{z_0} \tag{2-2}$$

式中，θ_0, ω_{z_0}——实际参数；

θ'_0, ω'_{z_0}——理论初始参数；

$\Delta\theta_0, \Delta\omega_{z_0}$——初始扰动引起的具有随机分布特性的初始参数偏差。

2. 发动机推力偏心

发动机推力偏心是从喷管排出的燃气流产生的推力矢量与发动机的理论轴线不重合造成的。推力偏心一般由几何推力偏心和燃气流推力偏心两部分组成。几何推力偏心是发动机壳体、喷管等部件的几何尺寸偏差等因素引起的，燃气流推力偏心是发动机装药燃烧异常导致排出的燃气流不均匀造成的。

由于制造和装配工艺等方面的原因，推力作用线同弹体的几何轴线可能不同轴，这样就造成了线偏差 d_g，称为推力的几何偏心。另外，由于发动机喷气流的不对称，形成喷气流总的动量矢量与弹体的几何轴线之间有夹角。这样，推力矢量与质心之间就产生了线偏差 d_j，称为燃气流的动态偏差或气动偏心。几何偏心 d_g 和气动偏心 d_j 的矢量和就是推力偏心 $\boldsymbol{d}$，即

$$\boldsymbol{d} = \boldsymbol{d}_g + \boldsymbol{d}_j \tag{2-3}$$

一般情况下，推力偏心 $\boldsymbol{d}$ 引起的扰动力要比它对导弹质心形成的力矩对飞行弹道的影响小得多，通常不予考虑。推力偏心距可以写成

$$\Delta \boldsymbol{M}_P = \boldsymbol{d} \times \boldsymbol{P} \tag{2-4}$$

通过导弹的质心垂直于弹体纵轴作横截面，推力平行于弹体纵轴的作用线投影到该横截面上为点 A，点 A 与质心 O 之间的距离为 d，OA 连线与 Oy_1 之间的夹角设为 δ，称为推力偏心距的初始方位角，若顺飞行方向观察，由 Oy_1 轴的正向算起，顺时针方向偏转的 δ 角为正，则式（2-4）可以写为

$$\begin{bmatrix} \Delta M_{P x_1} \\ \Delta M_{P y_1} \\ \Delta M_{P z_1} \end{bmatrix} = Pd \begin{bmatrix} 0 \\ \sin\delta \\ -\cos\delta \end{bmatrix} \tag{2-5}$$

式中，ΔM_{Px_1}，ΔM_{Py_1}，ΔM_{Pz_1}——推力偏心距 $\Delta \boldsymbol{M}_P$ 在弹体坐标系各轴上的分量；

　　　d——一般是服从正态分布的随机变量；

　　　δ——初始方位角，是在 $0 \sim 2\pi$ 服从均匀分布的随机变量。

在本实验中，由于导弹在铅垂面内运动，因此只考虑 $\Delta M_{Pz_1} = -Pd\cos\delta$，其余两项为零。

3. 风的影响

大气压力的分布不均匀是产生风的根源。理论研究和导弹的发射试验都表明，大气参数与其标准值的偏差对导弹的运动有较大的影响，尤其是风速矢量 $\boldsymbol{W}$ 的变化，是引起弹道散布的重要因素之一。通常把风速矢量视为常值风速和随机风速的矢量和。常值风速引起的弹道偏差是确定的，一般可以进行修正，而随机风速引起的弹道偏差则是随机分布的。

在研究风速对导弹飞行的影响时，把风速矢量 $\boldsymbol{W}$ 沿地面坐标系各轴分解成 $[W_x, W_y, W_z]$，并假定各个分量与对应轴的方向一致时为正，反之为负。在本实验中，采用计算相对速度、相对攻角、相对侧滑角的方法来研究风速的影响。当风存在时，导弹的相对速度矢量 $\boldsymbol{V}_w$ 为

$$\boldsymbol{V}_w = \boldsymbol{V} - \boldsymbol{W} \tag{2-6}$$

其大小和相对地面坐标系的方位可以表示为

$$\left. \begin{aligned} V_w &= \sqrt{(V_x - W_x)^2 + (V_y - W_y)^2 + (V_z - W_z)^2} \\ \theta_w &= \arctan \frac{V_y - W_y}{\sqrt{(V_x - W_x)^2 + (V_z - W_z)^2}} \\ \psi_{V_w} &= \arctan \frac{-V_z + W_z}{V_x - W_x} \end{aligned} \right\} \tag{2-7}$$

式中，V_x, V_y, V_z——导弹速度矢量 $\boldsymbol{V}$ 在地面坐标系各轴的投影；

　　　θ_w——相对速度矢量 $\boldsymbol{V}_w$ 与水平面间的夹角；

　　　ψ_{V_w}——相对速度矢量 $\boldsymbol{V}_w$ 在水平面内投影与地面坐标系的 Ax 轴间的夹角。

基于 θ_w、ψ_{V_w} 和导弹的姿态角，可以根据几何关系方程求得相对攻角 α_w、相对侧滑角 β_w、相对速度倾斜角 γ_{V_w}，即

$$\left. \begin{aligned} \sin\beta_w &= \cos\theta_w[\cos\gamma\sin(\psi - \psi_{V_w}) + \sin\vartheta\sin\gamma\cos(\psi - \psi_{V_w})] - \sin\theta_w\cos\vartheta\sin\gamma \\ \sin\alpha_w &= \frac{\cos\theta_w[\sin\vartheta\cos\gamma\cos(\psi - \psi_{V_w}) - \sin\gamma\sin(\psi - \psi_{V_w})] - \sin\theta_w\cos\vartheta\cos\gamma}{\cos\beta_w} \\ \sin\gamma_{V_w} &= \frac{\cos\alpha_w\sin\beta_w\sin\vartheta - \sin\alpha_w\sin\beta_w\cos\gamma\cos\vartheta + \cos\beta_w\sin\gamma\cos\vartheta}{\cos\theta_w} \end{aligned} \right\} \tag{2-8}$$

式中，γ——倾斜角；

　　　ψ——偏航角。

在计算导弹的空气动力和动力矩时，需要用 V_w、α_w 和 β_w，参数 γ_{V_w} 用来计算升力 Y 和侧向力 Z 的投影项。

在本实验中,由于只考虑导弹在铅垂面的运动（$V_z=0$）,因此只考虑纵风 W_x 的影响,即 $W_y=W_z=0$,则式（2-7）和式（2-8）可以简化为

$$\left.\begin{array}{l} V_w = \sqrt{(V_x - W_x)^2 + V_y^2} \\ \theta_w = \arctan \dfrac{V_y}{V_x - W_x} \\ \alpha_w = \vartheta - \theta_w \end{array}\right\} \quad (2-9)$$

将初始扰动、推力偏心距、考虑风的影响的空气动力和动力矩代入第1章的描述导弹在铅垂面内无控飞行的模型中,即可计算出导弹在受扰情况下的飞行状态。

2.3.2.2 基于蒙特卡洛法的弹道散布研究

蒙特卡洛法是一类通过随机变量的统计试验或随机模拟,求解数学、物理和工程技术近似解的数值方法,也称为统计试验法、随机模拟法或伪随机数法。

蒙特卡洛法用于近似数值计算领域已有上百年的历史。以前,受模拟试验工具的限制,很少有人用蒙特卡洛法来求解实际问题。高速计算机的发展和普及为蒙特卡洛法提供了强有力的模拟工具,使这类方法得到了越来越广泛的应用。

用蒙特卡洛法进行数学模拟打靶,是在计算机上完成的。这样既可以减少复杂而又昂贵的导弹飞行试验,又可以进行武器系统的研制、定制或改型等多种工作。利用蒙特卡洛法进行模拟打靶的基本步骤如下:

第1步,建立比较精确的导弹系统数学模型。如果研究命中目标的概率,则还需要建立目标运动数学模型。在本实验中研究的是无控导弹的散布,故不需要建立目标运动数学模型。

第2步,分析导弹在飞行过程中受到的各种随机扰动因素及各种干扰因素的分布规律。

第3步,根据各随机扰动变量的分布规律,构造相应的数学概率模型,以产生各随机扰动变量的抽样值。

第4步,将随机变量的抽样值输入数学模型。模拟多次打靶,即可获得起控点处随机弹道参数的子样。

第5步,对模拟打靶的结果进行统计处理。

基于蒙特卡洛法的模拟打靶流程如图2-1所示。

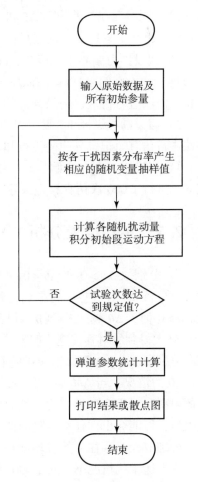

图2-1 基于蒙特卡洛法的模拟打靶流程

2.3.3 基础数据

导弹的结构参数、外形参数、气动参数与第 1 章的实验相同。

2.4 实验项目内容

1) 假设仅存在初始发射角、初始角速度等初始扰动，进行仿真。主要有以下三种情况：

（1）只存在初始扰动 $\Delta\theta$，其服从均值为零、标准差为 0.1° 的正态分布。基于伪随机数产生法或调用现有的函数产生 1 000 组满足要求的 $\Delta\theta$ 样本，基于蒙特卡洛法进行仿真，记录导弹的飞行和落点情况。

（2）只存在初始扰动 $\Delta\omega_z$，其服从均值为零、标准差为 10°/s 的正态分布。产生 1 000 组满足要求的 $\Delta\omega_z$ 样本，基于蒙特卡洛法进行仿真，记录导弹的飞行和落点情况。

（3）同时存在初始扰动 $\Delta\theta$ 和 $\Delta\omega_z$，其分布规律与（1）（2）相同，产生 1 000 组 $\Delta\theta$、$\Delta\omega_z$ 样本，基于蒙特卡洛法进行仿真，记录导弹的飞行和落点情况。

2) 假设推力偏心距 d 服从 $N(0, 0.001^2)$ 的正态分布，初始方位角 $\delta = 0$ 或 $\delta = \pi$，在 $\delta = 0$ 时产生 500 组 d 样本，在 $\delta = \pi$ 时产生 500 组 d 样本，计算产生的附加推力矩，基于蒙特卡洛法进行仿真，记录导弹的飞行和落点情况。

3) 假设随机纵风 W_x 服从 $N(0, 3^2)$ 的正态分布，产生 1 000 组 W_x 样本，基于蒙特卡洛法进行仿真，记录导弹的飞行和落点情况。

4) 假设同时存在初始扰动、推力偏心和随机纵风，各自的分布规律与 1)、2)、3) 相同，进行 1 000 次仿真，记录导弹的飞行和落点情况。

2.5 实验结果分析

1) 分别取 $\Delta\theta > 0$ 和 $\Delta\theta < 0$ 的几组数据，绘制导弹的弹道、弹道倾角、俯仰角和攻角曲线，分析 $\Delta\theta$ 对这些量的影响，着重分析 $\Delta\theta$ 与射程变化的关系。在原来 θ_0 的基础上，当 $\Delta\theta > 0$ 时，$\Delta\theta$ 越大得到的射程越大吗？反之，在原来 θ_0 的基础上，当 $\Delta\theta < 0$ 时，$|\Delta\theta|$ 越大得到的射程就越小吗？为什么？

分别取 $\Delta\omega_z > 0$ 和 $\Delta\omega_z < 0$ 的几组数据，分析 $\Delta\omega_z$ 对导弹弹道和姿态的影响。对比 $\Delta\omega_z = 0$ 的情况，当 $\Delta\omega_z > 0$ 时，在开始一小段时间内导弹的俯仰角、攻角会如何变化？导弹的射高和射程会如何变化？类似分析 $\Delta\omega_z < 0$ 的情况，进一步考虑当 $\Delta\omega_z < 0$ 且 $|\Delta\omega_z|$ 比较大时，可能会出现什么危险的情况？

分别取同时存在初始扰动 $\Delta\theta$ 和 $\Delta\omega_z$ 时的几组数据，综合分析它们对导弹运动的影响。

在上述干扰情况下，对 1 000 次仿真结果进行统计分析，计算导弹落点、落角的均值、圆概率误差，分析导弹的落点散布情况。进一步深入理解扰动因素对导弹落点和落角的影响。

2) 分别分析当 $\delta = 0$ 和 $\delta = \pi$ 时的附加推力矩情况，进一步分析其对导弹姿态、弹道的影响。对 1 000 次仿真结果进行统计分析。

3) 分别取随机纵风 $W_x>0$ 和 $W_x<0$ 的情况，分析 W_x 对相对速度、相对攻角的影响，再分析对导弹所受的力和力矩的影响，进一步分析对导弹的弹道和姿态的影响。对 1 000 次仿真结果进行统计分析。

4) 根据蒙特卡洛仿真结果，分析在上述扰动因素综合作用的情况下，导弹的落点情况。

2.6 探索与思考

1) 除了在本实验中考虑的扰动因素，导弹还会受到哪些因素的扰动？这些扰动产生的原因是什么？如何建立其模型？

2) 在基于蒙特卡洛法研究问题时，如何合理地确定仿真次数？仿真次数对结果有什么影响？

3) 在 1.6 节的问题 2) 的基础上，加入扰动，就初始段速度大小对落点散布的影响这一问题，先进行理论分析、提出观点，再自行设计仿真实验进行验证。

4) 在不显著增加计算量的前提下，分析落点散布时，应如何有效控制计算步长，避免将较大的跨点误差（因为步长不可能无限小，计算落点不能完全准确控制步长）引入落点散布中？

2.7 主题任务

查阅资料，调研引起发动机推力偏心的主要原因，以及国内外在该领域的技术发展状况。在本实验中，假设现有的技术和工艺水平能将推力偏心距控制在 1 mm 之内，试计算当推力偏心距 $d = \pm 1$ mm，在无其他干扰的情况下的无控弹道落点，以及两处落点偏离无任何干扰情况下的落点的距离。然后，假设你带领团队不断改进技术或工艺，将发动机推力偏心距减小到 0.5 mm 以内，令 $d = \pm 0.5$ mm，重复上述计算，对比改进前后，落点散布的改善情况。再假设，由于加工或装配等方面的原因，导致导弹的质量分布不对称，导弹质心高于或低于其几何纵轴，这对导弹的飞行和落点会有什么影响，会不会与推力偏心的影响相互叠加？在此基础上，用系统和发展的观点思考：

1) 精益求精的工匠精神对于发展导弹、飞机、航天器等飞行器的重要意义。能否用近年来我国在航空航天相关领域取得的具体成就或技术突破加以印证？

2) 在制导系统的作用下，可以大大消除上述干扰引起的各种散布或误差。在这种情况下，用精益求精的工匠精神不断改进技术和工艺，将发动机推力偏心减小到极致，或将导弹质量分布的不对称性减小到极致，是否还有其必要性？是否仅有精神层面的意义和价值？

相关视频

空气动力

推力与重力

空气动力矩概述

纵向静稳定力矩
与静稳定性

俯仰操纵力矩
与阻尼力矩

用右手法则
确定角度

导弹动力学方程

导弹运动学方程

导弹的纵向运动与侧向运动

导弹的平面运动

第 3 章　铅垂面内弹道设计与成形控制

3.1　预期学习成果

1）掌握典型方案的弹道设计方法。

2）能够设计符合给定作战任务的飞行方案和弹道，设计与之匹配的调节规律，对弹道进行成形控制。

3）能综合运用数学工具和自动控制原理知识，通过计算机解算，分析飞行方案和控制方案对弹道成形的影响。

4）能够通过比较研究，用历史的视野和发展的眼光，正确认识特定领域的技术优势和差距，正确认识改革开放和中国式现代化建设取得的历史性成就，理解应有的时代责任和担当。

5）能够通过比较研究，用国际视野和战略眼光，正确认识我国在先进武器装备关键技术上的突破，对于维护国家安全和世界和平、构建人类命运共同体的重要意义。

3.2　实验背景

岸舰导弹是从岸上发射攻击水面舰船的导弹，又称岸防导弹，是海军岸防兵的主要武器之一。岸舰导弹由弹体、战斗部、动力装置和制导装置等组成，它与地面指挥控制、探测跟踪、发射系统等构成岸舰导弹武器系统。20 世纪 50 年代，苏联率先研制岸舰导弹，"沙道克"岸舰导弹由此诞生。20 世纪 60 年代后，中国、法国、意大利、瑞典、挪威、英国等国家相继研制生产岸舰导弹，其发展趋势主要是：增大射程；研制机动式岸舰导弹；建立指挥控制中心和数据链传输系统；实施隐蔽攻击；提高机动能力、抗干扰能力和生存能力。由爬升段、高平飞段、下降段、低平飞段和末制导攻击段组成的弹道是岸舰导弹的典型弹道方案之一。

假设某岸舰导弹在铅垂面内飞行，导弹发射后爬升至一定高度进行平飞，当接近目标区域时，为了增大突防概率，就降低飞行高度进行掠海飞行。在本实验中，需设计"爬升-高平飞-下降-低平飞"弹道方案和舵面调节规律，以实现岸舰导弹按预定的方案飞行。

3.3 实验基础

3.3.1 前序实验

- 铅垂面内的无控弹道计算
- 铅垂面内的无控弹道散布研究

3.3.2 相关知识与理论基础

1. 弹道方案设计

考虑到岸舰导弹的目标搜索、突防等特点，同时考虑到实际对导弹的启控情况，本实验设计其铅垂面的弹道由无控段、爬升段、高平飞段、下降段和低平飞段组成。导弹发射后，首先经历一段非常短的时间的无控段，然后按照设定的飞行方案爬升至指定高度，开始平飞。高平飞段的目的是导弹在飞行过程中避免山等障碍物，同时对目标展开搜索。当导弹飞至一定区域时，为了增大其突防概率，导弹需进行掠海飞行，因此需要下降转至低平飞。本实验的终止条件为导弹在低平飞段的速度小于 200 m/s（不涉及末制导段）。

2. 铅垂面内的导弹运动方程组

在铅垂面内导弹无控运动方程组的基础上，添加描述控制速度大小和方向的两个控制关系方程，即可得到铅垂面内有控导弹的运动方程组，为

$$\left. \begin{aligned} & m\frac{dV}{dt} = P\cos\alpha - X - mg\sin\theta \\ & mV\frac{d\theta}{dt} = P\sin\alpha + Y - mg\cos\theta \\ & J_z\frac{d\omega_z}{dt} = M_z \\ & \frac{dx}{dt} = V\cos\theta \\ & \frac{dy}{dt} = V\sin\theta \\ & \frac{d\vartheta}{dt} = \omega_z \\ & \frac{dm}{dt} = -m_c \\ & \alpha = \vartheta - \theta \\ & \phi_1 = 0 \\ & \phi_4 = 0 \end{aligned} \right\} \quad (3-1)$$

式中，$\phi_1 = 0$、$\phi_4 = 0$ 为两个控制关系方程。在本实验中，采用固定推力的火箭发动机，

因此，只需确定描述飞行速度方向的控制关系方程 $\phi_1 = 0$ 即可。

3. 爬升段及下降段的弹道方案设计

1）爬升段。

当前，飞航式导弹上采用的是自动驾驶仪控制系统或惯性控制系统，这两种控制系统均能实时提供导弹的俯仰角。因此，在爬升段可以采用基于程序俯仰角的飞行方案。飞航式导弹典型的程序俯仰角 ϑ_* 的变化规律为

$$\vartheta_* = \begin{cases} \vartheta_0, & t < t_1 \\ (\vartheta_0 - \vartheta_p) e^{-\frac{t-t_1}{K}} + \vartheta_p, & t_1 \leq t < t_2 \\ \vartheta_p, & t \geq t_2 \end{cases} \quad (3-2)$$

式中，ϑ_0——初始俯仰角；

ϑ_p——平飞时的俯仰角；

t_1, t_2——给定的指令时间；

K——控制参数。

升降舵偏角（爬升段）的变化规律为

$$\left. \begin{array}{r} \Delta \delta_z = K_{\Delta\vartheta} \Delta\vartheta \\ \Delta\vartheta = \vartheta - \vartheta_* \end{array} \right\} \quad (3-3)$$

式中，$K_{\Delta\vartheta}$——放大系数。本实验中的导弹为轴对称正常式布局导弹，因此 $K_{\Delta\vartheta} > 0$。

式（3-3）表示：当 $\Delta\vartheta > 0$（即 $\vartheta > \vartheta_*$）时，根据误差信号升降舵面正向偏转，产生低头力矩，使 ϑ 减小，趋近于 ϑ_*；当 $\Delta\vartheta < 0$（即 $\vartheta < \vartheta_*$）时，情况可以类似分析；当 $\Delta\vartheta = 0$（即 $\vartheta = \vartheta_*$）时，$\Delta\delta_z = 0$（即舵面不偏转）。

2）下降段。

一般来说，飞航式导弹上都装有测量飞行高度的无线电高度表、气压高度表等装置，可以方便地测得导弹的飞行高度，因此导弹在下降段通常采用基于高度的飞行方案。为了导弹能平稳下滑并转入平飞，通常采用的高度方案为

$$H_* = \begin{cases} H_1, & t < t_1 \\ (H_1 - H_2) e^{-K'(t-t_1)} + H_2, & t_1 \leq t < t_2 \\ H_2, & t \geq t_2 \end{cases} \quad (3-4)$$

式中，H_1——下滑段起点高度；

H_2——导弹巡航飞行时的平飞高度；

t_1, t_2——给定的指令时间；

K'——控制参数。

升降舵偏角（下降段）的变化规律为

$$\left. \begin{array}{r} \delta_z = K_{\Delta H} \Delta H \\ \Delta H = H - H_* \end{array} \right\} \quad (3-5)$$

式中，$K_{\Delta H}$——放大系数，对于轴对称导弹而言，$K_{\Delta H} > 0$；

H——导弹实际飞行高度。

4. 平飞段的弹道方案设计

随着测高技术的发展，直接利用导弹飞行的高度信息控制导弹实现平飞段等高飞行已在飞航式导弹上得到了广泛应用。

控制导弹实现等高飞行时，升降舵偏角的变化规律仍可采用式（3-5）所示的规律，此时 $H_* = H_0$（H_0 为要求的平飞高度）。由式（3-5）可知，当实际飞行高度小于平飞高度 H_0 时，高度差 $\Delta H < 0$，此时升降舵偏角 $\delta_z < 0$，在其作用下，产生了附加力矩 $\Delta M_z = M_z^{\delta_z}\delta_z > 0$。这个力矩使导弹抬头，因而产生了一个正的附加攻角 $\Delta \alpha$，它使导弹产生一个向上的附加升力。导弹在这个附加升力的作用下，高度提升，逐渐向预定的平飞高度 H_0 逼近。反之，当实际飞行高度大于预定平飞高度 H_0 时，高度差 $\Delta H > 0$，此时升降舵偏角 $\delta_z > 0$，在其作用下，产生了一个附加力矩 $\Delta M_z = M_z^{\delta_z}\delta_z < 0$。这个力矩使导弹低头，因而产生了一个负附加攻角 $\Delta \alpha$，它使导弹产生向下的附加升力。导弹在这个附加升力的作用下，高度降低。

式（3-5）所示的调节规律用于下降段时的分析与用于平飞段时的分析与此类似。

3.3.3 基础数据

导弹的气动参数、结构参数等见附录 A。需要说明的是，第 1 章和第 2 章均为无控弹道，因此无须用到附录 A 中的表 A-11 和表 A-12，但是本章实验为有控弹道，因此除了之前计算无控弹道时用到的数据，还要用到表 A-11 和表 A-12 中的数据。

3.4 实验项目内容

1）基于式（3-1）所示的铅垂面内导弹运动方程组，采用程序俯仰角爬升方案、等高平飞方案及按高度下降方案，采用式（3-3）、式（3-5）所示的舵面调节规律（控制方案）设计弹道，保证弹道有合理的无控段、稳定的爬升段、平飞段、俯冲段和拉起改平段。导弹的初始条件与第 1 章实验的初始条件相同（也可自行设定初始条件）。

要求：平飞段高度 $H_0 = 350$ m（高度误差 $\leq \pm 10$ m），俯冲拉起改平后的平飞高度为 35 m（高度误差 $\leq \pm 5$ m）。导弹由爬升改为平飞，以及由俯冲拉起改平时，应弹道过渡平滑，无明显超调。

仿真终止条件：导弹在低平飞段的某处耗尽燃料后，仍继续平飞，直到飞行速度低于 200 m/s。

2）改变爬升段的飞行方案（如设定理想的弹道倾角和攻角），仿真并对结果进行分析。

3）改变平飞段高度控制的控制方案，分别采用 PD 和 PID 控制模式，仿真并对比分析不同控制方案时的控制效果。

4）分别假设存在着常值的水平风和垂直风干扰，进行仿真，分析干扰对导弹弹道的影响。

3.5 实验结果分析

1）典型的弹道形状示意如图 3-1 所示。

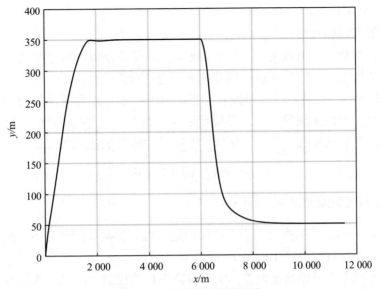

图 3-1 典型弹道形状示意

在式（3-2）所示的程序俯仰角方案中，针对相同的 ϑ_0 和 ϑ_p，不同的 t_1、t_2 和 K 对应不同的 ϑ_* 变化规律，分析这些参数对 ϑ_* 变化的影响，在采用相同调节规律的前提下，进一步分析其对弹道形状和过载的影响。在导弹下降段，采用设定程序高度的飞行方案，式（3-4）中的时间点和 K' 对于下降段的程序高度设计同样具有重要作用，分析它们对 H_* 的影响，在调节规律一定的前提下，进一步分析其对导弹的弹道和过载的影响。根据分析结果思考：在设计飞行方案、确定飞行方案的关键参数时，应考虑哪些因素？

在给定飞行方案（式（3-2）和式（3-4））的前提下，采用式（3-3）和式（3-5）所示的比例调节规律进行控制时，比例系数 $K_{\Delta\vartheta}$ 和 $K_{\Delta H}$ 的取值对控制效果的影响比较大。分别取不同的系数 $K_{\Delta\vartheta}$ 和 $K_{\Delta H}$，分析系统的瞬态响应和稳态响应。

绘出导弹的弹道、速度、俯仰角、弹道倾角、攻角、法向过载等曲线，分析其变化。

2）当给定理想弹道倾角方案时，就直接描述了导弹理想的速度矢量方向。同理，可以设计理想弹道倾角方案为

$$\theta_* = \begin{cases} \theta_0, & t < t_1 \\ (\theta_0 - \theta_p)e^{-\frac{t-t_1}{K}} + \theta_p, & t_1 \leq t < t_2 \\ \theta_p, & t \geq t_2 \end{cases} \quad (3-6)$$

由于导弹爬升后进行等高飞行，所以 $\theta_p = 0$。采用类似式（3-3）的控制规律，仿真并分析所得的弹道。为了实现爬升段和平飞段的良好衔接，要结合速度、启控时间 t_1、θ_0 和飞行高度来合理确定 t_2，力图使导弹飞到理想的平飞高度 H_0 时，θ_* 约为零。

假设导弹采用程序攻角爬升方案，为了导弹快速爬升，可以设计理想攻角方案为

$$\alpha_* = \begin{cases} \alpha_{\max}, & t < t_1 \\ (\alpha_{\max} - \alpha_p)e^{\frac{t-t_1}{K}} + \alpha_p, & t_1 \leq t < t_2 \\ \alpha_p, & t \geq t_2 \end{cases} \quad (3-7)$$

式中，α_{max}——最大攻角；

α_p——平飞时的攻角。

改变式中的参数，从而改变 α_* 的变化规律，仿真并分析所得的弹道。将按照程序俯仰角、程序弹道倾角、程序攻角进行爬升的弹道进行对比分析。

3）按照式（3-5）所示的比例控制方案，由于控制系统和弹体具有惯性，导弹在平飞高度附近将会出现振荡现象。为了导弹能够尽快地稳定在预定高度，可以在式（3-5）中引入一项与高度变化率有关的量。例如，升降舵偏角的表达式为

$$\Delta\delta_z = K_{\Delta H}\Delta H + K_{\Delta\dot H}\Delta\dot H \tag{3-8}$$

式中，$\Delta\dot H$——高度偏差变化率，$\Delta\dot H = \dfrac{\mathrm{d}\Delta H}{\mathrm{d}t}$。

式（3-8）中第二项的作用相当于产生阻尼，可以抑制高度变化率，减小导弹在进入预定平飞高度的飞行过程中产生的振荡现象。

为了消除常值干扰下的稳态误差，实现等高飞行的控制规律可以选取为

$$\Delta\delta_z = K_{\Delta H}\Delta H + K_{\Delta\dot H}\Delta\dot H + K_{\int\Delta H}\int\Delta H\mathrm{d}t \tag{3-9}$$

式（3-9）中第三项的作用是消除系统的稳态误差。

式（3-7）~式（3-9）分别表示比例（P）校正、比例+微分（PD）校正、比例+微分+积分（PID）控制，通过仿真实验来对比分析三种控制方案控制效果的差异。

4）垂直平面内的风可分为纵风（或水平风）W_x 和垂直风 W_y，可以先分别分析 W_x 和 W_y 对导弹飞行的影响，再分析其综合作用的效果。在分析过程中，可以关注以下问题：

（1）相比无风的情况，无控段弹道有何不同？

（2）在有风的情况下，导弹能否实现理想的飞行方案？如果不能，为什么？如果能，原因是什么，此时导弹的舵偏角的变化规律与无风时相同吗？导弹的每一段弹道和无风时相同吗？为什么？

3.6 探索与思考

1）自行设计实验，研究当存在随机风、推力偏心等扰动时导弹弹道成形的情况，分析飞行方案与控制方案的设计与匹配是否合理。

2）设计合理的飞行方案和控制方案，在不计干扰风和推力偏心的情况下，使导弹获得最大的主动段射程或最大射程（被动段速度不低于 200 m/s）。

3）设计合理的飞行方案和控制方案，在导弹可用过载的约束下，使导弹的"爬升-转平"距离和"俯冲-拉起"距离最短。

3.7 主题任务

自行查找公开资料，调研分析我国"红箭"系列反坦克导弹在铅垂面内的典型弹道设计和成形控制技术，重点对比分析我国的红箭-10反坦克导弹和法国、德国、意大利等

国联合研制的"独眼巨人"光纤制导导弹，评价国内外代表性反坦克导弹的铅垂面内典型弹道方案的技战术优势与不足。在此基础上进行思考和总结：

1）用历史的视野和发展的眼光，重新认识和评价我国研制反坦克导弹与同时期发达国家同类反坦克，在铅垂面内弹道设计和成形控制技术上的比较优势和差距。从专业技术发展的角度印证、体会、感受改革开放和中国式现代化建设取得的历史性成就，认识和理解个体或行业面向未来的历史担当、时代担当和责任担当。

2）用国际视野和战略眼光，认识和评价红箭-10反坦克导弹等国防领域代表性成果，对于维护国家安全和世界和平、构建人类命运共同体的重要意义。

== 相关视频 ==

控制关系方程

爬升与下滑段的方案飞行

平飞段方案飞行

第4章　六自由度无控弹道解算及散布分析

4.1　预期学习成果

1）能够用合适的数学和计算机工具解算导弹六自由度弹道并研究散布问题。
2）理解导弹纵向运动与侧向运动的依赖与独立性关系及分解条件。
3）深入理解导弹俯仰、偏航和滚转运动的耦合关系。
4）掌握导弹在作特殊飞行时模型的简化方法与运动特点分析方法。
5）了解全球在超级计算领域的激烈竞争态势，以及中国超级计算机的国际地位和重要影响力。
6）能够结合专业应用需求，理解国家发展安全、自主、可控超级计算机系统的重大意义。

4.2　实验背景

通常，导弹在空间的飞行具有六个自由度，即质心在三维空间三个方向的平移和绕质心在三个方向的转动（俯仰、偏航、滚转），因此需建立导弹的六自由度模型来描述导弹在空间的运动。

导弹在空间的运动由纵向运动和侧向运动组成，纵向运动和侧向运动是相互关联、相互影响的。在某些特殊情况下，可以将导弹的运动分为纵向运动和侧向运动来分别研究，这样简化可以使联立求解的方程组的阶次降低一半，且能得到比较准确的结果。

导弹在某些情况下做平面运动（如地−空导弹在许多场合是在铅垂面内飞行、飞航式导弹在爬升段和末制导段也近似在铅垂面内飞行、飞航式导弹的巡航段基本上处于水平面内飞行），此时，就可以在原六自由度模型的基础上，对其进行简化，得到平面运动的模型，来研究导弹平面运动的特点。

4.3　实验基础

4.3.1　前序实验

- 铅垂面内的无控弹道计算
- 铅垂面内的无控弹道散布研究

4.3.2 相关知识与理论基础

4.3.2.1 相关坐标系及其转换

由于本实验中的导弹的射程较近，因此不考虑地球自转及曲率带来的影响，建立的坐标系为地面坐标系、弹体坐标系、弹道坐标系、速度坐标系。

1）地面坐标系 $Axyz$。

原点 A 通常选取在导弹发射点上；Ax 轴的指向可以是任意的，对于地面目标而言，通常是弹道面（航迹面）与水平面的交线，以指向目标为正；Ay 轴沿垂线向上；Az 轴与其他两轴垂直并构成右手坐标系。在本实验中，将地面坐标系视为惯性坐标系。

2）弹体坐标系 $Ox_1y_1z_1$。

原点 O 为弹体质心；Ox_1 轴与弹体纵轴重合，以指向头部为正；Oy_1 轴位于弹体对称面内，与 Ox_1 轴垂直，以向上为正；Oz_1 轴垂直于另外两轴，并构成右手坐标系。

3）弹道坐标系 $Ox_2y_2z_2$。

原点 O 取在弹体质心上；Ox_2 轴与质心速度矢量重合；Oy_2 轴位于包含速度矢量的铅垂面内，垂直于 Ox_2 轴，以向上为正；Oz_2 轴与另外两轴垂直，并构成右手坐标系。

4）速度坐标系 $Ox_3y_3z_3$。

原点 O 取在弹体质心上；Ox_3 轴与飞行器质心速度矢量重合；Oy_3 轴位于弹体纵向对称面内，与 Ox_3 轴垂直，以向上为正；Oz_3 轴与另外两轴垂直，并构成右手坐标系，其方向由右手直角坐标系确定。

将两个坐标系 $Ox_ay_az_a$ 和 $Ox_by_bz_b$ 的原点及各对应坐标轴分别重合，假设绕 $Ox_ay_az_a$ 的 x 轴旋转 ζ 角得到 $Ox_by_bz_b$，则有

$$\begin{bmatrix} Ox_b \\ Oy_b \\ Oz_b \end{bmatrix} = \boldsymbol{L}_x(\zeta) \begin{bmatrix} Ox_a \\ Oy_a \\ Oz_a \end{bmatrix} \tag{4-1}$$

式中，$\boldsymbol{L}_x(\zeta)$——初等旋转矩阵，有

$$\boldsymbol{L}_x(\zeta) = \begin{bmatrix} 1 & 0 & 0 \\ 0 & \cos\zeta & \sin\zeta \\ 0 & -\sin\zeta & \cos\zeta \end{bmatrix} \tag{4-2}$$

假设 $Ox_ay_az_a$ 绕其 y 轴旋转 ξ 角得到 $Ox_by_bz_b$，则有

$$\begin{bmatrix} Ox_b \\ Oy_b \\ Oz_b \end{bmatrix} = \boldsymbol{L}_y(\xi) \begin{bmatrix} Ox_a \\ Oy_a \\ Oz_a \end{bmatrix} \tag{4-3}$$

式中，$\boldsymbol{L}_y(\xi)$——初等旋转矩阵，有

$$\boldsymbol{L}_y(\xi) = \begin{bmatrix} \cos\xi & 0 & -\sin\xi \\ 0 & 1 & 0 \\ \sin\xi & 0 & \cos\xi \end{bmatrix} \tag{4-4}$$

同理，假设 $Ox_ay_az_a$ 绕其 z 轴旋转 η 角得到 $Ox_by_bz_b$，则有

$$\begin{bmatrix} Ox_b \\ Oy_b \\ Oz_b \end{bmatrix} = \boldsymbol{L}_z(\eta) \begin{bmatrix} Ox_a \\ Oy_a \\ Oz_a \end{bmatrix} \tag{4-5}$$

式中，$\boldsymbol{L}_z(\eta)$——初等旋转矩阵，有

$$\boldsymbol{L}_z(\eta) = \begin{bmatrix} \cos\eta & \sin\eta & 0 \\ -\sin\eta & \cos\eta & 0 \\ 0 & 0 & 1 \end{bmatrix} \tag{4-6}$$

为了方便地研究地面坐标系和弹体坐标系之间的关系，将地面坐标系 $Axyz$ 平移至其原点与导弹瞬时质心重合，这不改变地面坐标系与弹体坐标系在空间的姿态及其相应的关系。按照连续旋转的方法，可以得到地面坐标系 $A(O)xyz$ 与弹体坐标系 $Ox_1y_1z_1$ 间的转换矩阵 $\boldsymbol{L}_{1u}$ 为

$$\boldsymbol{L}_{1u} = \boldsymbol{L}_x(\gamma)\boldsymbol{L}_z(\vartheta)\boldsymbol{L}_y(\psi) \tag{4-7}$$

式中，γ——倾斜角（滚动角），是弹体坐标系的 Oy_1 轴与包含导弹纵轴的铅垂面之间的夹角，由弹体尾部顺纵轴前视，若 Oy_1 轴位于铅垂面的右侧（即弹体向右倾斜），则 γ 角为正，反之为负；

ϑ——俯仰角，是导弹的纵轴与水平面间的夹角，当导弹纵轴指向水平面上方时，ϑ 为正，反之为负；

ψ——偏航角，是导弹纵轴在水平面内的投影与地面坐标系 Ax 轴之间的夹角，迎 ψ 角平面观察（或迎 Ay 轴俯视），若由 Ax 轴转至 Ax' 轴是逆时针旋转，则 ψ 角为正，反之为负。

地面坐标系 $A(O)xyz$ 与弹道坐标系 $Ox_2y_2z_2$ 之间的转换矩阵 $\boldsymbol{L}_{2u}$ 为

$$\boldsymbol{L}_{2u} = \boldsymbol{L}_z(\theta)\boldsymbol{L}_y(\psi_V) \tag{4-8}$$

式中，θ——弹道倾角，是导弹的速度矢量 $\boldsymbol{V}$ 与水平面间的夹角，当速度矢量 $\boldsymbol{V}$ 指向水平面上方时，θ 为正，反之为负；

ψ_V——弹道偏角，是导弹的速度矢量 $\boldsymbol{V}$ 在水平面的投影与地面坐标系 Ax 轴之间的夹角，迎 ψ_V 平面（即迎 Ay 轴俯视）观察，若由 Ax 轴至 Ax' 轴是逆时针旋转，则 ψ_V 角为正，反之为负。

弹道坐标系 $Ox_2y_2z_2$ 与速度坐标系 $Ox_3y_3z_3$ 之间的转换矩阵 $\boldsymbol{L}_{32}$ 为

$$\boldsymbol{L}_{32} = \boldsymbol{L}_x(\gamma_V) \tag{4-9}$$

式中，γ_V——速度倾斜角，是位于导弹纵向对称平面内的 Oy_3 轴与包含速度矢量 $\boldsymbol{V}$ 的铅垂面 Ox_2y_2 之间的夹角，从弹尾部向前看，若纵向对称平面向右倾斜，则 γ_V 角为正，反之为负。

速度坐标系 $Ox_3y_3z_3$ 与弹体坐标系 $Ox_1y_1z_1$ 间的转换矩阵 $\boldsymbol{L}_{13}$ 为

$$\boldsymbol{L}_{13} = \boldsymbol{L}_z(\alpha)\boldsymbol{L}_y(\beta) \tag{4-10}$$

式中，α——攻角（迎角、冲角），是导弹质心的速度矢量 $\boldsymbol{V}$ 在弹体纵向对称平面上的投影与 Ox_1 轴之间的夹角，当 Ox_1 位于速度矢量 $\boldsymbol{V}$ 的投影线的上方（即产生正升力）时，α 为正，反之为负；

β——侧滑角，是速度矢量 $\boldsymbol{V}$ 与纵向对称平面之间的夹角，沿飞行方向观察，若来流从右侧流向弹体（即产生负侧向力），则所对应的侧滑角 β 为正，反之为负。

4.3.2.2 六自由度弹道仿真模型

在弹道坐标系下建立导弹的质心动力学模型，在弹体坐标系下建立导弹绕质心转动的动力学模型，再建立导弹的质心运动学方程、绕质心转动的运动学方程、质量变化方程、控制关系方程、几何关系方程，就构成了导弹的六自由度运动模型，其表达式为

$$\left.\begin{aligned}
&m\frac{dV}{dt} = P\cos\alpha\cos\beta - X - mg\sin\theta \\
&mV\frac{d\theta}{dt} = P(\sin\alpha\cos\gamma_V + \cos\alpha\sin\beta\sin\gamma_V) + Y\cos\gamma_V - Z\sin\gamma_V - mg\cos\theta \\
&-mV\cos\theta\frac{d\psi_V}{dt} = P(\sin\alpha\sin\gamma_V - \cos\alpha\sin\beta\cos\gamma_V) + Y\sin\gamma_V + Z\cos\gamma_V \\
&J_x\frac{d\omega_x}{dt} = M_x - (J_z - J_y)\omega_z\omega_y \\
&J_y\frac{d\omega_y}{dt} = M_y - (J_x - J_z)\omega_x\omega_z \\
&J_z\frac{d\omega_z}{dt} = M_z - (J_y - J_x)\omega_y\omega_x \\
&\frac{dx}{dt} = V\cos\theta\cos\psi_V \\
&\frac{dy}{dt} = V\sin\theta \\
&\frac{dz}{dt} = -V\cos\theta\sin\psi_V \\
&\frac{d\vartheta}{dt} = \omega_y\sin\gamma + \omega_z\cos\gamma \\
&\frac{d\psi}{dt} = \frac{\omega_y\cos\gamma - \omega_z\sin\gamma}{\cos\vartheta} \\
&\frac{d\gamma}{dt} = \omega_x - \tan\vartheta(\omega_y\cos\gamma - \omega_z\sin\gamma) \\
&\frac{dm}{dt} = -m_c \\
&\sin\beta = \cos\theta[\cos\gamma\sin(\psi - \psi_V) + \sin\vartheta\sin\gamma\cos(\psi - \psi_V)] - \sin\theta\cos\vartheta\sin\gamma \\
&\sin\alpha = \frac{\cos\theta[\sin\vartheta\cos\gamma\cos(\psi - \psi_V) - \sin\gamma\sin(\psi - \psi_V)] - \sin\theta\cos\vartheta\cos\gamma}{\cos\beta} \\
&\sin\gamma_V = \frac{\cos\alpha\sin\beta\sin\vartheta - \sin\alpha\sin\beta\cos\gamma\cos\vartheta + \cos\beta\sin\gamma\cos\vartheta}{\cos\theta} \\
&\phi_1(\cdots,\varepsilon_i,\cdots,\delta_i,\cdots) = 0 \\
&\phi_2(\cdots,\varepsilon_i,\cdots,\delta_i,\cdots) = 0 \\
&\phi_3(\cdots,\varepsilon_i,\cdots,\delta_i,\cdots) = 0 \\
&\phi_4(\cdots,\varepsilon_i,\cdots,\delta_i,\cdots) = 0
\end{aligned}\right\} \quad (4-11)$$

在本实验中，只对无控弹道进行仿真，因此省略控制关系方程 $\phi_1=0$、$\phi_2=0$、$\phi_3=0$ 和 $\phi_4=0$。

4.3.2.3 纵向运动与侧向运动的分解及相应模型

纵向运动，是指在导弹运动的过程中，运动参数 β、γ、γ_V、ω_x、ω_y、ψ、ψ_V、z 等恒为零的运动，其由导弹质心在飞行平面内的平移运动和绕 Oz_1 轴的转动运动组成。所以，在纵向运动中，参数 V、θ、ϑ、α、ω_z、x、y 等是随时间变化的，这些参数称为纵向运动的运动学参数。在纵向运动中，等于零的参数 β、γ、γ_V、ω_x、ω_y、ψ、ψ_V、z 称为侧向运动的运动学参数。侧向运动是相应于侧向运动参数 β、γ、γ_V、ω_x、ω_y、ψ、ψ_V、z 等随时间变化的运动，它由导弹质心沿 Oz_1 轴的平移运动以及绕 Ox_1 轴和 Oy_1 轴的转动运动组成。

从导弹的六自由度弹道仿真模型可以看出：其既含有纵向运动参数，又含有侧向运动参数。在描述纵向运动参数变化的方程中，含有侧向运动参数；在描述侧向运动参数变化的方程中，含有纵向运动参数。由此易知，导弹的一般运动是由纵向运动和侧向运动组成的，它们互相关联、互相影响。其中，纵向运动是可以独立存在的，但是侧向运动不能离开纵向运动而单独存在，它只能与纵向运动同时存在。

为了能够将导弹的一般方程组分解为纵向运动方程组和侧向运动方程组，必须从描述纵向运动参数变化的方程右端去掉侧向运动参数 β、γ、γ_V、ω_x、ω_y、ψ、ψ_V、z 等，即满足下列假设条件时，可以将纵向运动和侧向运动分开研究。

(1) 侧向运动参数 β、γ、γ_V、ω_x、ω_y 及舵偏角 δ_x、δ_y 都比较小。因此，可以令 $\cos\beta \approx \cos\gamma \approx \cos\gamma_V \approx 1$。同时可以省略小量的乘积 $\sin\beta\sin\gamma_V$、$z\sin\gamma_V$、$\omega_x\omega_y$、$\omega_y\sin\gamma$……以及参数 β、δ_x、δ_y 对阻力 Z 的影响。

(2) 导弹基本上在某个铅垂面内飞行，即其弹道与铅垂面弹道的差别不大，则 $\cos\psi_V \approx 1$。

(3) 俯仰操纵机构的偏转仅取决于纵向运动参数，而偏航、倾斜操纵机构的偏转仅取决于侧向运动参数。

基于上述假设，将导弹运动方程组分为纵向运动方程组和侧向运动方程组。描述导弹纵向运动的方程组为

$$\left. \begin{aligned} & m\frac{dV}{dt}=P\cos\alpha-X-mg\sin\theta \\ & mV\frac{d\theta}{dt}=P\sin\alpha+Y-mg\cos\theta \\ & J_z\frac{d\omega_z}{dt}=M_z \\ & \frac{dx}{dt}=V\cos\theta \\ & \frac{d\vartheta}{dt}=\omega_z \\ & \frac{dm}{dt}=-m_c \\ & \alpha=\vartheta-\theta \\ & \phi_1=0 \\ & \phi_4=0 \end{aligned} \right\} \quad (4-12)$$

描述导弹侧向运动的方程组为

$$\left.\begin{aligned}
&-mV\cos\theta\frac{\mathrm{d}\psi_V}{\mathrm{d}t} = (P\cos\alpha + Y)\sin\gamma_V - (P\cos\alpha\sin\beta - Z)\cos\psi_V \\
&J_x\frac{\mathrm{d}\omega_x}{\mathrm{d}t} = M_x - (J_z - J_y)\omega_z\omega_y \\
&J_y\frac{\mathrm{d}\omega_y}{\mathrm{d}t} = M_y - (J_x - J_z)\omega_x\omega_z \\
&\frac{\mathrm{d}z}{\mathrm{d}t} = -V\cos\theta\sin\psi_V \\
&\frac{\mathrm{d}\psi}{\mathrm{d}t} = \frac{\omega_y\cos\gamma - \omega_z\sin\gamma}{\cos\vartheta} \\
&\frac{\mathrm{d}\gamma}{\mathrm{d}t} = \omega_x - \tan\vartheta(\omega_y\cos\gamma - \omega_z\sin\gamma) \\
&\sin\beta = \cos\theta[\cos\gamma\sin(\psi - \psi_V) + \sin\vartheta\sin\gamma\cos(\psi - \psi_V)] - \sin\theta\cos\vartheta\sin\gamma \\
&\sin\gamma_V = \frac{\cos\alpha\sin\beta\sin\vartheta - \sin\alpha\sin\beta\cos\gamma\cos\vartheta + \cos\beta\sin\gamma\cos\vartheta}{\cos\theta} \\
&\phi_2 = 0 \\
&\phi_3 = 0
\end{aligned}\right\} \quad (4-13)$$

4.3.3 基础数据

导弹的结构参数、发动机参数、俯仰方向气动参数与实验"铅垂面内的无控弹道计算"中的数据相同。由于导弹是轴对称的，因此其偏航方向的数据同俯仰方向。导弹绕弹体坐标系 X 轴的转动惯量为 $J_x = 0.84 \text{ kg} \cdot \text{m}^2$，导弹的滚动阻尼力矩系数导数 $m_x^{\overline{\omega}_x}$ 和横向静稳定力矩系数导数 m_x^β 分别见表 4-1 和表 4-2。

表 4-1 滚动阻尼力矩系数导数 $m_x^{\overline{\omega}_x}$

马赫数 Ma	0.4	0.5	0.6	0.7	0.8
$m_x^{\overline{\omega}_x}$	-4.988 1	-5.141 4	-5.339 7	-5.620 6	-6.104 1

表 4-2 横向静稳定力矩系数导数 m_x^β

攻角 $\alpha/(°)$	马赫数 Ma				
	0.4	0.5	0.6	0.7	0.8
0	0	0	0	0	0
2	-0.045 2	-0.047 9	-0.051 6	-0.056 6	-0.064 3
4	-0.090 4	-0.095 8	-0.103 3	-0.113 3	-0.128 6
6	-0.135 6	-0.143 7	-0.154 9	-0.169 9	-0.192 9
8	-0.180 8	-0.191 6	-0.206 6	-0.226 6	-0.257 2
10	-0.226 0	-0.239 5	-0.258 2	-0.283 2	-0.321 4

4.4 实验项目内容

1) 分别给定表 4-3、表 4-4 和表 4-5 中的导弹初始飞行条件，设仿真步长为 0.001 s，采用四阶龙格-库塔法（或其他数值积分方法）解算六自由度弹道，记录导弹的姿态角、位置、弹道倾角、弹道偏角、攻角、侧滑角、速度倾斜角的变化。

表 4-3 导弹初始飞行条件 1

变量	单位	值	变量	单位	值
速度	m/s	20	滚转角	(°)	0
弹道倾角	(°)	40	俯仰角速度	(°)/s	0
弹道偏角	(°)	0	偏航角速度	(°)/s	0
俯仰角	(°)	40	滚转角速度	(°)/s	0
偏航角	(°)	0	位置	m	(0,0,0)

表 4-4 导弹初始飞行条件 2

变量	单位	值	变量	单位	值
速度	m/s	20	滚转角	(°)	0
弹道倾角	(°)	40	俯仰角速度	(°)/s	0
弹道偏角	(°)	30	偏航角速度	(°)/s	0
俯仰角	(°)	40	滚转角速度	(°)/s	0
偏航角	(°)	30	位置	m	(0,0,0)

表 4-5 导弹初始飞行条件 3

变量	单位	值	变量	单位	值
速度	m/s	20	滚转角	(°)	10
弹道倾角	(°)	40	俯仰角速度	(°)/s	0
弹道偏角	(°)	30	偏航角速度	(°)/s	0
俯仰角	(°)	40	滚转角速度	(°)/s	0
偏航角	(°)	30	位置	m	(0,0,0)

2) 设定满足纵向运动与侧向运动分解条件的初始条件，将空间运动分解为纵向运动和侧向运动分别求解，记录导弹的姿态角、位置、弹道倾角、弹道偏角、攻角、侧滑角、速度倾斜角的变化。求解一般的（未分解的）六自由度模型，记录并对比导弹的姿态角、位置、弹道倾角、弹道偏角、攻角、侧滑角、速度倾斜角的变化规律。导弹初始飞行条件见表 4-6。

表 4-6 导弹初始飞行条件 4

变量	单位	值	变量	单位	值
速度	m/s	20	滚转角	(°)	0
弹道倾角	(°)	30	俯仰角速度	(°)/s	0
弹道偏角	(°)	2	偏航角速度	(°)/s	0
俯仰角	(°)	30	滚转角速度	(°)/s	0
偏航角	(°)	4	位置	m	(0,0,0)

采用表 4-4 所示的初始飞行条件（导弹的初始弹道偏角 $\psi_{V_0} = 30°$），再将空间运动分解为纵向运动和侧向运动后分别求解，与求解一般的六自由度模型得到的结果进行对比并分析。

改变表 4-4 中的初始条件，令 $\psi_{V_0} = 2°$、$\psi_0 = 35°$，其他条件不变，再次进行仿真和对比。

3）分别在表 4-3、表 4-4 的初始条件下，考虑存在初始扰动和风干扰的情况，给定扰动的分布规律，采用蒙特卡洛法研究导弹六自由度无控弹道的散布。在研究时，可以先研究某个特定扰动的影响，再设定扰动的分布规律进行研究。分为以下几种情况：

（1）假设导弹的初始弹道倾角受到扰动（即 $\Delta\theta_0 = 0.3°$）。

（2）假设导弹的初始弹道偏角受到扰动（即 $\Delta\psi_{V_0} = 0.3°$）。

（3）假设初始弹道倾角和初始弹道偏角同时受到扰动（即 $\Delta\theta_0 = 0.3°$、$\Delta\psi_{V_0} = 0.3°$）。

（4）假设初始弹道倾角和初始弹道偏角同时受到扰动，且扰动服从正态分布 $N(0, (0.1°)^2)$。

（5）假设导弹受常值纵风干扰（即 $W_x = 10 \text{ m/s}$）。

（6）假设导弹受常值横风干扰（即 $W_z = 10 \text{ m/s}$）。

（7）假设导弹同时受常值横风和常值纵风干扰（即 $W_x = 10 \text{ m/s}$、$W_z = 10 \text{ m/s}$）。

（8）假设不同仿真时的纵风和横风服从正态分布 $N(0, (3.5 \text{ m})^2)$（在某次仿真中，风的情况不变）。

（9）假设同时存在初始弹道倾角、初始弹道偏角、纵风、横风影响，这四种干扰因素均服从正态分布：初始弹道倾角和初始弹道偏角服从正态分布 $N(0, (0.1°)^2)$，纵风和横风服从正态分布 $N(0, (3.5 \text{ m})^2)$。

4.5 实验结果分析

1）当导弹的初始状态采用表 4-3 中的数据时，导弹的初始侧向参数均为零。导弹发射以后，如果对导弹不加控制且导弹不受干扰，是否导弹只做纵向运动、其侧向运动参数均为零？导弹纵向运动参数的变化规律与第 1 章中的导弹纵向运动参数的变化规律是否相同？

当导弹的初始状态数据如表4-4所示时,导弹的初始偏航角和弹道偏角不为零,但两个角度相等,而倾斜角也为零,所以初始的侧滑角为零。如果导弹发射以后对导弹不加控制且导弹不受干扰,在整个飞行过程中,导弹的偏航角和弹道偏角是否会变化?侧滑角、倾斜角、速度倾斜角是否一直为零?本质上,初始状态数据为表4-3的飞行与初始状态数据为表4-4的飞行是否具有某种相同的特点?在表4-4的初始状态下,将地面坐标系的 X 轴取为导弹纵轴在水平面的投影,此时的初始状态变成了什么?将其与表4-3的初始条件进行对比,分析两种初始条件下对应的导弹运动。

当初始状态如表4-5所示时,在表4-4所示数据的基础上,导弹有了初始的倾斜角。在初始时刻,侧滑角为零,观察仿真结果中的偏航角 ψ、弹道偏角 ψ_V、侧滑角 β、倾斜角 γ 及速度倾斜角 γ_V 的变化规律,并分析原因。可以重点关注:

(1) 侧滑角 β 是否会振荡衰减?为什么?

(2) 倾斜角 γ 及速度倾斜角 γ_V 会变为零吗?为什么?

在分析导弹六自由度弹道时,要重点关注俯仰、偏航、滚转三个通道运动的耦合特性。

2)当满足一定条件时,导弹的六自由度运动方程组可以分解为描述纵向运动参数变化的纵向运动方程组,以及描述侧向运动参数变化的侧向运动方程组。可以先求纵向运动方程组得到纵向运动参数随时间的变化规律,然后将其代入侧向运动方程组,进而求解侧向方程组,最后得到导弹的运动参数。

由表4-6可知,初始的侧向运动参数中,只有 $\psi_V = 2°$、$\psi = 4°$,其余为零,导弹处于无控飞行且不受干扰。导弹在整个飞行过程中的侧向参数如何变化,其数值是否一直都比较小?是否满足纵向、侧向运动分解的条件?对比分析分别求解纵向、侧向分解模型与直接采用六自由度模型求解得到的导弹飞行状态,两者的差异是否显著?和前述的理论分析是否一致?

当采用表4-4中的初始条件时,$\cos\psi_{V_0} = \cos 30° = 0.866$,在这种条件下,导弹的侧向运动参数将如何变化?这时,满足纵向、侧向运动分解的条件吗?主要不满足哪一条?再对比分析,分别求解纵向、侧向分解模型与六自由度模型得到的导弹运动参数,哪些参数的差别不大?哪些参数的差别比较大?形成差别的主要原因是什么?

改变表4-4中的初始条件,令 $\psi_{V_0} = 2°$、$\psi_0 = 35°$,其他条件不变。此时,有初始的侧滑角 $\beta_0 \approx 24.7°$。再分析仿真结果中各侧向运动参数的变化规律,判断其是否满足纵向、侧向运动分解的条件。如果不满足,是不满足哪一条?与表4-3中初始条件下的弹道一样吗?将纵向、侧向分解模型和六自由度模型解算得到的结果进行对比分析,哪些参数相差不大,哪些参数相差较大?原因何在?

3)本实验主要考虑初始扰动和风的影响。初始扰动只计入了弹道倾角和弹道偏角的扰动,风的扰动则主要考虑水平风(又可以分为纵风和横风)的扰动。

(1) 考虑初始扰动的情况。

假设只有初始弹道倾角扰动,对于表4-3所示的初始飞行条件1,如果此时导弹只有纵向运动,且只是纵向运动参数受到干扰,此时的情况与第2章的实验中的情况有何异同?对于表4-4所示的初始飞行条件2,导弹不仅有纵向运动还有侧向运动,初始的弹道

倾角扰动 $\Delta\theta_0$ 会对侧向运动参数形成影响吗？为什么？

假设只有初始弹道偏角扰动，对于表 4-3 和表 4-4 两种情况，试分析 $\Delta\psi_{V_0}$ 对导弹运动的影响，包括：①是否只影响侧向运动？是否对纵向运动也有影响？为什么？②$\Delta\psi_{V_0}$ 对导弹落点的影响有何规律或特点（如射程增大还是减小、弹道左偏还是右偏）？原因何在？

当同时具有初始弹道倾角和初始弹道偏角扰动时，可做类似分析。

假设初始弹道倾角和初始弹道偏角同时受到扰动，且扰动服从正态分布 $N(0, (0.1°)^2)$，采用蒙特卡洛法仿真，绘出导弹的落点散布图，计算散布中心、均方差及中间误差。改变扰动的分布规律，再次计算，分析初始扰动的分布情况与落点散布的关系。

(2) 考虑风扰动的情况。

对于表 4-3 所示的初始飞行条件 1，假设导弹只受常值纵风的干扰，此时的情况与第 2 章实验中的情况有何异同？如果受常值横风的干扰，导弹是否会产生侧向运动？为什么？在常值干扰情况下，请关注导弹弹道迎风偏和顺风偏的规律，并分析原因。

对于表 4-4 所示的初始条件 2，假设导弹只受常值纵风或常值横风干扰，相比无干扰时的情况，其纵侧向运动会如何变化？为什么？假设导弹同时受常值横风和常值纵风干扰，分析导弹运动参数的变化情况，并与只受横风和只受纵风干扰的情况进行对比。

假设每一次仿真时的纵风和横风服从正态分布 $N(0, (3.5\ m)^2)$（在一次仿真中，风的情况不变），基于蒙特卡洛法进行仿真，分析导弹的落点散布情况。可以设置不同分布规律的纵风、横风干扰，分析导弹的落点散布情况。

如果同时存在初始弹道倾角、初始弹道偏角、纵风、横风扰动，采用蒙特卡洛法分析导弹的落点散布情况，计算散布中心、均方差及中间误差。

4.6 探索与思考

1) 如何设计实验能方便地分析导弹俯仰、偏航和滚转三个通道运动之间的耦合关系？

2) 导弹在飞行过程中除了受初始扰动和风的扰动外，还受哪些因素扰动？这些扰动具有什么特点？分析这些扰动对导弹落点散布的影响。

4.7 主题任务

对于某个给定的发射角，假定需要用蒙特卡洛法研究在多种干扰（如初始扰动、推力偏心、纵风、横风、垂直风等）同时作用的情况下，六自由度无控弹道落点的圆概率误差（以无干扰情况下的落点为圆心）。试设计合适的干扰模型，选择合理的计算步长及模拟结束判据，进行仿真计算，记录模拟次数和计算所需的时间。假如需要进一步研究落点的圆概率误差随发射角的变化规律，试预测所需的计算时间。调研最新的全球超级计算机 TOP500 排行榜，了解国内外最先进的超级计算机的运算能力和速度，特别是我国超级计算机的发展历史和 E 级超算的进展情况。在此基础上思考：

1) 你的计算程序是用什么计算机语言编制的，所使用的计算机的运算能力和速度如何？如果将你编制的计算程序移植到我国最先进的超级计算机系统上，或移植到全球TOP500的其他超级计算机上，预测一下完成上述计算任务所需的时间。

2）我国的超级计算机为什么要实现安全、自主、可控？近年来，我国基于自主可控超级计算机系统的软件与应用、服务于国家特殊需要和高新技术产业发展考虑，重新布局超级计算机的研制工作，有何重大意义？

======= 相关视频 =======

空气动力

推力与重力

空气动力矩概述

纵向静稳定力矩与静稳定性

俯仰操纵力矩与阻尼力矩

用右手法则确定角度

导弹动力学方程

导弹运动学方程

导弹的纵向运动与侧向运动

导弹的平面运动

第 5 章　攻角、侧滑角、速度倾斜角导数的计算

5.1　预期学习成果

1) 深入理解飞行力学常用坐标系之间的转换关系,并运用坐标系的旋转变换推导攻角、侧滑角、速度倾斜角的导数方程。
2) 掌握通过几何关系方程和导数方程求解攻角、侧滑角、速度倾斜角的两种方法。
3) 能够从不同的角度分析典型事故的原因。
4) 能够认识人工智能时代飞行器设计和使用过程中可能存在的工程伦理风险。
5) 能够认识工程师在人工智能时代的工程实践中应该坚守的"底线思维"和"极限思维"。

5.2　实验背景

采用矩阵变换法、方向余弦法等方法可以求得表征导弹 8 个欧拉角之间关系的几何关系方程。几何关系方程的表达方式不是唯一的,但通常用俯仰角、偏航角、倾斜角、弹道倾角和弹道偏角来表征攻角、侧滑角和速度倾斜角。通过坐标系变换的方法,还可以求得攻角、侧滑角以及速度倾斜角的导数方程,然后可以通过积分求得攻角、侧滑角和速度倾斜角。

然而,在某些情况下,弹道计算中需要用到 $\dot{\alpha}$、$\dot{\beta}$ 和 $\dot{\gamma}_V$,通过差分的方法求得的值往往存在一定误差,此时如果直接建立攻角、侧滑角、速度倾斜角的导数方程,就能更加方便地获得 $\dot{\alpha}$、$\dot{\beta}$、$\dot{\gamma}_V$。

5.3　实验基础

5.3.1　前序实验

- 六自由度无控弹道解算及散布分析

5.3.2　相关知识与理论基础

5.3.2.1　几何关系方程的推导

在研究导弹运动规律时引入的 8 个欧拉角 (θ、ϑ、ψ、ψ_V、γ、α、β、γ_V) 中,只有

5个是独立的，其他3个可以由这5个来表示。可采用方向余弦法来推导几何关系方程。

设 i、j、k 分别为参考坐标系各对应轴的单位矢量，过参考坐标系原点的两个单位矢量分别视为 l_1^0、l_2^0，夹角方向的余弦记作 $\langle l_1^0 \cdot l_2^0 \rangle$，有

$$\langle l_1^0 \cdot l_2^0 \rangle = \langle l_1^0 \cdot i \rangle\langle l_2^0 \cdot i \rangle + \langle l_1^0 \cdot j \rangle\langle l_2^0 \cdot j \rangle + \langle l_1^0 \cdot k \rangle\langle l_2^0 \cdot k \rangle \quad (5-1)$$

若把弹道坐标系的 Ox_2 轴和弹体坐标系的 Oz_1 轴的单位矢量分别表示为 l_1^0 和 l_2^0，选地面坐标系为参考坐标系，考虑 Ox_2 轴和速度坐标系的 Ox_3 轴重合，利用方向余弦表，求得式 (5-1) 的相应单位矢量的夹角余弦项。经过整理，得

$$\sin\beta = \cos\theta[\cos\gamma\sin(\psi - \psi_V) + \sin\vartheta\sin\gamma\cos(\psi - \psi_V)] - \sin\theta\cos\vartheta\sin\gamma \quad (5-2)$$

把弹体坐标系的 Oy_1 轴和弹道坐标系的 Ox_2 轴的单位矢量分别表示为 l_1^0 和 l_2^0，仍选地面坐标系为参考坐标系，利用式 (5-1) 和方向余弦表，得

$$\sin\alpha = \frac{\cos\theta[\sin\vartheta\cos\gamma\cos(\psi - \psi_V) - \sin\gamma\sin(\psi - \psi_V)] - \sin\theta\cos\vartheta\cos\gamma}{\cos\beta} \quad (5-3)$$

选取弹体坐标系为参考坐标系，而把速度坐标系 Oz_3 轴的单位矢量和地面坐标系 Ay 轴的单位矢量分别视为 l_1^0、l_2^0，利用式 (5-1) 和方向余弦表，得

$$\sin\gamma_V = \frac{\cos\alpha\sin\beta\sin\vartheta - \sin\alpha\sin\beta\cos\gamma\cos\vartheta + \cos\beta\sin\gamma\cos\vartheta}{\cos\theta} \quad (5-4)$$

式 (5-2) ~ 式 (5-4) 即3个几何关系方程。

5.3.2.2 攻角、侧滑角、速度倾斜角导数方程的推导

根据坐标系之间的转换关系可求得 $\dot\alpha$、$\dot\beta$、$\dot\gamma_V$，这样只要知道它们的初值就可以通过积分求出 α、β、γ_V。

设弹体坐标系相对于地面坐标系的旋转角速度为 $\boldsymbol{\omega}_1$，其在弹体坐标系上的投影为 ω_x、ω_y、ω_z。根据弹体坐标系与速度坐标系之间的转换关系，可得其在速度坐标系的投影为

$$\left.\begin{aligned}\omega_{1x_3} &= \omega_x\cos\alpha\cos\beta - \omega_y\sin\alpha\cos\beta + \omega_z\sin\beta \\ \omega_{1y_3} &= \omega_x\sin\alpha + \omega_y\cos\alpha \\ \omega_{1z_3} &= -\omega_x\cos\alpha\sin\beta + \omega_y\sin\alpha\sin\beta + \omega_z\cos\beta\end{aligned}\right\} \quad (5-5)$$

设速度坐标系相对地面坐标系的旋转角速度为 $\boldsymbol{\omega}_3$，根据地面坐标系与弹道坐标系、弹道坐标系与速度坐标系之间的转换关系，可知 $\boldsymbol{\omega}_3 = \dot{\boldsymbol\theta} + \dot{\boldsymbol\psi}_V + \dot{\boldsymbol\gamma}_V$，其在速度坐标系上的投影为

$$\left.\begin{aligned}\omega_{3x_3} &= \dot\gamma_V + \dot\psi_V\sin\theta \\ \omega_{3y_3} &= \dot\psi_V\cos\theta\cos\gamma_V + \dot\theta\sin\gamma_V \\ \omega_{3z_3} &= -\dot\psi_V\cos\theta\sin\gamma_V + \dot\theta\cos\gamma_V\end{aligned}\right\} \quad (5-6)$$

设弹体坐标系相对速度坐标系的旋转角速度为 $\boldsymbol{\omega}'$，则有 $\boldsymbol{\omega}' = \dot{\boldsymbol\alpha} + \dot{\boldsymbol\beta}$，将其投影到速度坐标系为

$$\left.\begin{aligned}\omega'_{x_3} &= \dot\alpha\sin\beta \\ \omega'_{y_3} &= \dot\beta \\ \omega'_{z_3} &= \dot\alpha\cos\beta\end{aligned}\right\} \quad (5-7)$$

根据地面坐标系至弹体坐标系的旋转角速度 $\boldsymbol{\omega}_1$ 等于地面坐标系至速度坐标系的旋转角速度 $\boldsymbol{\omega}_3$ 与速度坐标系至弹体坐标系的旋转角速度 $\boldsymbol{\omega}'$ 之和，得

$$\boldsymbol{\omega}' = \boldsymbol{\omega}_1 - \boldsymbol{\omega}_3 \tag{5-8}$$

将式（5-5）和式（5-6）代入式（5-8）的右端，得

$$\left.\begin{array}{l} \omega'_{x_3} = \omega_x \cos\alpha\cos\beta - \omega_y \sin\alpha\cos\beta + \omega_z \sin\beta - \dot{\gamma}_V - \dot{\psi}_V \sin\theta \\ \omega'_{y_3} = \omega_x \sin\alpha + \omega_y \cos\alpha - \dot{\psi}_V \cos\theta\cos\gamma_V - \dot{\theta}\sin\gamma_V \\ \omega'_{z_3} = -\omega_x \cos\alpha\sin\beta + \omega_y \sin\alpha\sin\beta + \omega_z \cos\beta + \dot{\psi}_V \cos\theta\sin\gamma_V - \dot{\theta}\cos\gamma_V \end{array}\right\} \tag{5-9}$$

由式（5-7）可知

$$\dot{\alpha} = \omega'_{x_3} \sin\beta + \omega'_{z_3} \cos\beta \tag{5-10}$$

将式（5-9）的第一式和第三式代入式（5-10），得

$$\dot{\alpha} = \omega_z - \dot{\gamma}_V \sin\beta - \dot{\psi}_V \sin\theta\sin\beta - \dot{\theta}\cos\gamma_V \cos\beta + \dot{\psi}_V \cos\theta\sin\gamma_V \cos\beta \tag{5-11}$$

由式（5-7）可知

$$\dot{\beta} = \omega'_{y_3} = \omega_x \sin\alpha + \omega_y \cos\alpha - \dot{\psi}_V \cos\theta\cos\gamma_V - \dot{\theta}\sin\gamma_V \tag{5-12}$$

对式（5-9）的第一式进行变形，然后将式（5-7）的第一式代入，整理可得

$$\dot{\gamma}_V = \omega_x \cos\alpha\cos\beta - \omega_y \sin\alpha\cos\beta + \omega_z \sin\beta - \dot{\alpha}\sin\beta - \dot{\psi}_V \sin\theta \tag{5-13}$$

将式（5-13）代入式（5-11），整理可得

$$\dot{\alpha} = \omega_z - [(\omega_x \cos\alpha - \omega_y \sin\alpha)\sin\beta + (\dot{\theta}\cos\gamma_V - \dot{\psi}_V \cos\theta\sin\gamma_V)]/\cos\beta \tag{5-14}$$

式（5-12）~式（5-14）即 β、γ_V、α 的导数方程。

5.3.3 基础数据

导弹的结构参数、发动机参数、气动参数与实验"六自由度无控弹道解算及散布分析"中的数据相同。

导弹飞行的初始条件见表 5-1。

表 5-1 导弹飞行的初始条件

变量	单位	值	变量	单位	值
速度	m/s	30	滚转角	(°)	5
弹道倾角	(°)	20	俯仰角速度	(°)/s	0
弹道偏角	(°)	2	偏航角速度	(°)/s	0
俯仰角	(°)	20	滚转角速度	(°)/s	0
偏航角	(°)	2	位置	m	(0,0,0)

5.4 实验项目内容

1）针对表 5-1 给定的初始条件，采用包含几何关系方程（式（5-2）~式（5-4））

的模型进行仿真，解算弹道并记录导弹的飞行状态参数。

2）针对表 5-1 给定的初始条件，采用包含导数方程（式（5-12）~式（5-14））的模型进行仿真，解算弹道并记录导弹的飞行状态参数。

3）在实验项目内容 1）的基础上，将导数方程（式（5-12）~式（5-14））代入，同时求解 α、β、γ_V，对比用式（5-2）~式（5-4）计算出的数值与用导数方程计算出的数值的差异。与之类似，在实验项目内容 2）的基础上，引入式（5-2）~式（5-4）同时求解 α、β、γ_V，对比用两种方程求解出的 α、β、γ_V 值。

4）在导弹的飞行全过程中，前 5 s 采用式（5-2）~式（5-4）所示的几何关系方程计算攻角、侧滑角和速度倾斜角，接下来 5 s 用式（5-12）~式（5-14）计算攻角、侧滑角和速度倾斜角，再接下来 5 s 再采用式（5-2）~式（5-4）所示的几何关系方程来计算，如此交替，直至导弹落地。

5.5 实验结果分析

用几何关系方程计算攻角、侧滑角和速度倾斜角时，由式（5-2）~式（5-4）求得的是 $\sin\alpha$、$\sin\beta$、$\sin\gamma_V$。在本实验中，α、β、γ_V 的取值范围均为 $[-\pi/2, \pi/2]$，因此在计算得到 $\sin\alpha$、$\sin\beta$、$\sin\gamma_V$ 后，直接利用反三角函数关系就可以得到 α、β、γ_V。

对比实验项目内容 1）和实验项目内容 2）在两种模型下的实验结果，导弹的各个运动参数会以很高的精度重合吗（考虑计算机的舍入误差）？对比在实验内容 3）和实验内容 4）在两种模型下计算得到的 α、β、γ_V 值，进一步分析两种模型的精度。当在计算过程中不断切换两种模型时，其结果和采用任意一种模型（不切换）时的结果会以很高的精度重合吗？

5.6 探索与思考

1）如何采用其他方法来推导导弹的几何关系方程？

2）求解攻角、侧滑角和速度倾斜角的两种方法各有什么优点、缺点？

3）当导弹垂直发射或飞行时，如果利用式（5-4）求解 γ_V，方程会出现奇异，如何解决此问题？

4）如果不采用 α、β、γ_V 的导数方程，当需要 α、β、γ_V 的导数时，可以采用差分代替导数。采用这种方法计算得到的值与直接采用导数方程计算得到的值相比，误差有多大？自行设计仿真实验进行研究。

5）飞机上安装的攻角（或侧滑角）传感器，测得的攻角和侧滑角是相对气流（简称空速）与机体坐标系之间形成的两个夹角。式（5-12）~式（5-14）中的攻角、侧滑角和速度倾斜角，是按空速还是按地速（即导弹相对于地面的速度）定义的？如果按空速度定义这三个角度，式（5-12）~式（5-14）应当有何变化？

5.7 主题任务

查阅 2018 年 10 月 29 日印尼狮航的波音 737 MAX8 和 2019 年 3 月 10 日埃塞俄比亚航空的波音 737 MAX8 坠机事件有关报道，以及该机型上安装的 AOA 传感器（攻角传感器）和 MCAS（Maneuvering Characteristics Augmentation System，机动特性增强系统）的有关资料。在此基础上思考：

1）从技术、经济、政治、文化等角度分析导致这两起空难的原因。

2）分析在人工智能时代下的飞行器设计和使用过程中可能存在的算法风险、决策风险、道德风险、安全风险等。从"人民至上，生命至上"的理念出发，理解、认识未来工程师在人工智能的工程实践中，特别是航空宇航相关领域的人工智能工程实践中，应当坚守的"底线思维"和"极限思维"。

相关视频

常用坐标系的定义（上）

常用坐标系的定义（下）

常用坐标系之间的关系

坐标系转换的常用方法

初等旋转矩阵与坐标系变换规则

常用坐标系之间的直接变换

逆变换与间接变换

第6章 垂直发射导弹方案弹道仿真

6.1 预期学习成果

1）掌握基于弹体坐标系建立导弹质心动力学方程的方法。
2）掌握基于四元数法建立导弹（或其他刚体的）转动运动方程组的方法。
3）能够建立可用于垂直发射或垂直飞行弹道仿真的数学模型及计算程序。
4）能够设计垂直发射导弹的方案和相应的控制规律。
5）能够通过调研了解国内外陆基、海基导弹垂直发射系统的发展历程，了解不同历史时期舰载垂直发射系统的重大关键技术，能够正确认识和客观评价我国舰载垂直发射系统技术在全球所处的地位。
6）能够在调研分析的基础上，从技术和非技术的角度理解我国舰载垂直发射系统的成功之路。

6.2 实验背景

导弹垂直发射具有全方位攻击、发射率高、储弹量大、结构简单且可靠性高、造价低、能耗小、装舰兼容性好、重量轻、占空小等诸多优点。目前，世界各国海军都已经装备或正在装备垂直发射的导弹武器系统。所以，研究导弹垂直发射的建模与仿真是十分有必要的。

当导弹垂直发射时，其俯仰角为 90°，此时导弹的速度矢量与弹轴在一般情况下是重合的，弹道倾角也为 90°。此时，会出现以下两个问题：

1）俄罗斯坐标体系中的弹道坐标系退化。因此，基于弹道坐标系建立的质心动力学方程组不再适用。
2）表征导弹绕质心旋转的运动学方程组（式）出现奇异（$\cos\vartheta = 0$），偏航角 ψ 和倾斜角 γ 不能正常求解。

因此，对于垂直发射的导弹，前述建立的导弹运动模型（式（4-1））不再适用，其中的一些方程需要用新的方法建立。

在本实验中，导弹的弹道包括垂直上升无控飞行段和程序转弯段，它对导弹的整个飞行过程具有重要的影响。深入了解初始弹道的特点，可以为在满足战术技术要求前提下的弹道优化奠定基础。

6.3 实验基础

6.3.1 前序实验

- 铅垂面内弹道设计与成形控制
- 六自由度无控弹道解算及散布分析

6.3.2 相关知识与理论基础

6.3.2.1 基于弹体坐标系的质心动力学模型

将质心运动的动力学方程组建立在弹体坐标系上，应将矢量方程 $m\dfrac{\mathrm{d}\boldsymbol{V}}{\mathrm{d}t} = \boldsymbol{F} + \boldsymbol{P}$ 的两端投影至弹体坐标系。假设速度矢量 $\boldsymbol{V}$ 在弹体坐标系的分量为 $(V_{x_1}, V_{y_1}, V_{z_1})$，弹体坐标系绕地面坐标系的旋转角速度 $\boldsymbol{\omega}$ 在弹体坐标系的投影为 $(\omega_x, \omega_y, \omega_z)$，根据绝对导数与相对导数之间的关系可推导得：$m\dfrac{\mathrm{d}\boldsymbol{V}}{\mathrm{d}t}$ 在弹体坐标系的投影为 $m\left(\dfrac{\mathrm{d}V_{x_1}}{\mathrm{d}t} + \omega_y V_{z_1} - \omega_z V_{y_1},\ \dfrac{\mathrm{d}V_{y_1}}{\mathrm{d}t} + \omega_z V_{x_1} - \omega_x V_{z_1},\ \dfrac{\mathrm{d}V_{z_1}}{\mathrm{d}t} + \omega_x V_{y_1} - \omega_y V_{x_1}\right)$。

推力一般与弹轴重合，因此推力 $\boldsymbol{P}$ 在弹体坐标系的投影为 $(P, 0, 0)$。空气动力沿速度坐标系的投影为 $(-X, Y, Z)$，利用速度坐标系和弹体坐标系之间的转换矩阵，可得空气动力在弹体坐标系的投影为

$$\begin{bmatrix} R_{x_1} \\ R_{y_1} \\ R_{z_1} \end{bmatrix} = \boldsymbol{L}(\alpha, \beta) \begin{bmatrix} -X \\ Y \\ Z \end{bmatrix} = \begin{bmatrix} -X\cos\alpha\cos\beta + Y\sin\alpha - Z\cos\alpha\sin\beta \\ X\sin\alpha\cos\beta + Y\cos\alpha + Z\sin\alpha\sin\beta \\ -X\sin\beta + Z\cos\beta \end{bmatrix} \qquad (6-1)$$

重力 $\boldsymbol{G}$ 在地面坐标系的投影为 $(0, -mg, 0)$，根据地面坐标系和弹体坐标系之间的转换矩阵，可得重力 $\boldsymbol{G}$ 在弹体坐标系的投影为

$$\begin{bmatrix} G_{x_1} \\ G_{y_1} \\ G_{z_1} \end{bmatrix} = \boldsymbol{L}(\gamma, \vartheta, \psi) \begin{bmatrix} 0 \\ -mg \\ 0 \end{bmatrix} = \begin{bmatrix} -mg\sin\vartheta \\ -mg\sin\vartheta\cos\gamma \\ mg\cos\vartheta\sin\gamma \end{bmatrix} \qquad (6-2)$$

综上所述，投影到弹体坐标系的导弹质心动力学方程为

$$\left. \begin{aligned} m\left(\dfrac{\mathrm{d}V_{x_1}}{\mathrm{d}t} + \omega_y V_{z_1} - \omega_z V_{y_1}\right) &= P_{x_1} - X\cos\alpha\cos\beta + Y\sin\alpha - Z\cos\alpha\sin\beta - G\sin\vartheta \\ m\left(\dfrac{\mathrm{d}V_{y_1}}{\mathrm{d}t} + \omega_z V_{x_1} - \omega_x V_{z_1}\right) &= P_{y_1} + X\sin\alpha\cos\beta + Y\cos\alpha + Z\sin\alpha\sin\beta - G\sin\vartheta\cos\gamma \\ m\left(\dfrac{\mathrm{d}V_{z_1}}{\mathrm{d}t} + \omega_x V_{y_1} - \omega_y V_{x_1}\right) &= P_{z_1} - X\sin\beta + Z\cos\beta + G\cos\vartheta\sin\gamma \end{aligned} \right\} \qquad (6-3)$$

6.3.2.2 基于四元数法的导弹姿态运动学方程

四元数的定义和性质以及基于四元数的坐标变换见附录 B。

引理：令 $\boldsymbol{Q}$ 为四元数，$\boldsymbol{v}$ 为向量。利用式（B-18）和式（B-19），有

$$\boldsymbol{Q} \circ \boldsymbol{v} - \boldsymbol{v} \circ \boldsymbol{Q} = 2\boldsymbol{q} \times \boldsymbol{v} = 2\mathrm{vect}(\boldsymbol{Q}) \times \boldsymbol{v} \tag{6-4}$$

设 S_b 是与刚体固连的本体坐标系（在本实验中，S_b 为与导弹固连的弹体坐标系），具有角速度 $\boldsymbol{\omega}$。刚体上的某个点，具有位置向量 $\boldsymbol{r}$，由力学定理，有

$$\frac{\mathrm{d}\boldsymbol{r}}{\mathrm{d}t} = \boldsymbol{\omega} \times \boldsymbol{r} \tag{6-5}$$

令 $\boldsymbol{Q}$ 是 S_b 相对于参考坐标系 S_0 的四元数，$\boldsymbol{r}_0$ 是在 S_0 中的向量，对应于 S_b 中的 $\boldsymbol{r}$。根据式（B-26），$\boldsymbol{r}$ 与 $\boldsymbol{r}_0$ 的关系为

$$\boldsymbol{r} = \boldsymbol{Q} \circ \boldsymbol{r}_0 \circ \boldsymbol{Q}^* \tag{6-6}$$

由于

$$\left.\begin{array}{l} \boldsymbol{Q} \circ \boldsymbol{Q}^* = 1 \\ \left(\dfrac{\mathrm{d}\boldsymbol{Q}}{\mathrm{d}t}\right) \circ \boldsymbol{Q}^* + \boldsymbol{Q} \circ \left(\dfrac{\mathrm{d}\boldsymbol{Q}^*}{\mathrm{d}t}\right) = 0 \end{array}\right\} \tag{6-7}$$

因此向量 $\boldsymbol{r}$ 的变化率可以表示为

$$\begin{aligned} \frac{\mathrm{d}\boldsymbol{r}}{\mathrm{d}t} &= \left(\frac{\mathrm{d}\boldsymbol{Q}}{\mathrm{d}t}\right) \circ \boldsymbol{r}_0 \circ \boldsymbol{Q}^* + \boldsymbol{Q} \circ \boldsymbol{r}_0 \circ \left(\frac{\mathrm{d}\boldsymbol{Q}^*}{\mathrm{d}t}\right) \\ &= \left(\frac{\mathrm{d}\boldsymbol{Q}}{\mathrm{d}t}\right) \circ \boldsymbol{Q}^* \circ \boldsymbol{r} \circ \boldsymbol{Q} \circ \boldsymbol{Q}^* + \boldsymbol{Q} \circ \boldsymbol{Q}^* \circ \boldsymbol{r} \circ \boldsymbol{Q} \circ \left(\frac{\mathrm{d}\boldsymbol{Q}^*}{\mathrm{d}t}\right) \\ &= \left[\left(\frac{\mathrm{d}\boldsymbol{Q}}{\mathrm{d}t}\right) \circ \boldsymbol{Q}^*\right] \circ \boldsymbol{r} - \boldsymbol{r} \circ \left[\left(\frac{\mathrm{d}\boldsymbol{Q}}{\mathrm{d}t}\right) \circ \boldsymbol{Q}^*\right] \end{aligned} \tag{6-8}$$

根据式（6-4），把式（6-8）改写为

$$\frac{\mathrm{d}\boldsymbol{r}}{\mathrm{d}t} = 2\mathrm{vect}\left[\left(\frac{\mathrm{d}\boldsymbol{Q}}{\mathrm{d}t}\right) \circ \boldsymbol{Q}^*\right] \times \boldsymbol{r} \tag{6-9}$$

比较式（6-9）和式（6-5），得到角速度矢量 $\boldsymbol{\omega}$ 的表达式为

$$\boldsymbol{\omega} = 2\mathrm{vect}\left[\left(\frac{\mathrm{d}\boldsymbol{Q}}{\mathrm{d}t}\right) \circ \boldsymbol{Q}^*\right] \tag{6-10}$$

根据式（B-11）以及约束条件式（B-23），有

$$\mathrm{scal}\left[\left(\frac{\mathrm{d}\boldsymbol{Q}}{\mathrm{d}t}\right) \circ \boldsymbol{Q}^*\right] = \dot{q}_0 q_0 + \dot{q}_1 q_1 + \dot{q}_2 q_2 + \dot{q}_3 q_3 = 0 \tag{6-11}$$

将式（6-10）和式（6-11）相结合，得

$$\boldsymbol{\omega} = 2\left(\frac{\mathrm{d}\boldsymbol{Q}}{\mathrm{d}t}\right) \circ \boldsymbol{Q}^* \tag{6-12}$$

定义一个零标量的四元数 $\boldsymbol{\Omega}_0$ 为

$$\boldsymbol{\Omega}_0 = 0 + \omega_{x_0}\boldsymbol{i}_0 + \omega_{y_0}\boldsymbol{j}_0 + \omega_{z_0}\boldsymbol{k}_0 = 0 + \boldsymbol{\omega} \tag{6-13}$$

比较式（6-12）和式（6-13），得

$$\boldsymbol{\Omega}_0 = 2\left(\frac{\mathrm{d}\boldsymbol{Q}}{\mathrm{d}t}\right) \circ \boldsymbol{Q}^* \tag{6-14}$$

这就导致

$$\frac{\mathrm{d}\boldsymbol{Q}}{\mathrm{d}t} = \frac{1}{2}\boldsymbol{\Omega}_0 \circ \boldsymbol{Q} \tag{6-15}$$

但是，此时 $\boldsymbol{\Omega}_0$ 包含角速度 $\boldsymbol{\omega}$ 在 S_0 中的分量，而不是在 S_b 中的分量。现定义另一个四元数，包含角速度 $\boldsymbol{\omega}$ 在弹体坐标系 S_b 中的分量，即

$$\boldsymbol{\Omega}_{b/0} = 0 + \omega_{x_b}\boldsymbol{i}_0 + \omega_{y_b}\boldsymbol{j}_0 + \omega_{z_b}\boldsymbol{k}_0 \tag{6-16}$$

利用关系式

$$\boldsymbol{\Omega}_0 = \boldsymbol{Q} \circ \boldsymbol{\Omega}_{b/0} \circ \boldsymbol{Q}^* \tag{6-17}$$

可得运动学方程为

$$\frac{\mathrm{d}\boldsymbol{Q}}{\mathrm{d}t} = \frac{1}{2}\boldsymbol{Q} \circ \boldsymbol{\Omega}_{b/0} \tag{6-18}$$

利用式（B-12），将式（6-18）转化成矩阵形式，有

$$\mathrm{col}\left(\frac{\mathrm{d}\boldsymbol{Q}}{\mathrm{d}t}\right) = \frac{1}{2}\mathrm{mati}(\boldsymbol{\Omega}_{b/0})\mathrm{col}(\boldsymbol{Q}) \tag{6-19}$$

即

$$\left.\begin{aligned}\frac{\mathrm{d}q_0}{\mathrm{d}t} &= -\frac{1}{2}(\omega_x q_1 + \omega_y q_2 + \omega_z q_3) \\ \frac{\mathrm{d}q_1}{\mathrm{d}t} &= \frac{1}{2}(\omega_x q_0 + \omega_z q_2 - \omega_y q_3) \\ \frac{\mathrm{d}q_2}{\mathrm{d}t} &= \frac{1}{2}(\omega_y q_0 + \omega_z q_1 + \omega_x q_3) \\ \frac{\mathrm{d}q_3}{\mathrm{d}t} &= \frac{1}{2}(\omega_z q_0 + \omega_y q_1 - \omega_z q_2)\end{aligned}\right\} \tag{6-20}$$

式中的 ω_x、ω_y、ω_z 即式（6-16）中的 ω_{x_b}、ω_{y_b}、ω_{z_b}，为弹体坐标系相对地面坐标系的旋转角速度在弹体坐标系三轴的投影。式（6-20）为用四元数表示的导弹姿态运动学方程。

在实际仿真计算时，由于积分误差的存在，破坏了四元数的正交性，使得四元数的范数不为1，因此需对四元数进行修正。修正方程为

$$\left.\begin{aligned}\frac{\mathrm{d}q_0^*}{\mathrm{d}t} &= -\frac{1}{2}(\omega_x q_1 + \omega_y q_2 + \omega_z q_3) \\ \frac{\mathrm{d}q_1^*}{\mathrm{d}t} &= \frac{1}{2}(\omega_x q_0 + \omega_z q_2 - \omega_y q_3) \\ \frac{\mathrm{d}q_2^*}{\mathrm{d}t} &= \frac{1}{2}(\omega_y q_0 + \omega_z q_1 + \omega_x q_3) \\ \frac{\mathrm{d}q_3^*}{\mathrm{d}t} &= \frac{1}{2}(\omega_z q_0 + \omega_y q_1 - \omega_z q_2)\end{aligned}\right\} \tag{6-21}$$

式中，q_0^*、q_1^*、q_2^*、q_3^* 与 q_0、q_1、q_2、q_3 之间的关系为

$$\begin{bmatrix} q_0 \\ q_1 \\ q_2 \\ q_3 \end{bmatrix} = \frac{1}{\sqrt{(q_0^*)^2 + (q_1^*)^2 + (q_2^*)^2 + (q_3^*)^2}} \begin{bmatrix} q_0^* \\ q_1^* \\ q_2^* \\ q_3^* \end{bmatrix} \qquad (6-22)$$

6.3.2.3 导弹姿态角的求解

地面坐标系 S_0 和弹体坐标系 S_1 之间以如下顺序的三个欧拉角 ψ、ϑ、γ 相联系，即

$$S_0 \xrightarrow{R_y(\psi)} \circ \xrightarrow{R_z(\vartheta)} \circ \xrightarrow{R_x(\gamma)} \circ S_1$$

与三次转动相对应的虚拟四元数是

$$\left. \begin{array}{l} \boldsymbol{Q}_{1\#} = \cos\dfrac{\psi}{2} + 0\boldsymbol{i} + \sin\dfrac{\psi}{2}\boldsymbol{j} + 0\boldsymbol{k} \\[2mm] \boldsymbol{Q}_{2\#} = \cos\dfrac{\vartheta}{2} + 0\boldsymbol{i} + 0\boldsymbol{j} + \sin\dfrac{\vartheta}{2}\boldsymbol{k} \\[2mm] \boldsymbol{Q}_{3\#} = \cos\dfrac{\gamma}{2} + \sin\dfrac{\gamma}{2}\boldsymbol{i} + 0\boldsymbol{j} + 0\boldsymbol{k} \end{array} \right\} \qquad (6-23)$$

因而，从 S_0 到 S_1 的变换四元数是

$$\boldsymbol{Q}_{10\#} = \boldsymbol{Q}_{1\#} \circ \boldsymbol{Q}_{2\#} \circ \boldsymbol{Q}_{3\#} \qquad (6-24)$$

展开后得到 $\boldsymbol{Q}_{10}$ 的元素的表达式为

$$\left. \begin{array}{l} q_0 = \cos\dfrac{\gamma}{2}\cos\dfrac{\psi}{2}\cos\dfrac{\vartheta}{2} - \sin\dfrac{\gamma}{2}\sin\dfrac{\psi}{2}\sin\dfrac{\vartheta}{2} \\[2mm] q_1 = \sin\dfrac{\gamma}{2}\cos\dfrac{\psi}{2}\cos\dfrac{\vartheta}{2} + \cos\dfrac{\gamma}{2}\sin\dfrac{\psi}{2}\sin\dfrac{\vartheta}{2} \\[2mm] q_2 = \cos\dfrac{\gamma}{2}\sin\dfrac{\psi}{2}\cos\dfrac{\vartheta}{2} + \sin\dfrac{\gamma}{2}\cos\dfrac{\psi}{2}\sin\dfrac{\vartheta}{2} \\[2mm] q_3 = \cos\dfrac{\gamma}{2}\cos\dfrac{\psi}{2}\sin\dfrac{\vartheta}{2} - \sin\dfrac{\gamma}{2}\sin\dfrac{\psi}{2}\cos\dfrac{\vartheta}{2} \end{array} \right\} \qquad (6-25)$$

又因为以欧拉角表示的变换矩阵 $\boldsymbol{L}_{0-1}$ 为

$$\boldsymbol{L}_{0-1} = \begin{bmatrix} \cos\vartheta\cos\psi & \sin\vartheta & -\cos\vartheta\sin\psi \\ -\sin\vartheta\cos\psi\cos\gamma + \sin\psi\sin\gamma & \cos\vartheta\cos\gamma & \sin\vartheta\sin\psi\cos\gamma + \cos\psi\sin\gamma \\ \sin\vartheta\cos\psi\sin\gamma + \sin\psi\cos\gamma & -\cos\vartheta\sin\gamma & -\sin\vartheta\sin\psi\sin\gamma + \cos\psi\cos\gamma \end{bmatrix}$$

$$(6-26)$$

比较式（B-38）和式（6-26），得

$$\left. \begin{array}{l} \sin\vartheta = 2(q_1 q_2 + q_0 q_3) \\[2mm] \tan\gamma = \dfrac{-2(q_2 q_3 - q_0 q_1)}{1 - 2(q_1^2 + q_3^2)} \\[2mm] \tan\psi = \dfrac{-2(q_3 q_1 - q_0 q_2)}{1 - 2(q_2^2 + q_3^2)} \end{array} \right\} \qquad (6-27)$$

若角 ψ、ϑ、γ 为小量，则有如下近似关系：

$$q_0 \approx 1, \quad q_1 \approx \frac{\gamma}{2}, \quad q_2 \approx \frac{\psi}{2}, \quad q_3 \approx \frac{\vartheta}{2} \tag{6-28}$$

当 $\vartheta = \frac{\pi}{2}$ 时，式（6-26）可以化简为

$$\boldsymbol{L}_{0-1} = \begin{bmatrix} 0 & 1 & 0 \\ -\cos(\psi+\gamma) & 0 & \sin(\psi+\gamma) \\ \sin(\psi+\gamma) & 0 & \cos(\psi+\gamma) \end{bmatrix} \tag{6-29}$$

比较式（6-29）中的 $\boldsymbol{L}_{0-1}$ 与式（B-38）中的 $\boldsymbol{L}_{ba}$，可得

$$\tan(\psi+\gamma) = \frac{2(q_2 q_3 + q_0 q_1)}{q_0^2 + q_3^2 - q_1^2 - q_2^2} \tag{6-30}$$

在垂直段弹道，ψ、γ 没有物理意义，所以规定 $\psi=0$，则式（6-30）可以写为

$$\tan\gamma = \frac{2(q_2 q_3 + q_0 q_1)}{q_0^2 + q_3^2 - q_1^2 - q_2^2} \tag{6-31}$$

接下来讨论角度的定义域。以 $|\vartheta| < \frac{\pi}{2}$ 时的偏航角 ψ 为例，其他角度类似。由于四元数表示的坐标变换矩阵 $\boldsymbol{L}_{ba}$ 可以表示为

$$\boldsymbol{L}_{ba} = \begin{bmatrix} l_{11} & l_{12} & l_{13} \\ l_{21} & l_{22} & l_{23} \\ l_{31} & l_{32} & l_{33} \end{bmatrix} \tag{6-32}$$

当 $|\vartheta| < \frac{\pi}{2}$ 时，$\tan\psi = -\frac{l_{13}}{l_{11}}$，式（6-32）中的 $l_{11} = \cos\psi\cos\vartheta$。由于 $|\vartheta| < \frac{\pi}{2}$，因此 $\cos\vartheta > 0$。如果 $l_{11} > 0$（即 $\cos\psi > 0$），则 ψ 在第一、四象限；如果 $l_{11} < 0$（即 $\cos\psi < 0$），则 ψ 在第二、三象限。因此，有

$$\psi = \begin{cases} \arctan\left(-\dfrac{a_{13}}{a_{11}}\right), & l_{11} > 0 \\ \pi + \arctan\left(-\dfrac{a_{13}}{a_{11}}\right), & l_{11} < 0 \end{cases} \tag{6-33}$$

其他各姿态角经过类似的定义域分析，可得各姿态角的计算公式如下：

$$\vartheta = \arcsin[2(q_1 q_2 + q_0 q_3)], \quad \vartheta \in \left[-\frac{\pi}{2}, \frac{\pi}{2}\right] \tag{6-34}$$

（1）当 $|\vartheta| < \frac{\pi}{2}$ 时，

$$\psi = \begin{cases} \arctan\left(-\dfrac{a_{13}}{a_{11}}\right) = \arctan\dfrac{-2(q_3 q_1 - q_0 q_2)}{1 - 2(q_2^2 + q_3^2)}, & l_{11} > 0 \\ \pi + \arctan\left(-\dfrac{a_{13}}{a_{11}}\right) = \pi + \arctan\dfrac{-2(q_3 q_1 - q_0 q_2)}{1 - 2(q_2^2 + q_3^2)}, & l_{11} \leq 0 \end{cases} \tag{6-35}$$

$$\gamma = \begin{cases} \arctan\left(-\dfrac{a_{32}}{a_{22}}\right) = \arctan\dfrac{-2(q_2 q_3 - q_0 q_1)}{1 - 2(q_1^2 + q_3^2)}, & l_{22} > 0 \\ \pi + \arctan\left(-\dfrac{a_{32}}{a_{22}}\right) = \pi + \arctan\dfrac{-2(q_2 q_3 - q_0 q_1)}{1 - 2(q_1^2 + q_3^2)}, & l_{22} \leqslant 0 \end{cases} \quad (6-36)$$

(2) 当 $|\vartheta| = \dfrac{\pi}{2}$ 时,

$$\psi = 0 \quad (6-37)$$

$$\gamma = \begin{cases} \arctan\dfrac{a_{23}}{a_{33}} = \arctan\dfrac{2(q_2 q_3 + q_0 q_1)}{1 - 2(q_1^2 + q_2^2)}, & l_{33} > 0 \\ \pi + \arctan\dfrac{a_{23}}{a_{33}} = \pi + \arctan\dfrac{2(q_2 q_3 + q_0 q_1)}{1 - 2(q_1^2 + q_2^2)}, & l_{33} \leqslant 0 \end{cases} \quad (6-38)$$

6.3.2.4 质心运动学方程

根据地面坐标系和弹体坐标系之间的转换关系,将投影到弹体坐标系的速度分量转换为地面坐标系的速度分量,转换关系为

$$\begin{bmatrix} V_x \\ V_y \\ V_z \end{bmatrix} = \boldsymbol{L}_{\mathrm{ba}} \begin{bmatrix} V_{x_1} \\ V_{y_1} \\ V_{z_1} \end{bmatrix} \quad (6-39)$$

式中,$\boldsymbol{L}_{\mathrm{ba}}$ ——速度坐标系至弹体坐标系的旋转矩阵。

基于速度矢量 V 在地面坐标系的分量,导弹质心运动学方程可表示为

$$\begin{bmatrix} \dfrac{\mathrm{d}x}{\mathrm{d}t} \\ \dfrac{\mathrm{d}y}{\mathrm{d}t} \\ \dfrac{\mathrm{d}z}{\mathrm{d}t} \end{bmatrix} = \begin{bmatrix} V_x \\ V_y \\ V_z \end{bmatrix} \quad (6-40)$$

综合式 (B-38)、式 (6-39) 和式 (6-40),可得

$$\begin{bmatrix} \dfrac{\mathrm{d}x}{\mathrm{d}t} \\ \dfrac{\mathrm{d}y}{\mathrm{d}t} \\ \dfrac{\mathrm{d}z}{\mathrm{d}t} \end{bmatrix} = \begin{bmatrix} V_{x_1}(q_0^2 - q_1^2 - q_2^2 - q_3^2) + 2V_{y_1}(q_3 q_0 + q_1 q_2) + 2V_{z_1}(q_1 q_3 - q_0 q_2) \\ 2V_{x_1}(q_1 q_2 - q_0 q_3) + V_{y_1}(q_0^2 - q_1^2 - q_2^2 - q_3^2) + 2V_{z_1}(q_1 q_0 + q_3 q_2) \\ 2V_{x_1}(q_1 q_3 + q_0 q_2) + 2V_{y_1}(q_2 q_3 - q_0 q_1) + V_{z_1}(q_0^2 - q_1^2 - q_2^2 - q_3^2) \end{bmatrix}$$

$$(6-41)$$

飞行速度 V、弹道倾角 θ 和弹道偏角 ψ_V 的求取公式为

$$V = \sqrt{\dot{x}^2 + \dot{y}^2 + \dot{z}^2}$$
$$\theta = \arcsin \frac{\dot{y}}{V} \qquad (6-42)$$
$$\psi_V = -\arctan \frac{\dot{z}}{\dot{x}}$$

攻角 α 及侧滑角 β 的求取公式为

$$\alpha = \arctan \frac{V_{z_1} - V_{y_1}}{V_{x_1}}$$
$$\beta = \arctan \left(\frac{V_{y_1} + V_{z_1}}{V_{x_1}} \cos \alpha \right) \qquad (6-43)$$

在进行积分时，需确定四元数的积分初值。由于导弹发射初始时刻的俯仰角 $\vartheta = \dfrac{\pi}{2}$，由式（6-25）可知四元数积分初值的计算公式为

$$\begin{bmatrix} q_0 \\ q_1 \\ q_2 \\ q_3 \end{bmatrix} = \frac{\sqrt{2}}{2} \begin{bmatrix} \cos \dfrac{\psi + \gamma}{2} \\ \sin \dfrac{\psi + \gamma}{2} \\ \sin \dfrac{\psi + \gamma}{2} \\ \cos \dfrac{\psi + \gamma}{2} \end{bmatrix} \qquad (6-44)$$

6.3.3 基础数据

与第 2 章实验"铅垂面内的无控弹道散布研究"中的数据相同。

6.4 实验项目内容

1）导弹垂直发射，然后转弯，其初始位置为 (0,10 m,0)，其他初始条件见表 6-1。设仿真步长为 0.001 s，采用四阶龙格-库塔法（或其他数值积分方法），解算导弹铅垂面的弹道，观察并记录导弹的俯仰角、弹道倾角、攻角、速度及位置的变化。

表 6-1 垂直发射导弹的初始条件

变量	单位	值	变量	单位	值
V_{x_1}	m/s	20	q_0	—	0
V_{y_1}	m/s	0	q_1	—	0
V_{z_1}	m/s	0	q_2	—	0
ω_z	(°)/s	0	q_3	—	0

导弹按照程序俯仰角转弯，程序俯仰角的变化规律为

$$\vartheta_* = \begin{cases} \dfrac{\pi}{2}, & t < t_1 \\ \dfrac{\pi}{2} e^{-\frac{t-t_1}{K}}, & t_1 \leq t < t_2 \\ 0, & t \geq t_2 \end{cases} \tag{6-45}$$

式中，$t_1 = 5$ s、$t_2 = 20$ s、$K = 2$。参考实验"铅垂面内弹道设计与成形控制"中控制规律的设计，设计合理的控制规律来对导弹进行控制。

2）改变预先装定的程序俯仰角的变化规律，即改变 t_1、t_2 和 K，进行仿真和对比分析。

6.5 实验结果分析

6.5.1 俯仰角、弹道倾角和攻角的变化规律

观察俯仰角的变化规律，其是否按照预设的方案变化？绘制实际俯仰角与设计的程序俯仰角指令曲线，进行对比分析，通过调整控制规律来实现实际俯仰角对程序俯仰角的跟踪。

观察在垂直发射及转弯段的弹道倾角和攻角，分析其合理性。导弹发射时，攻角为零，导弹的速度矢量与弹轴重合。在上升段，如果导弹没有受到干扰，导弹的弹道倾角和俯仰角是否会一直相等、均为90°？在转弯段，正常式导弹的升降舵如何偏转才会产生负攻角，从而使导弹转弯？

设置不同的导弹转弯时间（即 $t_2 - t_1$），对比分析导弹在转弯段的俯仰角、弹道倾角和攻角的变化规律。

请思考：导弹转弯时间 $(t_2 - t_1)$ 可以任意设置吗？需要考虑哪些因素来设置导弹转弯时间 $(t_2 - t_1)$？

6.5.2 导弹飞行弹道的分析

绘制导弹的飞行弹道曲线，观察导弹是否顺利完成了垂直飞行和转弯段。计算并绘制导弹的法向过载曲线，分析影响法向过载的因素。通过设置不同的程序俯仰角指令，分析 t_1、t_2 及 K 对导弹法向过载及弹道曲率的影响。

6.5.3 四元数与欧拉角的对应关系

对比 $(q_0^*, q_1^*, q_2^*, q_3^*)$ 和 (q_0, q_1, q_2, q_3)，理解修正的必要性。利用四元数 (q_0, q_1, q_2, q_3) 和俯仰角 ϑ，分析并深入理解四元数和欧拉角之间的对应关系。

6.6 探索与思考

1）如何根据物理对象的特点采用合适的方法进行建模？基于四元数和基于欧拉角的建模方法的适用范围是什么，各有什么优点、缺点？当 θ 和 ϑ 不为90°时，用四元数法求

解的结果和用第4章的模型（或其他欧拉角模型）求解的结果有多大差异？该差异是否会随着$|\theta|$、$|\vartheta|$趋近于90°而变大，反之则减小？请自行设计仿真实验并进行分析验证。

2）质心运动学模型及攻角、侧滑角方程是否可以基于欧拉角推导出？如果可以，请仿真并与本实验的结果进行对比。

3）质心运动的动力学方程的奇异问题是否可以采用四元数法予以解决？为什么？

4）在俄罗斯坐标体系下，如果不使用弹道坐标系，能否建立导弹运动数学模型？

6.7 主题任务

根据公开资料，调研国内外陆基、海基垂直发射导弹的典型弹道方案，了解垂直发射导弹的战术技术优势，热发射和冷发射两类垂直发射技术的优势和缺点，以及陆基、海基导弹垂直发射的技术难点。根据公开信息，了解我国舰载导弹垂直发射系统研发的基本情况（如H/AJK03型垂直发射系统、H/AJK16型垂直发射系统、舰载海红旗9垂直发射系统、HT-1E型舰载通用垂直发射系统等），对比国外代表性导弹垂直发射系统（如美国海军装备的舰载MK41、MK48、MK57垂直发射系统，苏联的SA-N-6、3K95垂直发射系统等）。在此基础上，思考：

1）虽然我国舰载垂直发射系统起步较晚，但已实现了高起点、快发展，昂首步入世界先进行列，是在哪些关键技术上取得了重大突破？

2）从技术和非技术的视角归纳总结我国舰载垂直发射系统的成功之路。

═══ 相关视频 ═══

空气动力

推力与重力

空气动力矩概述

纵向静稳定力矩与静稳定性

俯仰操纵力矩与阻尼力矩

用右手法则确定角度

导弹动力学方程

导弹运动学方程

导弹的纵向运动与侧向运动

导弹的平面运动

第 7 章　英美坐标体系下六自由度无控弹道解算及其与俄罗斯坐标体系下的结果转换

7.1　预期学习成果

1）掌握英美坐标体系中各坐标系的定义及坐标系之间的转换关系。
2）能够在英美坐标体系下建立描述飞行器运动的六自由度模型。
3）理解英美坐标体系与俄罗斯坐标体系之间的区别与联系，并能在两种坐标体系下转换弹道解算结果。
4）能够用历史观点和全球视野，分析总结各国同类型导弹在专用和单项技术、通用和总体技术方面的比较优势。
5）能够用历史和发展的观点，分析不同时期各国同类导弹技术比较优势出现变化的原因，在坚定信念扩大自己优势的同时，探索可以借鉴的经验。

7.2　实验背景

在研究导弹飞行力学问题时，常见的坐标体系有两种，分别是俄罗斯坐标体系和英美坐标体系。这两套坐标体系的定义不同，坐标系之间的转换矩阵不相同，基于坐标系建立的飞行器的运动模型也不相同。在前述章节实验中，模型的建立、弹道的解算等都基于俄罗斯坐标体系，本实验涉及英美坐标体系的定义、转换以及飞行器运动模型的建立和弹道仿真。

我国在研究导弹运动时，常用俄罗斯坐标体系，大多数专著、论文和研究报告也是以俄罗斯坐标体系为基础建立数学模型，进而展开论述的。但是，欧美国家和地区的文献则是基于英美坐标体系展开研究的。因此，为了能够方便地研读欧美国家和地区的资料，学习和掌握英美坐标体系及其应用是很有必要的。

7.3　实验基础

7.3.1　前序实验

本实验相对具有独立性，在给定基础数据后就可以进行。但为了明确英美坐标体系和俄罗斯坐标体系之间的区别与联系，需对基于两种坐标体系建立的数学模型求解得到的导弹运动参数进行对比,因此,实验"六自由度无控弹道解算及散布分析"应作为前序实验。若没有相关建模的经历或没有弹道解算与分析的经验,建议先尝试铅垂面内导弹建模及弹道解算的相关实验(如第1章、第2章、第3章的实验)。

7.3.2 相关知识与理论基础

7.3.2.1 英美坐标体系的定义及相互转换

1. 英美坐标体系的定义

1)地面坐标系 $Ox_g y_g z_g$。

原点 O 在地球表面某处,一般取为导弹的发射点;Ox_g 轴在水平面内,其方向可以任意选择,通常与飞行任务有关;Oz_g 轴垂直于水平面,以向下为正;Oy_g 轴按右手法则确定。

2)平移坐标系

原点 O 取在飞行器质心;各轴平行于地面坐标系。

3)风轴坐标系 $Ox_a y_a z_a$。

原点 O 取在飞行器质心;Ox_a 轴沿飞行器质心运动速度方向;Oz_a 轴位于飞行器的纵向对称面内,以向下为正;Oy_a 轴按右手法则确定。

4)弹体坐标系 $Ox_b y_b z_b$。

原点 O 取在飞行器质心;Ox_b 轴与飞行器的纵轴重合,以指向头部为正;Oz_b 轴位于飞行器的纵向对称面内,垂直于 Ox_b 轴,以向下为正;Oy_b 轴按右手法则确定。

2. 坐标系之间的变换

1)弹体坐标系与平移坐标系之间的变换。

弹体坐标系与平移坐标系之间的相互位置由俯仰角 θ、偏航角 ψ 和滚转角 ϕ 确定。它们的定义如下:

俯仰角 θ——纵轴 Ox_b 与水平面 $Ox_g y_g$ 之间的夹角,当纵轴偏向上方时,θ 为正,反之为负。

偏航角 ψ——纵轴 Ox_b 在水平面的投影与 Ox_g 之间的夹角,当该投影线偏向 Ox_g 轴右侧时,ψ 为正,反之为负。

滚转角 ϕ——飞行器纵向对称面 $Ox_b z_b$ 与通过纵轴 Ox_b 的铅垂面之间的夹角,沿 Ox_b 轴看,当铅垂面顺时针转到对称面时,ϕ 为正,反之为负。

注意:在第四章介绍的俄罗斯坐标体系中,θ 表示弹道倾角,俯仰角用 ϑ 表示,滚转角用 γ 表示;而在本章介绍的英美坐标体系中,按照惯例,俯仰角用 θ 表示,滚转角用 ϕ 表示。为了研究方便,本书保留了两个坐标体系各自惯用的变量表示方法。

采用旋转变换的方法来推导平移坐标系和弹体坐标系之间的转移矩阵。平移坐标系首先围绕其 Z 轴旋转角度 ψ,第一次旋转后的坐标系再围绕其 Y 轴旋转角度 θ,第二次旋转得到的坐标系再围绕其 X 轴旋转角度 ϕ,即可得到弹体坐标系,这三次旋转分别得到初等旋转矩阵为

$$\boldsymbol{L}_z(\psi) = \begin{bmatrix} \cos\psi & \sin\psi & 0 \\ -\sin\psi & \cos\psi & 0 \\ 0 & 0 & 1 \end{bmatrix} \qquad (7-1)$$

$$L_y(\theta) = \begin{bmatrix} \cos\theta & 0 & -\sin\theta \\ 0 & 1 & 0 \\ \sin\theta & 0 & \cos\theta \end{bmatrix} \qquad (7-2)$$

$$L_x(\phi) = \begin{bmatrix} 1 & 0 & 0 \\ 0 & \cos\phi & \sin\phi \\ 0 & -\sin\phi & \cos\phi \end{bmatrix} \qquad (7-3)$$

平移坐标系与弹体坐标系之间的转换矩阵为三个初等旋转矩阵的乘积，即

$$\begin{aligned} L_{bg}(\phi,\theta,\psi) &= L_x(\phi)L_y(\theta)L_z(\psi) \\ &= \begin{bmatrix} \cos\psi\cos\theta & \cos\theta\sin\psi & -\sin\theta \\ \sin\phi\sin\theta\cos\psi - \cos\phi\sin\psi & \sin\phi\sin\theta\sin\psi + \cos\phi\cos\psi & \sin\phi\cos\theta \\ \cos\phi\sin\theta\cos\psi + \sin\phi\sin\psi & \cos\phi\sin\theta\sin\psi - \sin\phi\cos\psi & \cos\phi\cos\theta \end{bmatrix} \end{aligned} \qquad (7-4)$$

根据姿态角的定义知：在英美坐标体系中，飞行器抬头为正，飞行器纵轴右偏为正，飞行器右滚为正；在俄罗斯坐标体系中，飞行器纵轴左偏为正，其余相同。

2）弹体坐标系与风轴坐标系之间的变换。

风轴坐标系与弹体坐标系之间的相对位置由攻角 α 和侧滑角 β 确定。其定义为：

攻角 α——速度矢量在纵向对称面的投影与纵轴之间的夹角，当 Ox_b 轴在投影线上方时，α 为正，反之为负。

侧滑角 β——速度矢量与纵向对称面之间的夹角，当速度偏向纵向对称面的右侧时，β 为正，反之为负。

风轴坐标系围绕其 z 轴负方向旋转角度 β，旋转后的坐标系再围绕其 y 轴旋转角度 α，得到弹体坐标系。两次旋转分别得到初等旋转矩阵：

$$L_z(-\beta) = \begin{bmatrix} \cos\beta & -\sin\beta & 0 \\ \sin\beta & \cos\beta & 0 \\ 0 & 0 & 1 \end{bmatrix} \qquad (7-5)$$

$$L_y(\alpha) = \begin{bmatrix} \cos\alpha & 0 & -\sin\alpha \\ 0 & 1 & 0 \\ \sin\alpha & 0 & \cos\alpha \end{bmatrix} \qquad (7-6)$$

风轴坐标系至弹体坐标系的变换矩阵为两个初等旋转矩阵的乘积，即

$$\begin{aligned} L_{ba}(\alpha,-\beta) &= L_y(\alpha)L_z(-\beta) \\ &= \begin{bmatrix} \cos\alpha\cos\beta & -\cos\alpha\sin\beta & -\sin\alpha \\ \sin\beta & \cos\beta & 0 \\ \sin\alpha\cos\beta & -\sin\alpha\sin\beta & \cos\alpha \end{bmatrix} \end{aligned} \qquad (7-7)$$

在英美坐标体系和俄罗斯坐标体系中，攻角和侧滑角的物理定义相同。

7.3.2.2 基于英美坐标体系的导弹运动模型推导

1. 动力学方程

基于固化原理，导弹作为刚体的动力学矢量方程为

$$\left. \begin{aligned} m\frac{dV}{dt} &= F + P \\ \frac{dH}{dt} &= M \end{aligned} \right\} \qquad (7-8)$$

式中，V——导弹的速度矢量；

F——空气动力和重力的合力；

H——导弹相对质心的动量矩；

M——导弹所受外力对质心的力矩。

将式（7-8）在弹体坐标系投影，可得导弹质心运动的动力学方程和导弹绕质心转动的动力学方程。

1) 导弹质心动力学方程。

根据矢量的绝对导数与相对导数之间的关系，有

$$\frac{\mathrm{d}V}{\mathrm{d}t} = \frac{\delta V}{\delta t} + \boldsymbol{\omega} \times V \tag{7-9}$$

式中，$\dfrac{\mathrm{d}V}{\mathrm{d}t}$——在惯性坐标系（地面坐标系）中矢量 V 的绝对导数；

$\dfrac{\delta V}{\delta t}$——在动坐标系（弹体坐标系）中矢量 V 的相对导数；

$\boldsymbol{\omega}$——弹体坐标系相对地面坐标系的旋转角速度。

设 $\boldsymbol{i}_\mathrm{b}$、$\boldsymbol{j}_\mathrm{b}$、$\boldsymbol{k}_\mathrm{b}$ 分别为沿弹体坐标系 $Ox_\mathrm{b}y_\mathrm{b}z_\mathrm{b}$ 各轴的单位矢量，速度矢量 V 在弹体坐标系三轴上的投影为 u、v、w，即有

$$V = u\boldsymbol{i}_\mathrm{b} + v\boldsymbol{j}_\mathrm{b} + w\boldsymbol{k}_\mathrm{b} \tag{7-10}$$

此时有

$$\frac{\delta V}{\delta t} = \frac{\mathrm{d}u}{\mathrm{d}t}\boldsymbol{i}_\mathrm{b} + \frac{\mathrm{d}v}{\mathrm{d}t}\boldsymbol{j}_\mathrm{b} + \frac{\mathrm{d}w}{\mathrm{d}t}\boldsymbol{k}_\mathrm{b} \tag{7-11}$$

设 p、q、r 分别为弹体坐标系相对于地面坐标系的旋转角速度 $\boldsymbol{\omega}$ 在弹体坐标系各轴上的分量，即

$$\boldsymbol{\omega} = p\boldsymbol{i}_\mathrm{b} + q\boldsymbol{j}_\mathrm{b} + r\boldsymbol{k}_\mathrm{b} \tag{7-12}$$

根据式（7-10）和式（7-12），可得

$$\boldsymbol{\omega} \times V = \begin{bmatrix} \boldsymbol{i}_\mathrm{b} & \boldsymbol{j}_\mathrm{b} & \boldsymbol{k}_\mathrm{b} \\ p & q & r \\ u & v & w \end{bmatrix} = (wq - ur)\boldsymbol{i}_\mathrm{b} + (ur - wp)\boldsymbol{j}_\mathrm{b} + (vp - uq)\boldsymbol{k}_\mathrm{b} \tag{7-13}$$

将式（7-11）和式（7-13）代入式（7-9），再代入式（7-8）的第一式，可得

$$\left.\begin{aligned} m\left(\frac{\mathrm{d}u}{\mathrm{d}t} + wq - vr\right) &= F_{x_\mathrm{b}} + P_{x_\mathrm{b}} \\ m\left(\frac{\mathrm{d}v}{\mathrm{d}t} + ur - wp\right) &= F_{y_\mathrm{b}} + P_{y_\mathrm{b}} \\ m\left(\frac{\mathrm{d}w}{\mathrm{d}t} + vp - uq\right) &= F_{z_\mathrm{b}} + P_{z_\mathrm{b}} \end{aligned}\right\} \tag{7-14}$$

式中，F_{x_b}，F_{y_b}，F_{z_b}——空气动力和重力在弹体坐标系三轴上的投影；

P_{x_b}，P_{y_b}，P_{z_b}——推力在弹体坐标系三轴上的投影。

假定不存在推力偏心，则发动机的推力在弹体坐标系的投影为

$$\begin{bmatrix} P_{x_b} \\ P_{y_b} \\ P_{z_b} \end{bmatrix} = \begin{bmatrix} T \\ 0 \\ 0 \end{bmatrix} \qquad (7-15)$$

式中，T——发动机沿弹轴的推力。

空气动力在弹体坐标系各轴上的投影 R_{x_b}、R_{y_b}、R_{z_b} 为

$$\begin{bmatrix} R_{x_b} \\ R_{y_b} \\ R_{z_b} \end{bmatrix} = \boldsymbol{L}(\alpha, -\beta) \begin{bmatrix} -D \\ C \\ -L \end{bmatrix}$$

$$= \begin{bmatrix} -D\cos\alpha\cos\beta & -C\cos\alpha\sin\beta & L\sin\alpha \\ -D\sin\beta & C\cos\beta & 0 \\ -D\cos\beta\sin\alpha & -C\sin\alpha\sin\beta & -L\cos\alpha \end{bmatrix} \qquad (7-16)$$

式中，D——阻力；

C——侧向力；

L——升力。

此处的 D、C 相当于俄罗斯坐标体系下的阻力 X、Z，升力 L 则相当于俄罗斯坐标体系的 $-Y$，为了遵循表达习惯，在英美坐标体系下，分别用 D、C、L 表示阻力、侧向力和升力。

重力在弹体坐标系各轴上的投影 G_{x_b}、G_{y_b}、G_{z_b} 为

$$\begin{bmatrix} G_{x_b} \\ G_{y_b} \\ G_{z_b} \end{bmatrix} = \boldsymbol{L}_{bg}(\phi, \theta, \psi) \begin{bmatrix} 0 \\ 0 \\ mg \end{bmatrix}$$

$$= \begin{bmatrix} -mg\sin\theta \\ mg\sin\phi\cos\theta \\ mg\cos\phi\cos\theta \end{bmatrix} \qquad (7-17)$$

将式（7-15）~式（7-17）代入式（7-14），可以得到导弹质心动力学方程为

$$\left. \begin{aligned} m\frac{du}{dt} &= T - D\cos\alpha\cos\beta - C\cos\alpha\sin\beta + L\sin\alpha - mg\sin\theta - mqw + mrv \\ m\frac{dv}{dt} &= D\sin\beta + C\cos\beta + mg\sin\phi\cos\theta - mru + mpw \\ m\frac{dw}{dt} &= -D\sin\alpha\cos\beta - C\sin\alpha\sin\beta - L\cos\alpha + mg\cos\phi\cos\theta - mpv + mqu \end{aligned} \right\} \qquad (7-18)$$

2）导弹绕质心转动的动力学方程。

根据绝对导数与相对导数的关系，可得

$$\frac{d\boldsymbol{H}}{dt} = \frac{\delta \boldsymbol{H}}{\delta t} + \boldsymbol{\omega} \times \boldsymbol{H} \qquad (7-19)$$

导弹绕质心转动的动力学方程的推导过程类似于质心动力学方程的推导，此处不再赘述，结果为

$$\left.\begin{array}{l} I_x \dot{p} + (I_z - I_y)qr = M_{x_b} \\ I_y \dot{q} + (I_x - I_z)pr = M_{y_b} \\ I_z \dot{r} + (I_y - I_x)pq = M_{z_b} \end{array}\right\} \quad (7-20)$$

式中,I_x, I_y, I_z——导弹对弹体坐标系各轴的转动惯量(此处仍然假设导弹为轴对称飞行器,其惯性积为零);

$M_{x_b}, M_{y_b}, M_{z_b}$——导弹所受的力矩在弹体坐标系三轴的投影。

2. 运动学方程

1)导弹质心运动的运动学方程。

导弹质心的运动学方程可以表示为

$$\begin{bmatrix} \dot{x} \\ \dot{y} \\ \dot{z} \end{bmatrix} = \begin{bmatrix} V_x \\ V_y \\ V_z \end{bmatrix} \quad (7-21)$$

式中,V_x, V_y, V_z——导弹速度矢量在地面坐标系的投影。

根据地面坐标系和弹体坐标系之间的转换关系,可知

$$\begin{bmatrix} V_x \\ V_y \\ V_z \end{bmatrix} = \boldsymbol{L}^{\mathrm{T}}(\phi, \theta, \psi) \begin{bmatrix} u \\ v \\ w \end{bmatrix} \quad (7-22)$$

将$\boldsymbol{L}(\phi, \theta, \psi)$的表达式代入式(7-22),可以得到质心运动学方程为

$$\left.\begin{array}{l} \dot{x} = u\cos\psi\cos\theta + v(\sin\phi\sin\theta\cos\psi - \cos\phi\sin\psi) + w(\cos\phi\sin\theta\cos\psi + \sin\phi\sin\psi) \\ \dot{y} = u\cos\theta\sin\psi + v(\sin\phi\sin\theta\sin\psi + \cos\phi\cos\psi) + w(\cos\phi\sin\theta\sin\psi - \sin\phi\cos\psi) \\ \dot{z} = -u\sin\theta + v\cos\theta\sin\phi + w\cos\theta\cos\phi \end{array}\right\}$$

$$(7-23)$$

2)导弹绕质心转动的运动学方程。

根据地面坐标系与弹体坐标系之间的转换关系,可得

$$\boldsymbol{\omega} = \begin{bmatrix} p \\ q \\ r \end{bmatrix} = \dot{\boldsymbol{\phi}} + \dot{\boldsymbol{\theta}} + \dot{\boldsymbol{\psi}} \quad (7-24)$$

由于$\dot{\boldsymbol{\phi}}$、$\dot{\boldsymbol{\psi}}$分别与弹体坐标系Ox_b轴和地面坐标系的Oz_g轴重合,而$\dot{\boldsymbol{\theta}}$与过渡坐标系的$y$轴重合,故有

$$\begin{bmatrix} p \\ q \\ r \end{bmatrix} = \boldsymbol{L}(\phi, \theta, \psi) \begin{bmatrix} 0 \\ 0 \\ \dot{\psi} \end{bmatrix} + \boldsymbol{L}(\phi) \begin{bmatrix} 0 \\ \dot{\theta} \\ 0 \end{bmatrix} + \begin{bmatrix} \dot{\phi} \\ 0 \\ 0 \end{bmatrix} = \begin{bmatrix} 1 & 0 & -\sin\theta \\ 0 & \cos\phi & \cos\theta\sin\phi \\ 0 & -\sin\phi & \cos\theta\cos\phi \end{bmatrix} \begin{bmatrix} \dot{\phi} \\ \dot{\theta} \\ \dot{\psi} \end{bmatrix} \quad (7-25)$$

经变换,得

$$\begin{bmatrix} \dot{\phi} \\ \dot{\theta} \\ \dot{\psi} \end{bmatrix} = \frac{1}{\cos\theta} \begin{bmatrix} \cos\theta & \sin\theta\sin\phi & \cos\phi\sin\theta \\ 0 & \cos\theta\cos\phi & -\cos\theta\sin\phi \\ 0 & \sin\phi & \cos\phi \end{bmatrix} \begin{bmatrix} p \\ q \\ r \end{bmatrix} \quad (7-26)$$

3. 攻角、侧滑角的计算

由弹体坐标系和速度坐标系的变换关系可知，在弹体坐标系下，速度矢量在各轴上的分量为

$$\boldsymbol{V} = \begin{bmatrix} u \\ v \\ w \end{bmatrix} = \boldsymbol{L}(\alpha, -\beta) \begin{bmatrix} V \\ 0 \\ 0 \end{bmatrix} = \begin{bmatrix} V\cos\alpha\cos\beta \\ V\sin\beta \\ V\sin\alpha\cos\beta \end{bmatrix} \quad (7-27)$$

由式（7-27）可知，$u = V\cos\alpha\cos\beta$、$v = V\sin\beta$、$w = V\sin\alpha\cos\beta$，整理可得

$$\tan\alpha = \frac{w}{u} \quad (7-28)$$

$$\sin\beta = \frac{v}{\sqrt{u^2 + v^2 + w^2}} \quad (7-29)$$

根据式（7-28）和式（7-29），即可求得攻角 α 和侧滑角 β。

7.3.3 基础数据

采用与第 4 章的实验相同的数据。由于是轴对称导弹，因此其侧向的相关数据（如侧向力系数、偏航力矩系数）与纵向数据相同。

为了利用第 4 章实验中的数据对英美坐标体系下的弹道仿真，首先要分析在英美坐标体系下攻角 α、侧滑角 β 对各个力和力矩的影响是否和在俄罗斯坐标体系下的影响相同。如果相同，则相关数据可以直接应用；如果不同，则需要对数据进行适当处理。

1. 攻角 α、侧滑角 β 对阻力的影响

在两种坐标体系下，α、β 对阻力的影响相同。因此，阻力系数表可以直接应用。

2. 攻角 α 对升力的影响

在两种坐标体系下，都是正攻角 α 产生向上的升力。在俄罗斯坐标体系下，正升力沿速度坐标系 Oy_3 轴的正方向；在英美坐标体系下，正升力沿风轴坐标系 Oz_a 的负方向。升力在两种坐标体系下方向的不同在建模时已考虑，因此升力系数表可以直接应用。

3. 侧滑角 β 对侧向力的影响

在两种坐标体系下，都是正侧滑角 β 产生负侧向力。在俄罗斯坐标体系下，侧向力沿速度坐标系 Oz_3 轴的负向；在英美坐标体系下，侧向力沿风轴坐标系 Oy_a 的负向。因此，侧向力系数的处理方法与第 4 章中的实验相同。

4. 攻角 α 对俯仰静稳定力矩的影响

对于具有纵向静稳定性的导弹而言，在俄罗斯坐标体系下，正攻角 α 产生绕弹体坐标系 Oz_1 轴负方向的俯仰力矩；在英美坐标体系下，正攻角 α 产生绕弹体坐标系 Oy_b 轴负方向的俯仰力矩。此区别在建模时已考虑，因此俯仰静稳定力矩系数表可以直接应用。

5. 侧滑角 β 对偏航静稳定力矩的影响

对于具有偏航静稳定性的导弹而言，在俄罗斯坐标体系下，正侧滑角 β 产生绕弹体坐标系 Oy_1 轴负方向的偏航力矩；在英美坐标体系下，正侧滑角 β 产生绕弹体坐标系的 Oz_b 轴正方向的偏航力矩。因此，偏航静稳定力矩系数的求取与第 4 章中的实验的情况相反（相应的插值表应反号）。

6. 攻角 α、侧滑角 β 对阻尼力矩的影响

在两种坐标体系下，阻尼力矩系数表均适用。

7. 滚转方向的力矩

两类坐标体系下的滚转阻尼力矩、滚转操纵力矩的情况相同。

7.4 实验项目内容

1）以第 4 章实验中的初始条件 2 为例，进行仿真。需要注意的是，该初始条件中的偏航角为 30°，此时导弹纵轴左偏，根据英美坐标体系下偏航角的定义，导弹纵轴左偏时的偏航角为负。因此，在本实验中，初始的偏航角应调整为 $-30°$。另外，由于本实验中质心动力学模型是建立在弹体坐标系中的，因此还应该给出 u、v、w 的初值。初始条件设置见表 7–1。

表 7–1 导弹飞行初始条件

变量	单位	值	变量	单位	值
u	m/s	20	滚转角	(°)	0
v	m/s	0	俯仰角速度	rad/s	0
w	m/s	0	偏航角速度	rad/s	0
俯仰角	(°)	40	滚转角速度	rad/s	0
偏航角	(°)	-30	初始位置	m	(0,0,0)

2）将导弹飞行时间分为三段，假设导弹的总飞行时间为 t_f，初始发射时刻为 t_0，设定中间时间点 t_1、t_2。当飞行时间 $t \in [t_0, t_1]$ 时，采用基于英美坐标体系的模型求解；当飞行时刻 $t \in [t_1, t_2]$ 时，采用基于俄罗斯坐标体系的模型求解；当飞行 $t \in [t_2, t_f]$ 时，再采用基于英美坐标体系的模型求解。切换模型时，上一模型计算的终值即下一模型的初始值，注意偏航角符号的改变。记录导弹的速度、弹道、姿态角等。将此结果与完全采用俄罗斯坐标体系模型求解的结果，以及完全采用英美坐标体系模型求解的结果进行对比，分析切换是否会影响解算的中间过程和最终结果。

7.5 实验结果分析

7.5.1 导弹的飞行状态对比

在相同的初始条件下，导弹运动过程中的受力和力矩情况也相同，不应该因为坐标系的不同而出现解算结果的不同。但是，由于建模时采用的坐标体系不同，描述导弹运动规律的参数的符号可能会不同。

1. 质心位置

导弹的质心位置可在地面坐标系中描述。由俄罗斯坐标体系和英美坐标体系中的地面坐标系（分别用 $Oxyz$、$Ox_gy_gz_g$ 表示）的定义可知，$Oxyz$ 围绕其 x 轴的正向转过 $\frac{\pi}{2}$ 后为 $Ox_gy_gz_g$，因此它们之间的转换关系为

$$\begin{bmatrix} x_g \\ y_g \\ z_g \end{bmatrix} = \begin{bmatrix} 1 & 0 & 0 \\ 0 & \cos\frac{\pi}{2} & \sin\frac{\pi}{2} \\ 0 & -\sin\frac{\pi}{2} & \cos\frac{\pi}{2} \end{bmatrix} \begin{bmatrix} x \\ y \\ z \end{bmatrix} = \begin{bmatrix} x \\ z \\ -y \end{bmatrix} \quad (7-30)$$

在任一时刻，两种不同坐标体系下解算得到的质心位置坐标应满足式（7-30）所示的关系。

2. 姿态角

根据两个坐标体系下姿态角的定义，分析俯仰角、偏航角和滚转角的情况。符号相同还是相反？大小是否应该相同？

3. 攻角和侧滑角

根据两个坐标体系下攻角和侧滑角的定义，分析两种坐标体系下解算得到的攻角和侧滑角的对应关系，根据计算结果评估是否与预测的关系一致。

4. 速度矢量大小和方向

在第 4 章的实验中，导弹的质心动力学矢量方程投影到俄罗斯坐标体系的弹道坐标系，解算模型即可得到表征速度大小的 V 和表征速度方向的弹道倾角 θ、弹道偏角 ψ_V。

在本实验中，导弹的质心动力学矢量方程投影到弹体坐标系，解算模型可以得到速度矢量在弹体坐标系三个轴上的分量 u、v、w。基于 u、v、w，可以计算导弹的速度大小 $V_E = \sqrt{u^2 + v^2 + w^2}$。为了得到表征速度矢量方向的参数，在英美坐标体系中，定义了一个航迹坐标系 $Ox_ky_kz_k$：其原点位于飞行器质心；Ox_k 轴与飞行器的速度矢量重合；Oz_k 轴位于包含 Ox_k 轴的铅垂面内，垂直于 Ox_k，以向下为正；Oy_k 轴垂直于 Ox_kz_k 平面，构成右手坐标系。航迹坐标系与平移坐标系之间的相对位置由两个角度确定，分别为爬升角 γ_k 和航迹方位角 ψ_{V_k}。具体定义：

爬升角 γ_k——导弹的速度矢量（即 Ox_k 轴）与水平面 Ox_gy_g 之间的夹角，当速度矢量偏向上方时，γ_k 为正，反之为负。

航迹方位角 ψ_{V_k}——导弹的速度矢量（即 Ox_k 轴）在水平面的投影与 Ox_g 之间的夹角，当该投影线偏向 Ox_g 轴右侧时，ψ_{V_k} 为正，反之为负。

平移坐标系和航迹坐标系之间的转移矩阵为

$$\boldsymbol{L}_{kg} = \boldsymbol{L}_y(\gamma_k)\boldsymbol{L}_z(\psi_{V_k}) = \begin{bmatrix} \cos\gamma_k\cos\psi_{V_k} & \cos\gamma_k\sin\psi_{V_k} & -\sin\gamma_k \\ -\sin\psi_{V_k} & \cos\psi_{V_k} & 0 \\ \cos\psi_{V_k}\sin\gamma_k & \sin\gamma_k\sin\psi_{V_k} & \cos\gamma_k \end{bmatrix} \quad (7-31)$$

航迹坐标系与风轴坐标系之间的相对位置由一个角度确定,称为速度倾斜角 γ_{V_k},其定义为:位于导弹纵向对称面内的 Oz_a 轴与包含速度矢量的铅垂面 $Ox_k z_k$ 之间的夹角,从弹尾部向前看,若由铅垂面顺时针转到纵向对称面,则 γ_{V_k} 为正,反之为负。

航迹坐标系至风轴坐标系的转移矩阵为

$$L_{ak} = L_x(\gamma_{V_k}) = \begin{bmatrix} 1 & 0 & 0 \\ 0 & \cos\gamma_{V_k} & \sin\gamma_{V_k} \\ 0 & -\sin\gamma_{V_k} & \cos\gamma_{V_k} \end{bmatrix} \quad (7-32)$$

在英美坐标体系中,定义了地面坐标系、平移坐标系、弹体坐标系、风轴坐标系、航迹坐标系后,也可作出类似于俄罗斯坐标体系下的关系图,如图 7-1 所示。

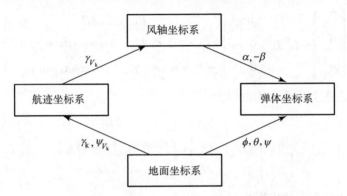

图 7-1 英美坐标体系下各坐标系之间的转换关系

其中,爬升角 γ_k 和航迹方位角 ψ_{V_k} 有以下几种计算方法。

1)写出几何关系方程。

与俄罗斯坐标体系类似,图 7-1 中的 8 个欧拉角只有 5 个是独立的,其他 3 个可以用这 5 个欧拉角来表示。从地面坐标系变换到风轴坐标系,有左右两条不同途径,其转移矩阵满足下式:

$$L(\gamma_{V_k})L(\gamma_k,\psi_{V_k}) = L^T(\alpha,-\beta)L(\phi,\theta,\psi) \quad (7-33)$$

两个矩阵相等,其对应每个元素必相等。因此,根据式(7-33)可建立以 α、β、ϕ、θ、ψ 表示 γ_k、ψ_{V_k}、γ_{V_k} 的几何关系方程为

$$\left. \begin{aligned} \sin\gamma_k &= -\cos\theta\sin\phi\sin\beta + \sin\theta\cos\alpha\cos\beta - \cos\theta\cos\phi\cos\beta\sin\alpha \\ \sin\psi_{V_k} &= [\sin\beta(\cos\psi\cos\phi + \sin\phi\sin\theta\sin\psi) + \cos\beta\sin\alpha(\sin\theta\sin\psi\cos\phi - \cos\psi\sin\phi) + \\ &\quad \cos\theta\sin\psi\cos\alpha\cos\beta]/\cos\gamma_k \\ \sin\gamma_{V_k} &= (\cos\alpha\sin\theta\sin\beta + \cos\beta\sin\phi\cos\theta - \sin\alpha\sin\beta\cos\phi\cos\theta)/\cos\gamma_k \end{aligned} \right\}$$

$$(7-34)$$

采用其他方法(如方向余弦法)也可以求得表述上述角度之间关系的几何关系方程。

2)在航迹坐标系中建立质心动力学方程。

将质心动力学矢量方程 $m\dfrac{dV}{dt} = F + P$ 投影到航迹坐标系,根据矢量的绝对导数与相对

导数之间的关系 $\dfrac{\mathrm{d}\boldsymbol{V}}{\mathrm{d}t} = \dfrac{\delta \boldsymbol{V}}{\delta t} + \boldsymbol{\omega}_k \times \boldsymbol{V}$（式中，$\boldsymbol{\omega}_k$ 为航迹坐标系相对于地面坐标系的旋转角速度），求得 $\dfrac{\mathrm{d}\boldsymbol{V}}{\mathrm{d}t}$ 在航迹坐标系的投影为

$$\left(\dfrac{\mathrm{d}\boldsymbol{V}}{\mathrm{d}t}\right)_k = \begin{bmatrix} \dot{V} \\ V\cos\theta_k \dot{\psi}_{V_k} \\ -V\dot{\theta}_k \end{bmatrix} \tag{7-35}$$

推力 $\boldsymbol{P}$ 在航迹坐标系的投影为

$$\begin{bmatrix} P_{x_k} \\ P_{y_k} \\ P_{z_k} \end{bmatrix} = \boldsymbol{L}_{ak}^{\mathrm{T}} \boldsymbol{L}_{ba}^{\mathrm{T}} \begin{bmatrix} P \\ 0 \\ 0 \end{bmatrix} = \begin{bmatrix} P\cos\alpha\cos\beta \\ P(\sin\alpha\sin\gamma_{V_k} - \cos\alpha\sin\beta\cos\gamma_{V_k}) \\ -P(\sin\alpha\cos\gamma_{V_k} + \cos\alpha\sin\beta\sin\gamma_{V_k}) \end{bmatrix} \tag{7-36}$$

空气动力在航迹坐标系上的投影为

$$\begin{bmatrix} R_{x_k} \\ R_{y_k} \\ R_{z_k} \end{bmatrix} = \boldsymbol{L}_{ak}^{\mathrm{T}} \begin{bmatrix} -D \\ C \\ -L \end{bmatrix} = \begin{bmatrix} -D \\ C\cos\gamma_{V_k} + L\sin\gamma_{V_k} \\ C\sin\gamma_{V_k} - L\cos\gamma_{V_k} \end{bmatrix} \tag{7-37}$$

重力在航迹坐标系上的投影为

$$\begin{bmatrix} G_{x_k} \\ G_{y_k} \\ G_{z_k} \end{bmatrix} = \boldsymbol{L}(\theta_k, \psi_{V_k}) \begin{bmatrix} 0 \\ 0 \\ mg \end{bmatrix} = \begin{bmatrix} -mg\sin\theta_k \\ 0 \\ mg\cos\theta_k \end{bmatrix} \tag{7-38}$$

因此，投影在航迹坐标系的质心动力学方程为

$$\left.\begin{aligned} m\dot{V} &= P\cos\alpha\cos\beta - D - mg\sin\theta_k \\ mV\cos\theta_k \dot{\psi}_{V_k} &= P(\sin\alpha\sin\gamma_{V_k} - \cos\alpha\sin\beta\cos\gamma_{V_k}) + C\cos\gamma_{V_k} + L\sin\gamma_{V_k} \\ -mV\dot{\theta}_k &= -P(\sin\alpha\cos\gamma_{V_k} + \cos\alpha\sin\beta\sin\gamma_{V_k}) + C\sin\gamma_{V_k} - L\cos\gamma_{V_k} + mg\cos\theta_k \end{aligned}\right\} \tag{7-39}$$

与之相应，导弹的质心运动学模型可写为

$$\begin{bmatrix} \dot{x} \\ \dot{y} \\ \dot{z} \end{bmatrix} = \boldsymbol{L}^{\mathrm{T}}(\theta_k, \psi_{V_k}) \begin{bmatrix} V \\ 0 \\ 0 \end{bmatrix} = \begin{bmatrix} V\cos\theta_k\cos\psi_{V_k} \\ V\cos\theta_k\sin\psi_{V_k} \\ -V\sin\theta_k \end{bmatrix} \tag{7-40}$$

在求解由式（7-39）、式（7-20）、式（7-40）和式（7-26）组成的导弹运动方程组时，还需建立表征 8 个角度之间关系的几何关系方程。α、β 可以由式（7-28）、式（7-29）求得，利用矩阵变换法或方向余弦法可求得关于 γ_{V_k} 的方程为

$$\sin\gamma_{V_k} = [\cos\theta\sin\phi\cos\theta_k - \cos\psi_{V_k}\sin\theta_k(\cos\phi\sin\psi - \cos\psi\sin\theta\sin\phi) + \\ \sin\psi_{V_k}\sin\theta_k(\cos\psi\cos\phi + \sin\theta\sin\psi\sin\phi)]/\cos\beta \tag{7-41}$$

联立式（7-39）、式（7-40）、式（7-20）、式（7-26）和式（7-41），就可以求解得到 γ_k、ψ_{V_k}、γ_{V_k}。

3）根据质心位置变化率计算。

式（7-23）和式（7-40）都是导弹质心运动学方程，因此，两者是等价的。由式（7-40）可知

$$\left.\begin{array}{l}\gamma_k = \arctan\dfrac{\dot{z}}{-\dot{V}} \\ \psi_{V_k} = \arctan\dfrac{\dot{y}}{\dot{x}}\end{array}\right\} \tag{7-42}$$

在本实验中，γ、ψ_{V_k} 的变化范围为 $\left(-\dfrac{\pi}{2}, \dfrac{\pi}{2}\right)$，因此可用式（7-42）计算 γ 和 ψ_{V_k}。另外，根据方向余弦法可求得

$$\gamma_{V_k} = \arcsin\frac{\cos\theta\sin\phi\cos\beta - \sin\theta\sin\beta}{\cos\theta_k} \tag{7-43}$$

对比俄罗斯坐标体系下求得的 V、θ、ψ_V 和英美坐标体系下求得的 $V(V_E)$、γ、ψ_{V_k}，任一时刻都应满足 $V = V_E$、$\theta = \gamma$、$\psi_V = -\psi_{V_k}$。此外，任一时刻的 γ_V 和 γ_{V_k} 也应相等。根据仿真结果可以进行验证。

7.5.2 模型切换时导弹飞行状态对比

在本实验的第二部分内容中，把导弹的飞行全过程按时间分成三段，在不同的时间段间进行两套坐标体系下模型的切换，最后绘制飞行全过程中导弹的运动参数随时间的变化曲线。在切换时，必须注意当前模型计算的终值与后续模型的初值之间要进行合理的转换。如果基于英美坐标体系计算得到 t_1 时刻的终值为 u_1、v_1、w_1、p_1、q_1、r_1、x_1、y_1、z_1、θ_1、ψ_1、ϕ_1、θ_{k1}、ψ_{k1}、γ_{k1}、α_1、β_1，如何正确地将其变换为俄罗斯坐标体系下的初值 V_0、θ_0、ψ_{V_0}、ω_{x_0}、ω_{y_0}、ω_{z_0}、x_0、y_0、z_0、ϑ_0、ψ_0、γ_0、γ_{V_0}、α_0、β_0？哪些变量可以直接赋值，哪些变量需要经过变换或计算后得到？$(t_1, t_2]$ 与 $(t_2, t_f]$ 之间的切换也需解决类似的问题。由于 $(t_2, t_f]$ 区间是基于英美坐标体系的模型进行求解，因此最后的结果应与实验项目内容1）的结果相同。

7.6 探索与思考

1）在俄罗斯坐标体系和英美坐标体系下，相对应的坐标系（如两个弹体坐标系、两个弹道坐标系、速度坐标系和风轴坐标系）之间的转换关系是怎样的？请建立两种坐标体系下导弹各运动参数的映射表和相应的转换程序，以便在不编制弹道计算程序的前提下，将俄罗斯坐标体系的结算结果转换为英美坐标体系下的结果（或反之）。

2）如何在英美坐标体系下基于坐标系之间的转换关系建立 $\dot{\alpha}$、$\dot{\beta}$ 的模型？

3) 在计算有控弹道时，升降舵、方向舵、副翼偏转的正方向规定与俄罗斯坐标体系相比，有何异同？试设计方案弹道，将控制方程引入所建模型，进行有控飞行弹道仿真和弹道成形控制仿真实验。

7.7 主题任务

调研中国、俄罗斯（苏联）和西方发达国家的导弹武器发展历程，就早期基础、技术突破、技术优势、代表性成就和未来发展前景等方面，在这三者之间进行对比。在此基础上思考：

1) 1960 年 11 月 5 日，我国第一枚国产导弹"东风一号"准确命中 554 km 外目标。自那时起到现在（特别是近十年），中国、俄罗斯（苏联）和西方发达国家在某种类别导弹（如中近程弹道导弹、洲际导弹、地空导弹、反坦克导弹、巡航导弹、反舰导弹等）在专用和单项技术、通用和总体技术方面，所具有的比较优势有何变化？

2) 中国、俄罗斯（苏联）在该领域相对于西方发达国家所具有的比较优势，在不同历史阶段有何区别？主要原因是什么？对我国导弹武器装备和其他领域的发展有何启示？

相关视频

第 7 章 英美坐标体系下六自由度无控弹道解算及其与俄罗斯坐标体系下的结果转换

用右手法则确定角度

导弹动力学方程

导弹运动学方程

导弹的纵向运动与侧向运动

导弹的平面运动

第 8 章　追踪法导引弹道

8.1　预期学习成果

1）深入理解追踪法的概念以及追踪法弹道的特点。
2）掌握追踪法允许攻击区的计算及分析方法。
3）能用运动学模型和方法分析研究追踪法的有关问题。
4）能对追踪法的相关问题进行合理简化。
5）能够通过调研了解传统制导律在现代武器装备中的应用，以及新技术的发展对传统理论的影响。
6）能够根据对相关技术发展动态的了解，评价和预测国内外集成使用高新技术发展先进制导武器的能力和水平。
7）能够理解极限思维对于研发导弹等制导武器系统的重要意义。

8.2　实验背景

　　导引弹道是导弹根据目标运动特性以某种导引方法飞向目标时的弹道。导引弹道主要取决于目标的运动特性和导弹所采用的导引方法，因此导引方法对导弹的飞行起着重要的作用。追踪法是导弹在攻击目标的过程中，速度矢量始终指向目标的一种方法，在工程上容易实现。但是，追踪法的弹道特性较差，而且受可用过载的约束，导弹不能实现全向攻击。
　　要想深入理解追踪法的概念、弹目速度比约束、弹道的过载特性、允许攻击区等问题，设计实验进行研究是很必要的。

8.3　实验基础

8.3.1　前序实验

本实验无前序实验。

8.3.2　相关知识与理论基础

8.3.2.1　追踪法导引关系方程及弹道特性

当导弹采用追踪法攻击目标时，导弹的速度矢量始终指向目标，即导弹的速度矢量前置角恒为零。

在攻击平面内，追踪法导引的相对运动方程为

$$\left.\begin{aligned}\frac{dr}{dt} &= V_T\cos\eta_T - V \\ r\frac{dq}{dt} &= -V_T\sin\eta_T \\ q &= \sigma_T + \eta_T\end{aligned}\right\} \quad (8-1)$$

式中，r,q,η_T——弹目距离、弹目视线角和目标速度矢量前置角，为未知参量；

σ_T——目标航向角，和 V、V_T 均为已知的时间函数。

当导弹做等速飞行、目标做匀速直线运动时，选取基准线平行于目标的运动方向，式（8-1）可改写为

$$\left.\begin{aligned}\frac{dr}{dt} &= V_T\cos q - V \\ r\frac{dq}{dt} &= -V_T\sin q\end{aligned}\right\} \quad (8-2)$$

由式（8-2）可以得到以下结论：

① 导弹直接命中目标的必要条件是导弹的速度大于目标的速度，即弹目速度比 $p>1$。

② 在整个导引过程中，$|q|$ 不断减小，即导弹总是绕到目标的正后方去攻击目标。

③ 导弹从开始追踪目标到命中目标所需的飞行时间 t_k 为

$$t_k = \frac{r_0(p+\cos q_0)}{(V-V_T)(1+p)} \quad (8-3)$$

④ 随着弹目视线角 q 趋近于零，当弹目速度比 $p=2$ 时，导弹的法向过载趋近于 $\frac{4VV_T}{gr_0}\left|\frac{\tan^p\frac{q_0}{2}}{\sin q_0}\right|$；当 $p<2$ 时，导弹的法向过载趋近于 0；当 $p>2$ 时，导弹的法向过载趋近于无穷大。

⑤ 考虑到导弹在命中点处的弹目距离应为零，且导弹的法向过载应为有限值，因此导弹按追踪法的飞行速度比 p 应满足 $1<p\leqslant 2$。

8.3.2.2 允许攻击区

允许攻击区是指导弹在该区域按给定的导引规律飞行时，弹道上任何一点的需用法向过载均不超过可用法向过载。

导弹的法向加速度为

$$a_n = V\frac{d\sigma}{dt} \quad (8-4)$$

对于追踪法而言，有 $\frac{d\sigma}{dt} = \frac{dq}{dt}$，因此式（8-4）变为

$$a_n = V \frac{dq}{dt} \tag{8-5}$$

将式（8-2）的第二式代入式（8-5），可得

$$a_n = -\frac{VV_T \sin q}{r} \tag{8-6}$$

又由于 $a_n = ng$（n 为第二定义下的法向过载：作用在导弹上的所有外力的合力对导弹重量的比值），将其代入式（8-6）且只考虑绝对值，可得

$$r = \frac{VV_T}{gn} |\sin q| \tag{8-7}$$

在 V、V_T 和 n 给定的条件下，在由 r 和 q 组成的极坐标系中，式（8-7）是一个圆的方程。圆心在 $\left(\frac{VV_T}{2gn}, \pm\frac{\pi}{2}\right)$ 上，半径为 $\frac{VV_T}{2gn}$。当 V、V_T 确定时，只要给出不同的 n 值，就可以绘出圆心在 $q = \pm\frac{\pi}{2}$ 上、半径不同的圆族。这族圆通过目标，且与目标的速度相切。圆族中的每一个圆都叫作等过载圆，其半径越小，对应的过载就越大。将可用过载 n_P 对应的等过载圆叫作可用过载圆。若追踪曲线与可用过载圆不相交，则全程的需用过载 n_R 小于可用过载 n_P（即 $n_R < n_P$），导弹可以击中目标；若追踪曲线与可用过载圆相切，则导弹在飞行过程中某一点的需用过载 n_R 正好等于可用过载 n_P，导弹仍可以击中目标；若追踪曲线与可用过载圆相交，则追踪曲线上会有一段的需用法向过载大于可用过载，但事实上，导弹最多只能以可用过载 n_P 飞行，此时已实现不了追踪法，最终可能造成脱靶。

假设开始导引时的初始弹目距离为 r_0，经过推导，可得

$$\frac{VV_T}{gn_P}\left(1 - \frac{p}{2}\right)^{\frac{1}{2}}\left(1 + \frac{p}{2}\right)^{\frac{1}{2}} = \frac{r_0 \sin q_0^*}{\tan^p \frac{q_0^*}{2}} \frac{2(2-p)^{\frac{p-1}{2}}}{(2+p)^{\frac{p+1}{2}}} \tag{8-8}$$

式中，q_0^*——临界初始视线角，求解式（8-8）可以得到。

(r_0, q_0^*) 对应的追踪曲线将攻击平面分成两个区域，$|q_0| \leq |q_0^*|$ 对应的区域就是由导弹的可用过载决定的允许攻击区。当导弹的追踪曲线位于此区域时，追踪曲线不与可用过载圆相交，意味着弹道曲线上的每一点的过载均不超过 n_P。要确定允许攻击区，在 r_0 值一定时，首先必须确定 q_0^* 值。

8.3.3 基础数据

采用导引弹道的运动学分析方法来研究追踪法导引弹道，无须提供导弹的动力学参数，只要提供目标的初始位置及其运动特性、导弹的初始位置及速度大小即可。进行仿真实验时，可自行合理设定这些参数，部分数据可参考 8.4 节中的取值。

8.4 实验项目内容

1) 导弹在铅垂面采用追踪法攻击匀速直线运动目标，目标的初始位置和运动状态、

导弹的初始位置及速度大小见表 8-1。编程进行仿真，求解追踪法弹道。记录弹目距离、视线角、目标的飞行轨迹、导弹的弹道倾角、速度矢量前置角及飞行弹道。

表 8-1 导弹和目标的初始位置及运动参数

目标初始位置/m	目标速度/($m \cdot s^{-1}$)	目标航向角/(°)	导弹初始位置/m	导弹速度/($m \cdot s^{-1}$)
(3 000,500)	50	0	(0,0)	90

保持导弹的速度不变，改变目标的速度分别为 45 m/s 和 30 m/s，进行仿真并记录导弹的飞行参数。

2) 在表 8-1 给定的条件下，假设导弹的可用过载 $n_P = 1$，求导弹的允许攻击区。假设目标的运动速度 $V_T = 60$ m/s，求此时导弹的允许攻击区并与 $V_T = 50$ m/s 时的允许攻击区进行对比。

3) 假设导弹尾追攻击目标，目标的初始位置和运动状态、导弹的初始位置及速度大小见表 8-2。在导弹没有受到干扰和受到干扰（干扰的结果是导弹的位置发生偏移，从而出现 $\Delta q = 1°$）两种情况下，进行仿真并记录相关数据。

表 8-2 尾追情况下，导弹和目标的初始位置及运动参数

目标初始位置/m	目标速度/($m \cdot s^{-1}$)	目标航向角/(°)	导弹初始位置/m	导弹速度/($m \cdot s^{-1}$)
(600,300)	50	0	(0,300)	90

4) 假设导弹迎击目标，目标的初始位置和运动状态、导弹的初始位置及速度大小见表 8-3。在导弹没有受到干扰和受到干扰（干扰的结果是导弹的位置发生偏移，从而出现 $\Delta q = -1°$）两种情况下，进行仿真并记录相关数据。

表 8-3 迎击情况下，导弹和目标的初始位置及运动参数

目标初始位置/m	目标速度/($m \cdot s^{-1}$)	目标航向角/(°)	导弹初始位置/m	导弹速度/($m \cdot s^{-1}$)
(600,300)	50	0	(2 000,300)	90

8.5 实验结果分析

1) 根据导弹、目标的初始位置，可以计算出初始的弹目距离 r_0 和初始视线角 q_0。要想实现追踪法（$\eta = 0$），导弹的初始弹道倾角必须等于初始视线角，即 $\theta_0 = q_0$。根据仿真数据观察和分析：

(1) 导弹是否命中了目标？

(2) 在导弹的整个飞行过程中，是否任一时刻均有 $\theta = q$（即 $\eta = 0$）？

(3) 弹目视线角 q 如何变化，是否趋近于零？若趋近于零，将以怎样的方式趋近于零？

2) 采用导弹过载的第二定义，计算导弹在飞行过程中的法向过载 $n_y = \dfrac{V\dot{\theta}}{g}$（对于追

踪法而言，有 $\dot{\theta} = \dot{q}$），绘制 n_y 随时间的变化图。在本实验中，导弹做匀速运动，目标做匀速直线运动，弹目速度比 $p = 90/50 = 1.8$，结合其他数据（重力加速度 $g = 9.8 \text{ m/s}^2$），导弹过载随视线角变化的函数为

$$n_y = \frac{4VV_T}{gr_0} \left| \tan^p\left(\frac{q_0}{2}\right) \frac{1}{\sin q_0} \cos^{(p+2)}\left(\frac{q}{2}\right) \sin^{(2-p)}\left(\frac{q}{2}\right) \right|$$

$$= 2.738 \left| 0.166\,3 \cos^{3.8}\left(\frac{q}{2}\right) \sin^{0.2}\left(\frac{q}{2}\right) \right| \tag{8-9}$$

对比分析仿真结果与式（8-9）的结果是否一致。

根据下式：

$$\rho_y = \frac{V^2}{gn_y} \tag{8-10}$$

计算弹道上每一点的曲率半径，并结合弹道的法向过载和曲率半径，分析追踪法运动学弹道的弯曲特性。

当目标的速度为 45 m/s 时，弹目速度比 $p = 2$，利用仿真结果分析：

（1）弹目视线角 q 如何变化？是否会逐渐趋近于零？

（2）法向过载如何变化？为什么？

当目标的速度为 30 m/s 时，弹目速度比 $p = 3$，分析视线角和法向过载的变化情况，并观察导弹能否命中目标，进一步分析原因。

3）将导弹的可用过载 n_P、导弹的速度 V、目标的速度 V_T、初始弹目距离 r_0 代入式（8-8），求解对应于允许攻击区的临界初始视线角 q_0^*。在目标速度为 60 m/s 的情况下，采用同样的方法求解 q_0^*。对比分析允许攻击区随着弹目速度比变小的变化情况。假设目标速度仍然为 50 m/s，导弹的可用过载 $n_P = 6$，采用同样的方法计算 q_0^*，与 $n_P = 1$ 的情况对比，分析允许攻击区随着可用过载增大的变化情况。

4）当导弹尾追攻击目标时，初始弹目视线角 $q_0 = 0$，因此，初始弹道倾角 $\theta_0 = 0$，在没有干扰的情况下，导弹按照追踪法飞行，会以直线弹道飞向并命中目标吗？根据式（8-3）计算导弹的飞行时间。

当某一时刻出现干扰 Δq，弹目视线角 q 接下来将如何变化？最终仍趋近于零吗？导弹能否回到原来的弹道上，继续以尾追方式攻击目标？

5）当导弹迎击目标时，在表 8-3 所示的条件下，如果没有干扰，导弹能否以直线弹道飞向并命中目标？根据式（8-3）计算其飞行时间。

当某一时刻出现干扰 Δq，弹目视线角 q 接下来将如何变化？导弹能否回到原来的弹道上，继续以迎击方式攻击目标？

8.6 探索与思考

1）假设目标机动飞行（如目标采用急停、急加速或其他机动方式规避），设计实验研究相关参数对导弹需用法向过载、脱靶量的影响。

2）利用飞行速度与法向过载之间的关系，研究在可用过载的约束下，弹目速度比 p 对追踪法运动学弹道的影响。

3）当式（8-2）的假设前提不成立（即 $\dot{V} \neq 0$、$\dot{V}_T \neq 0$、$\dot{\sigma}_T \neq 0$）时，结论①~⑤会有何变化？请根据理论分析提出观点，再设计仿真实验进行验证。

4）如果不要求直接命中（$r = 0$），结论①~⑤会不会有什么变化？试根据理论分析提出观点，再设计仿真实验进行验证。

5）追踪法要求导弹的绝对速度矢量指向目标，当目标速度不为零且导弹与目标的速度矢量不在同一直线时，导弹的相对速度矢量是落后还是超前于视线？二者之间的夹角与导弹的需用法向过载之间存在什么关系？随着弹目速度比的变化，该夹角会有怎样的变化趋势？试根据理论分析提出观点，再设计仿真实验进行验证。

8.7 主题任务

调研美国早期的"宝石路"系列激光制导炸弹和我国的 LT-1、LT-2 激光制导炸弹的导引系统方案，为什么在风速较大和攻击运动目标时会存在命中精度较差的问题？随着 GPS/INS 技术日趋成熟和成本的迅速降低，单一制导体制的激光制导炸弹必然全面转入复合制导，目前西方发达国家最先进的复合制导炸弹采用的是何种制导体制和制导律？作战效能如何？在此基础上思考：

1）随着我国"北斗"全球定位导航卫星系统的完善和技术提高，以及高精度惯性测量系统的小型化和低成本实用技术的发展，我国是否已经有能力发展世界先进水平的复合制导炸弹？

2）按追踪法的要求，理论上导弹的速度矢量应始终指向目标，导弹与目标的速度比应在 1~2 之间，而且导弹总是会绕到目标的正后方才能命中目标。那么，当导弹采用追踪法攻击固定目标时，上述条件是否仍具有实际意义？试用极限思维方式，研究是否可能存在某些其他极限应用场景和极限使用条件，或者是否可能打破理论上的个别极限条件和约束，进而为传统的追踪法打开新的应用空间。

═══════ 相关视频 ═══════

导引弹道概述

相对运动方程组

追踪法（上）

追踪法（下）

第 9 章　平行接近法导引弹道

9.1　预期学习成果

1）掌握平行接近法的设计原理，深入理解平行接近法的概念以及平行接近法弹道的特点。
2）理解在平行接近法中，导弹相对速度矢量指向目标的重要意义。
3）理解平行接近法的工程实现难度问题。
4）能够提出合理的假设简化，对导引方法进行运动学分析。
5）能够用发展的观点认识经典理论与工程实践之间的区别与联系。
6）能够理解精益求精的工匠精神对于突破关键技术、解决复杂工程问题的重大意义。

9.2　实验背景

平行接近法是指导弹在攻击目标的过程中，目标瞄准线（也称视线、弹目线）在空间始终保持平行移动的一种导引方法。导弹采用平行接近法时，无论目标怎样机动，导弹的相对弹道都是直线弹道。当导弹的速度矢量前置角满足一定约束条件时，其绝对弹道也是直线弹道。平行接近法具有良好的弹道特性，而且可以实现全向攻击。但是，在工程上实现平行接近法是很困难的。

9.3　实验基础

9.3.1　前序实验

本实验无须前序实验，但可以与第 8 章的追踪法导引弹道特性进行对比。

9.3.2　相关知识与理论基础

导弹按平行接近法飞行时，视线在空间平行移动，即视线角速度为 0，其相对运动方程组为

$$\left.\begin{array}{l}\dfrac{\mathrm{d}r}{\mathrm{d}t} = V_{\mathrm{T}}\cos\eta_{\mathrm{T}} - V\cos\eta \\ r\dfrac{\mathrm{d}q}{\mathrm{d}t} = V\sin\eta - V_{\mathrm{T}}\sin\eta_{\mathrm{T}} \\ q = \sigma + \eta \\ q = \sigma_{\mathrm{T}} + \eta_{\mathrm{T}} \\ \varepsilon_1 = \dfrac{\mathrm{d}q}{\mathrm{d}t} = 0\end{array}\right\} \quad (9-1)$$

式中，$\varepsilon_1 = \dfrac{\mathrm{d}q}{\mathrm{d}t} = 0$ 为导引关系方程。

导弹采用平行接近法攻击目标时，具有以下特点：

① 导弹和目标垂直于视线方向的速度分量相等。因此，有

$$\eta = \arcsin\left(\dfrac{V_{\mathrm{T}}}{V}\sin\eta_{\mathrm{T}}\right) \quad (9-2)$$

② 导弹的相对速度矢量始终指向目标，导弹的相对弹道是直线弹道。

③ 当目标做直线飞行且弹目速度比 p 为大于 1 的常值时，导弹不论从哪个方向攻击目标，它的绝对弹道都是直线弹道。

④ 目标和导弹都做机动飞行，当弹目速度比 p 为常值，并采用平行接近法导引时，导弹的需用法向过载总小于目标的需用法向过载。

⑤ 一般情况下，导弹的需用法向过载表示为

$$n = \dfrac{a_n}{g} = n_{\mathrm{T}}\dfrac{\cos\eta_{\mathrm{T}}}{\cos\eta} + \dfrac{1}{g}\left(\dfrac{\mathrm{d}V\sin\eta}{\mathrm{d}t\cos\eta} - \dfrac{\mathrm{d}V_{\mathrm{T}}\sin\eta_{\mathrm{T}}}{\mathrm{d}t\ \cos\eta}\right) \quad (9-3)$$

由式（9-3）可知，采用平行接近法时，导弹的需用法向过载与目标的机动性、导弹的切向加速度、目标的切向加速度等有关。

9.3.3 基础数据

本实验所需的数据包括目标的初始位置和运动状态、导弹的初始位置及速度大小，可自行合理设定，部分数据可参考 9.4 节中的取值。

9.4 实验项目内容

1) 假设目标做匀速直线运动，导弹做等速运动，初始状态及运动参数见表 9-1。

表 9-1 导弹和目标的初始位置及运动参数

目标初始位置/m	目标速度/$(\mathrm{m\cdot s^{-1}})$	目标航向角/(°)	导弹初始位置/m	导弹速度/$(\mathrm{m\cdot s^{-1}})$
(2 000,500)	50	0	(0,0)	200

导弹采用平行接近法攻击目标，进行仿真，记录弹目距离、视线角、目标的飞行轨迹、导弹的弹道倾角、速度矢量前置角以及飞行位置。改变弹目速度比，设目标的速度

$V_T = 80$ m/s，进行仿真并记录相关数据。

2）假设目标的速度 $V_T = 50$ m/s，且做法向过载 $n_T = 1.5$ 的机动飞行。导弹的速度大小 $V = 200$ m/s，采用平行接近法攻击目标，仿真并记录弹道数据。

3）假设目标的速度 $V_T = 50$ m/s，且做法向过载 $n_T = 1.5$ 的机动飞行。导弹以 5 m/s² 的加速度做匀加速直线运动，采用平行接近法攻击目标，仿真并记录数据。

4）对于1），假设在实现平行接近法的过程中，对目标信息的测量具有误差（即存在 ΔV_T 和 $\Delta \sigma_T$），自行设计误差的分布规律，分析误差对导弹的法向过载和命中精度的影响。

9.5 实验结果分析

1）由表 9-1 给定的条件可知，导弹要想实现平行接近法，初始的速度矢量前置角 η_0 必须满足下式：

$$\eta_0 = \arcsin \frac{V_T \sin \eta_{T0}}{V} \quad (9-4)$$

由给定的初始条件可以求出初始视线角 q_0，由于目标的航向角为0，因此有 $\eta_{T0} = q_0$，根据式（9-4）即可求出 η_0。在本实验中，弹目速度比 $p > 1$ 且为常值，目标做直线飞行，导弹采用平行接近法攻击目标，请分析以下问题：

(1) 导弹的绝对弹道是直线弹道吗？为什么？

(2) 分别求出导弹和目标沿着视线以及垂直于视线的速度分量 $V\cos\eta$、$V_T\cos\eta_T$、$V\sin\eta$、$V_T\sin\eta_T$，并进行对比分析，$V\sin\eta$ 和 $V_T\sin\eta_T$ 时刻相等吗？视线角 q 保持为常值吗？

(3) 导弹的法向过载是多少？

当目标的速度 $V_T = 80$ m/s，其他条件不变时，除了关注上述问题，还要对比分析当 $V_T = 50$ m/s 时的速度矢量前置角，并分析差异的原因。

2）当目标做 $V_T = 50$ m/s、法向过载 $n_T = 1.5$ 的机动时，其航向角的变化规律为

$$\dot{\sigma}_T = \frac{n_T g}{V_T} \quad (9-5)$$

由式（9-5）可知，目标航向角的变化率为常数，目标运动轨迹应为圆弧。导弹做等速飞行，采用平行接近法攻击目标，综合式（9-5）和式（9-1）可以求解得到每一时刻的弹目距离、视线角、导弹的航向角、速度矢量前置角等参数值。请分析以下问题：

(1) 导弹和目标垂直于视线的速度分量是否时时相等？导弹的相对弹道是否为直线弹道？

(2) 导弹的绝对弹道是否为直线弹道？

(3) 在本实验中，导弹和目标的速度大小不变化（即 $\dot{V} = \dot{V}_T = 0$），根据导弹的需用过载公式可知，此时有

$$n = n_T \frac{\cos \eta_T}{\cos \eta} \quad (9-6)$$

由于 $V > V_T$ 且 $V\sin\eta = V_T\sin\eta_T$，又考虑 $\eta \in \left[0, \dfrac{\pi}{2}\right)$，因此有 $|\eta| < |\eta_T|$，则根据式（9-6）可知 $n < n_T$，仿真结果与此理论分析结论相符吗？

假设导弹的速度增大为 $V = 300 \text{ m/s}$，其他条件不变，此时弹目速度比增大为 $p = 6$，与前述实验结果进行对比，分析导弹命中目标所用的时间、导弹的速度矢量前置角大小，以及导弹的法向过载和弹道特性。

3）假设导弹做匀加速运动，加速度 $a = 5 \text{ m/s}^2$，其他条件见表 9-1，在飞行过程中导弹的速度不断增大，而目标速度不变，因此弹目速度比不断增大。此时，导弹的需用法向过载一定小于目标的法向过载吗？为什么？如果不成立，什么情况下会出现 $n > n_T$ 的情况？

4）若存在测量误差 ΔV_T 和 $\Delta \sigma_T$，根据 $\eta_T = q - \sigma_T$，可以得知有 $\Delta \eta_T = q - \Delta \sigma_T$，则导弹按平行接近法所产生的速度矢量前置角 η 为

$$\eta = \arcsin\frac{(V_T + \Delta V_T)\sin(\eta_T + \Delta\eta_T)}{V} \tag{9-7}$$

此时的 η 还能使导弹在垂直于视线上的速度分量与目标在垂直于视线上的速度分量相等吗？导弹还能实现平行接近法吗？

考虑导弹和目标的速度大小不变，对 η 求导可得

$$\dot\eta = \frac{\Delta\dot V_T\sin(\eta_T+\Delta\eta_T) + (V_T+\Delta V_T)(\dot\eta_T+\Delta\dot\eta_T)\cos(\eta_T+\Delta\eta_T)}{\sqrt{V^2 - (V_T+\Delta V_T)^2\sin^2(\eta_T+\Delta\eta_T)}} \tag{9-8}$$

则导弹的法向过载为

$$n = \frac{V\dot\sigma}{g} = -\frac{V\dot\eta}{g} = -\frac{V\Delta\dot V_T\sin(\eta_T+\Delta\eta_T) + V(V_T+\Delta V_T)(\dot\eta_T+\Delta\dot\eta_T)\cos(\eta_T+\Delta\eta_T)}{g\sqrt{V^2 - (V_T+\Delta V_T)^2\sin^2(\eta_T+\Delta\eta_T)}}$$

$$\tag{9-9}$$

当 ΔV_T 和 $\Delta\eta_T$ 具有不同的分布规律时，利用式（9-9）对导弹的法向过载进行分析，并与仿真结果对照。如果误差 ΔV_T 和 $\Delta\eta_T$ 具有高频随机特性，是否会导致较大的法向过载？是否会出现需用过载超过可用过载的情况？如果出现此种情况，导弹将如何飞行，最终能否命中目标？

9.6　探索与思考

1）要想实现平行接近法，导弹发射时的初始速度前置角必须满足式（9-4）所示的条件。假设导弹在初始时的速度和射向并不满足平行接近法，探讨在可用法向过载约束的条件下，使导弹过渡到按平行接近法飞行的可能性。

2）对于给定可用法向过载的导弹和目标，目标如何机动才能使采用平行接近法的导弹付出的过载最大？

3）按平行接近法飞行时，导弹的相对速度矢量指向目标，绝对速度矢量是超前还是

滞后弹目线？如果导弹自身的速度大小和方向存在测量误差，则会对平行接近法的弹道产生怎样的影响？试根据理论分析提出观点，并设计仿真实验进行验证。

9.7 主题任务

列出导弹按平行接近法飞行所需测量和控制的全部参数。通过查阅资料，调研国内外对这些参数的测量、控制技术水平（包括测量精度、控制精度、抗干扰性、结构质量等），评估能否实现具有工程意义的平行接近法。如果只考虑必要参数的测量精度与控制精度，而不考虑他因素，根据仿真结果进行分析，测量精度与控制精度需要达到何种水平，才能实现具有工程意义的平行接近法？综合资料调研和仿真计算结果，进一步思考：
1）如何用发展的观点看待经典理论与工程实践之间的区别与联系？
2）精益求精的工匠精神对于突破关键技术、解决复杂工程问题的重大意义。

========== 相关视频 ==========

导引弹道概述

相对运动方程组

平行接近法

第 10 章 比例导引律导引弹道

10.1 预期学习成果

1) 深入理解比例导引律的概念以及比例导引律弹道的特点。
2) 掌握比例导引律比例系数的设置方法。
3) 深入理解追踪法、平行接近法和比例导引律的区别与联系。
4) 能提出合理的简化假设，对导引弹道进行运动学分析。
5) 能够根据国内外技术发展的比较研究，思考并总结我国国防科技工作者自主、自强的拼搏奋斗精神和创造精神。
6) 通过对武器装备技术发展的比较研究，能够正确认识和评价我国武器装备取得重大突破的非技术性原因，坚定"四个自信"的信念。

10.2 实验背景

比例导引律是导弹在攻击目标的过程中，导弹的速度矢量旋转角速度与视线旋转角速度成比例的一种导引方法。这种导引方法既可以用于自动瞄准体制的导弹，又可以用于遥控制导的导弹，在工程上很常用。比例导引律的目的是力图使视线旋转角速度减小为零或趋近于某一有限值。如果比例系数选得合适，采用比例导引律就会得到满足可用过载要求的、具有良好弹道特性的飞行弹道。从比例系数、弹道特性等角度而言，比例导引律是介于追踪法和平行接近法之间的一种导引方法，其工程实现难度也介于这两者之间。

10.3 实验基础

10.3.1 前序实验

- 追踪法导引弹道
- 平行接近法导引弹道

10.3.2 相关知识与理论基础

10.3.2.1 导引关系方程及弹道特性

采用比例导引律时，导弹速度矢量的旋转角速度与视线旋转角速度成正比，导引关系方程可以表示为以下方程组中的任意一式：

$$\left.\begin{array}{l}\dfrac{\mathrm{d}\sigma}{\mathrm{d}t} - K\dfrac{\mathrm{d}q}{\mathrm{d}t} = 0 \\ (\sigma - \sigma_0) - K(q - q_0) = 0 \\ \dfrac{\mathrm{d}\eta}{\mathrm{d}t} = (1 - K)\dfrac{\mathrm{d}q}{\mathrm{d}t} \\ \dfrac{\mathrm{d}\eta}{\mathrm{d}t} = \dfrac{1 - K}{K}\dfrac{\mathrm{d}\sigma}{\mathrm{d}t}\end{array}\right\} \quad (10-1)$$

当比例系数 $K=1$ 时，由式（10-1）中的第三式可知，速度前置角 η 为常数，这时的导引方法是常值前置角导引法。而追踪法是 η 恒为零的常值前置角导引方法。当 $K \to \infty$ 时，同样由式（10-1）中的第三式可知，视线角速度 $\dot{q} \to 0$（即视线角 q 为常数），这时的导引方法即为平行接近法。所以，比例导引律是一种介于追踪法和平行接近法之间的导引方法。

综合考虑视线角速度的收敛性、可用过载的限制以及制导系统稳定工作的要求，比例系数 K 的取值一般应遵循以下原则：

1) 比例系数 K 必须满足使视线角速度 $\dot{q}$ 收敛的条件，即

$$K > \dfrac{2|\dot{r}|}{V\cos\eta} \quad (10-2)$$

2) 满足可用法向过载的约束。

满足 $\dot{q}$ 收敛的条件限制了 K 的下限值，但是 K 也不能取值过大，如果取值过大，导弹的需用过载也会比较大，可能超过可用过载。因此，可用法向过载限制了 K 的上限值。

3) 满足制导系统稳定工作的要求。

如果 K 值选得过大，干扰对导弹飞行的影响也会增大，$\dot{q}$ 的微小变化将引起 $\dot{\sigma}$ 很大的变化。从制导系统能稳定工作的角度考虑，应限制 K 值的上限。

比例导引律的优点有：比例系数 K 满足收敛条件时，弹道的前段较弯曲，能充分发挥导弹的机动能力；弹道的后段较为平直，使导弹具有较充裕的机动能力；能实现全向攻击；技术易实现。但是，命中目标时的需用法向过载与命中点的导弹速度和导弹的攻击方向有直接关系，这是比例导引律的缺点。

10.3.2.2 其他形式的比例导引形式

为了改善比例导引律的特性，学者们对比例导引律进行了多方面改进，提出了不同形式的比例导引形式。

1) 广义比例导引律：将导引关系改为导弹需用法向过载与视线角速度成比例，即

$$n = K_1 \dot{q} \quad (10-3)$$

或

$$n = K_2 |\dot{r}| \dot{q} \quad (10-4)$$

式（10-3）所示的广义比例导引律的特点是命中点处导弹的需用法向过载与导弹的速度大小没有直接关系；式（10-4）所示的广义比例导引律的特点是命中点处导弹的需用法

向过载与导弹的速度及攻击方向均没有直接关系。

2) 改进比例导引律。

令导弹切向加速度和重力作用引起的弹道需用法向过载在命中点处的影响为零,按照此思路设计的改进比例导引律的导引关系式为

$$n' = A\dot{q} - \frac{N}{2g}\dot{V}\tan(\sigma - q) + \frac{N}{2}\cos\sigma \qquad (10-5)$$

式中,n'——控制力(不含重力)产生的过载(第一定义下的过载即不含重力的合外力与重力之比);

A——系数;

N——有效导航比,$N = \dfrac{Ag\cos(\sigma - q)}{|\dot{r}|}$。

式(10-5)右端的第二项为导弹切向加速度补偿项,第三项为重力补偿项。

10.3.3 基础数据

本实验所需的数据包括目标的初始位置和运动状态、导弹的初始位置、速度变化规律、初始弹道角、比例系数等,可自行设定,部分数据可参考10.4节中的取值。

10.4 实验项目内容

1) 假设目标做匀速直线运动,导弹做等速运动,其初始状态和运动参数见表10-1。

表10-1 目标和导弹的运动状态

变量	单位	值	变量	单位	值
目标初始位置	m	(2 000,0)	导弹初始位置	m	(0,500)
目标速度	m/s	50	导弹速度	m/s	200
航向角	(°)	0	导弹初始弹道倾角	(°)	0

(1) 导弹采用比例系数为3的比例导引律攻击目标。编程计算导引弹道,记录弹目距离、视线角、视线角速度、导弹的弹道倾角、速度矢量前置角以及质心位置。

(2) 改变比例系数分别为6、1.2、0.8,仿真并记录相关数据。

2) 假设目标的速度为 $V_T = 50$ m/s,且做法向过载 $n_T = 1.5$ 的机动飞行。导弹的速度大小为 $V = 200$ m/s。采用比例导引律攻击目标,仿真并记录数据。

3) 假设目标为固定目标,导弹采用 $K = 5$ 的比例导引律攻击目标,导弹的可用法向过载分别为 $n_{max} = 3.5$ 和 $n_{max} = 0.8$。仿真并分析导弹的视线角速度、法向过载、脱靶量等情况。自行改变比例系数 K,再对视线角速度等进行分析。

4) 导弹和目标的初始参数和运动情况见表10-1,分别假设导引头测得的视线角速度具有常值干扰和随机干扰,自行设计干扰模型,分析导弹的飞行情况。

5) 假设导弹从不同方向攻击目标,目标的初始位置及运动参数见表 10 – 2,四枚导弹的初始位置及运动参数见表 10 – 3,比例系数 $K=3$,计算并对比各导弹的飞行弹道有何特点。

表 10 – 2 目标运动状态

目标初始位置/m	目标速度/(m·s^{-1})	航向角/(°)
(2 000,500)	50	0

表 10 – 3 四枚导弹的初始位置及运动参数

导弹编号	初始位置/m	速度/(m·s^{-1})	速度矢量前置角/(°)
导弹 1	(0,0)	200	0
导弹 2	(500,200)	200	0
导弹 3	(1 000,20)	200	0
导弹 4	(4 000,100)	200	0

在表 10 – 2 和表 10 – 3 的基础上,改变比例系数,仿真并记录相关数据,分析比例系数对弹道的影响。另外,保持比例系数不变,改变导弹 2、3、4 的速度分别为 250 m/s、300 m/s、350 m/s,仿真并记录相关数据,对比分析导弹速度和速度比对弹道特性的影响。

6) 对 5) 中的导弹 1,分别采用追踪法、平行接近法和比例导引律(比例系数为 $K=5$)攻击目标,仿真并记录弹道数据,对比分析不同导引方法下的弹道特性。

10.5 实验结果分析

1) 等速运动的导弹攻击匀速直线运动的目标,根据比例导引律的相关理论可以得知,当比例系数满足式(10 – 2)时,视线角速度的绝对值 $|\dot{q}|$ 随着时间的变化规律是逐渐减小,趋于零。由于法向过载 $n = V\dot{\sigma}/g$,导弹采用比例导引律时有 $\dot{\sigma} = K\dot{q}$,因此此时的法向过载为

$$n = KV\dot{q}/g \qquad (10-6)$$

随着 $|\dot{q}|$ 逐渐趋近于零,$|\dot{\sigma}|$ 和法向过载也逐渐趋近于零,导弹的弹道变得平直。在本实验中,当比例系数 K 取 3 时,判断其是否满足视线角速度收敛条件,进一步分析 $|\dot{q}|$、$|\dot{\sigma}|$、n、q、σ 的变化规律。

当比例系数 K 变为 6 时,重复上述步骤并与比例系数为 3 的情况进行对比,分析比例系数 K 对 $|\dot{q}|$、$|\dot{\sigma}|$、n 的收敛速度,弹道形状以及初始段需用法向过载的影响。

当比例系数 K 变为 1.2 和 0.8 时,判断其是否满足收敛条件,对比分析 $|\dot{q}|$、$|\dot{\sigma}|$、n 的变化情况,在这种情况下,导弹能命中目标吗?为什么?

2) 当目标做 $V_T = 50 \text{ m/s}$、过载 $n_T = 1.5$ 的机动飞行时,导弹采用比例系数 $K=3$ 的比例导引律攻击目标,弹道还是直线弹道吗?视线角速度和法向过载将如何变化,能收敛到一个有限值吗?当比例系数 $K=1.2$ 时,导弹的法向过载如何变化?此时导弹能否命中目标?为什么?

3) 假设比例系数 $K=5$,目标为固定目标,导弹的可用法向过载 $n_{max} = 3.5$,进行仿真实验。重点分析以下几点:

(1) 分析在导引飞行的初始段,需用法向过载与可用法向过载的相对变化趋势,需用法向过载会超过可用法向过载吗?如果超过了,导弹如何飞行?$|\dot{q}|$如何变化?当导弹按照比例导引律飞行时,有 $K = \dot{\sigma}/\dot{q}$,当需用法向过载超过可用法向过载导弹按可用法向过载飞行时,是否可以求出此时的等效比例系数 K'?求出满足视线角速度收敛条件的临界比例系数 $K^* = (2|\dot{r}|)/(V\cos\eta)$,对比原比例系数 K、等效比例系数 K' 及临界比例系数 K^* 的大小,并在此基础上分析导弹的弹道特性。

(2) 会不会存在某个时刻,此前需用法向过载大于可用法向过载,之后,导弹按照 $K=5$ 的比例导引律飞行的需用法向过载小于可用法向过载,导弹重新按照设定的比例导引律飞行?如果存在,对比分析此时刻前后导弹的运动规律。

(3) 导弹最终能命中目标吗?

如果导弹的可用法向过载为 $n_P = 0.8$,重复上面的内容,与比例系数 $K=5$ 的情况进行对比,有什么相同与不同之处?

4) 当导弹的视线角速度受到干扰(即 $\dot{q}$ 中含有分量 $\Delta\dot{q}$)时,$\Delta\dot{q}$ 会引起附加的法向过载:

$$\Delta n = KV\Delta\dot{q}/g \tag{10-7}$$

如果 $\Delta\dot{q}$ 为常值干扰,则在 K、V、g 一定的前提下,会引起常值的附加过载 Δn。如果 $|\Delta\dot{q}|$ 比较大,则引起的附加法向过载也会比较大,是否可能出现需用法向过载超过可用法向过载的情况?$|\Delta\dot{q}|$ 会对导弹的弹道角变化率 $\dot{\sigma}$、法向过载 n 产生何种影响?如果 $\Delta\dot{q}$ 为随机干扰,它又会对 $\dot{\sigma}$、n 产生什么影响?

假设视线角速度的测量具有误差 $\Delta\dot{q}$,相当于导弹按如下导引关系方程飞行:

$$\dot{\sigma} = K(\dot{q} + \Delta\dot{q}) \tag{10-8}$$

对式(10-8)变形,可得

$$\dot{\sigma} = \left(1 + \frac{\Delta\dot{q}}{\dot{q}}\right)K\dot{q} \tag{10-9}$$

此时,是否可以将式(10-9)看作比例系数为 $\left(1 + \dfrac{\Delta\dot{q}}{\dot{q}}\right)K$ 的比例导引律?是否可以从改变比例系数导引律的角度来研究 $\Delta\dot{q}$ 对导弹飞行弹道及法向过载的影响?求出临界比例系数 $K^* = \dfrac{2|\dot{r}|}{V\cos\eta}$,绘制 $\left(1 + \dfrac{\Delta\dot{q}}{\dot{q}}\right)K$ 和 K^* 随时间变化的曲线,观察两者之间的相对关系,进而对导弹的弹道特性进行分析。

5) 具有相同速度的 4 枚导弹,从不同的方向、不同的初始弹目距离攻击目标,分析这 4 枚导弹的需用法向过载、弹道特性。重点分析以下方面：

（1）导弹从前半球攻击目标所需的法向过载大于导弹从后半球攻击目标所需的法向过载吗？为什么？

（2）计算每枚导弹的初始视线角 q_0 和命中时刻视线角 q_k 的差 $\Delta q = |q_0 - q_k|$，分析 Δq 与哪些因素有关。Δq 与导弹的弹道特性有什么关系？这 4 枚导弹的 Δq 差别大吗？分析原因。

当 4 枚导弹的速度均为 200 m/s 而比例系数改变时，计算 $\Delta q = |q_0 - q_k|$。当比例系数保持不变，4 枚导弹的速度不同（即弹目速度比不同）时，再计算此时的 $\Delta q = |q_0 - q_k|$。根据仿真结果，分析比例系数和弹目速度比对 Δq 和弹道特性的影响。

6）根据三种导引方法（追踪法、平行接近法、比例导引律）的仿真结果，对比这三种方法下导弹弹道的法向过载和曲率，分析以下结论是否成立：

（1）追踪法的最大需用法向过载最大，平行接近法最小，比例导引律的情况介于这两者之间。

（2）平行接近法的弹道最为平直，追踪法的弹道最为弯曲，比例导引律的弹道介于这两者之间。

令比例导引律的比例系数由小变大，将其对应的弹道与追踪法和平行接近法进行对比，分析结果。

10.6 探索与思考

1）设计仿真实验，验证广义比例导引律和改进比例导引律的改进效果。

2）采用运动学分析方法可否分析其他类型的比例导引律（如具有落角约束的比例导引律、最优比例导引律等）？设计仿真实验进行分析。

3）假设目标的 $\dot{\sigma}_T \neq 0$，设计实验，分析导弹采用比例导引律时的弹道特性。在给定目标过载和速度范围的前提下，设计合理的目标机动方式，使采用比例导引律的导弹付出最大过载。

4）设计与改进导引方法的一般原则：在命中点处导弹的需用法向过载小，弹道平直，以便导弹留有足够的过载应对各种偶然出现的干扰。如何辩证科学地理解追踪法、平行接近法和比例导引律三者在这个问题上的表现？

5）追踪法是常值前置角为零的导引方法，在导引过程中，其绝对速度矢量始终指向目标而相对速度矢量始终落后于弹目线，因此追踪法的弹道特性不好。平行接近法的特点则是导弹相对速度矢量始终指向目标，绝对速度矢量始终超前于弹目线，因此弹道特性好，但其工程实现的难度大。在追踪法的基础上，能否设计某种变前置角的导引方法，使其弹道特性优于追踪法且便于工程实现？

10.7 主题任务

根据公开资料，调研分析我国"红箭"系列反坦克导弹与西方发达国家典型反坦克导弹的发展历程，对所采用的制导律及相应的导引弹道进行比较研究，从制导律和弹道性能评价我国自主研发的红箭-10反坦克导弹的里程碑意义。在此基础上进行思考和总结：

1）我国在红箭系列反坦克导弹的研制过程中，借鉴和突破了哪些制导技术和弹道技术，哪些具体事例或细节充分体现了老一辈国防科技工作者的自主、自强、拼搏、创新的奋斗精神和创造精神？

2）基于比较研究结果，联系"四个自信"，从社会、经济、政策、制度、文化、历史等视角分析我国反坦克导弹不断取得重大突破的非技术性原因。

====== 相关视频 ======

导引弹道概述

相对运动方程组

比例导引法（上）

比例导引法（下）

第 11 章　三点法导引弹道

11.1　预期学习成果

1）深入理解三点法的概念及弹道特性。
2）掌握基于等法向加速度曲线求三点法的攻击禁区的方法。
3）能建立遥控导引的相对运动模型并对遥控制导律进行运动学分析。
4）理解遥控制导律与自寻的制导律的异同。
5）能够从相关应用案例和技术发展的角度，认识和理解专业人员应当肩负的历史使命和责任。
6）能够从专业技术角度对相关应用案例进行分析，感悟战斗精神的深刻内涵。

11.2　实验背景

三点法导引是指导弹在攻击目标的过程中，导弹始终处于制导站与目标的连线上。三点法实现简单、抗干扰能力强，是遥控制导导弹常用的一种导引方法。导弹目标的弹目速度比、目标的机动性对三点法弹道有重要的影响。导弹在命中点处的过载受目标机动的影响很大，以致在命中点附近可能造成很大的导引误差。利用等法向加速度曲线簇，可以定性分析导弹尾追和迎击目标时的弹道特性，以及导弹采用三点法时的攻击禁区。

11.3　实验基础

11.3.1　前序实验

本实验具有独立性，无须前序实验，但与第 8～10 章的实验同属采用运动学分析的方法分析导引弹道，研究方法类似。

11.3.2　相关知识与理论基础

1. 三点法导引关系方程的建立与弹道特性分析

设攻击平面为铅垂面，三点法导引的相对运动方程组为

$$\left.\begin{aligned}&\frac{\mathrm{d}R_\mathrm{M}}{\mathrm{d}t}=V\cos(\varepsilon_\mathrm{M}-\sigma)-V_\mathrm{C}\cos(\varepsilon_\mathrm{M}-\sigma_\mathrm{C})\\&R_\mathrm{M}\frac{\mathrm{d}\varepsilon_\mathrm{M}}{\mathrm{d}t}=-V\sin(\varepsilon_\mathrm{M}-\sigma)+V_\mathrm{C}\sin(\varepsilon_\mathrm{M}-\sigma_\mathrm{C})\\&\frac{\mathrm{d}R_\mathrm{T}}{\mathrm{d}t}=V_\mathrm{T}\cos(\varepsilon_\mathrm{T}-\sigma_\mathrm{T})-V_\mathrm{C}\cos(\varepsilon_\mathrm{T}-\sigma_\mathrm{C})\\&R_\mathrm{T}\frac{\mathrm{d}\varepsilon_\mathrm{T}}{\mathrm{d}t}=-V_\mathrm{T}\sin(\varepsilon_\mathrm{T}-\sigma_\mathrm{T})+V_\mathrm{C}\sin(\varepsilon_\mathrm{T}-\sigma_\mathrm{C})\\&\varepsilon_\mathrm{M}=\varepsilon_\mathrm{T}\end{aligned}\right\} \quad (11-1)$$

式中，R_M，R_T——导弹和目标距离制导站的距离；

ε_M，ε_T——导弹和目标的高低角；

下标"C"——与制导站相关的量；

下标"T"——与目标相关的量。

式（11-1）中，假设制导站和目标的运动规律以及导弹的速度大小为已知的，可用数值积分法求解导弹的三点法弹道。在特殊情况下，该方程组可以求得解析解。

2. 等法向加速度曲线

假设目标作水平等速直线飞行，导弹作等速飞行，导弹在铅垂面内拦截目标，目标的飞行高度为 H。经过推导可得

$$\dot{\theta}=\frac{V_\mathrm{T}}{H}\sin^2\varepsilon_\mathrm{T}\left(2+\frac{R_\mathrm{M}\sin(2\varepsilon_\mathrm{T})}{\sqrt{p^2H^2-R_\mathrm{M}^2\sin^4\varepsilon_\mathrm{T}}}\right) \quad (11-2)$$

式（11-2）表明，当已知 V_T、V（或 $p=V/V_\mathrm{T}$）和 H 时，按三点法导引，导弹的转弯速率完全取决于导弹所处的位置（R_M，ε_M），即 $\dot{\theta}$ 是导弹矢径 R_M 与高低角 ε_M 的函数。

若给定的 $\dot{\theta}$ 为某一常值，由式（11-2）得到一个只包含变量 ε_M 与 R_M 的关系式，即

$$f(\varepsilon_\mathrm{M},R_\mathrm{M})=0 \quad (11-3)$$

式（11-3）在极坐标中表示一条曲线，且各点的 $\dot{\theta}$ 值均相等。在速度 V 为常值的情况下，该曲线上各点的法向加速度 a_n 为常值。因此，这条曲线称为等法向加速度曲线。

如果给出一系列 $\dot{\theta}$ 值，由式（11-2）就可以得到相应的一簇等法向加速度曲线。在极坐标系中，各等法向加速度曲线中极小值点的连线表示法向加速度的变化趋势，法向加速度值沿着这条线的朝上方向越来越大，所以这条线称为主梯度线。

对于三点法弹道而言，若（ε_M，R_M）位于主梯度线的左边，则相当于尾追攻击的情况，发射高低角 $\varepsilon_{\mathrm{M}0}\geqslant\pi/2$。弹道曲线首先与 $\dot{\theta}$ 较大的等法向加速度曲线相交，然后与 $\dot{\theta}$ 较小的等法向加速度曲线相交。可见，随着矢径 R_M 的增大，弹道上对应点的法向加速度不断减小，在法向加速度命中点处达到最小，法向加速度的最大值出现在导引弹道的起点。如果三点法弹道位于主梯度线的右边，则相当于迎击目标的情况，发射高低角 $\varepsilon_{\mathrm{M}0}<\pi/2$。弹道曲线首先与 $\dot{\theta}$ 较小的等法向加速度曲线相交，然后与 $\dot{\theta}$ 较大的等法向加速度曲线相

交。可见，法向加速度随矢径 R_M 的增大而增大，在命中点处达到最大。迎击的情况相当于目标尚未飞到发射阵地上空即被击落，在这种情况下，末段都比较弯曲。由于作战任务需要，地空导弹主要采用迎击方式，所以采用三点法导引时，导弹的弹道末段都比较弯曲；与主梯度线相交的弹道介于上述两者之间，最大法向加速度发生在弹道中段的某一点上。

3. 攻击禁区

按三点法导引时，受可用法向过载的限制，存在攻击禁区。当导弹做等速飞行，攻击在铅垂面内做水平等速直线飞行的目标时，只要知道导弹的可用法向过载 n_P，就可以算出相应的可用法向加速度 a_{nP} 或转弯速率 $\dot{\theta}_P$。在 V_T、V、H 一定时，根据式（11-2）可以求出一簇 (R_M, ε_M) 值，然后在极坐标系作出由导弹可用法向过载所决定的等法向加速度曲线2，与目标航迹相交于点 E、F，如图 11-1 所示。显然，图中阴影区的需用法向过载超过了可用法向过载，该区域即攻击禁区。在不同初始条件 (R_M, ε_M) 所对应的弹道中，弹道曲线②的命中点恰好在点 F，弹道曲线①与等法向加速度曲线2相切于点 E，即弹道曲线①和②所对应的命中点处的需用法向过载正好等于可用法向过载。于是攻击平面被这两条弹道曲线分割成 Ⅰ、Ⅱ、Ⅲ 三个区域。由图 11-1 可知，位于区域 Ⅰ、Ⅲ 内的任何一条弹道曲线都不会与曲线2相交，即需用法向过载都小于可用法向过载。位于区域 Ⅱ 的所有弹道曲线，在命中目标之前必然与曲线2相交，即需用法向过载将超过可用法向过载。因此，应禁止导弹进入该区。弹道曲线①、②称为极限弹道。假设弹道曲线①对应的初始高低角为 ε_{M01}，弹道曲线②对应的初始高低角为 ε_{M02}，则在掌握发射时机时，发射高低角 ε_{M0} 应选择为

$$\varepsilon_{M0} \geq \varepsilon_{M01} \quad \text{或} \quad \varepsilon_{M0} \leq \varepsilon_{M02} \tag{11-4}$$

对于地-空导弹来说，为了阻止目标进入保卫区，总是尽可能采用迎击方式，故所选择的发射高低角应为 $\varepsilon_{M0} \leq \varepsilon_{M02}$。

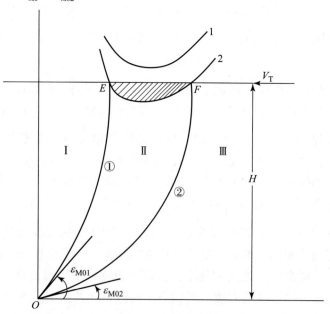

图 11-1　由可用法向过载决定的三点法攻击禁区

11.3.3 基础数据

本实验所需的有关目标运动规律和导弹速度变化规律的数据，以及制导站、目标、导弹的初始位置等数据，可自行设定，部分数据可参考 11.4 节中的取值。

11.4 实验项目内容

1）假设制导站静止，位置为 (0,0)，攻击平面为铅垂面。目标做 $V_T = 15$ m/s、$\theta_T = \pi$ 的匀速直线运动（无干扰），导弹做速度为 $V_M = 150$ m/s 的等速运动。导弹采用三点法攻击目标，开始导引时目标的位置为 (1 000 m, 1 800 m)，导弹的位置为 (10 m, 18 m)，采用数值积分法分析导弹的飞行状态、弹道转弯速率和需用法向过载。求出弹道的解析解，将其与采用数值积分法得到的结果进行比较。

2）假设制导站分别做 $V_C = 5$ m/s、$\theta_C = 0$ 和 $\theta_C = \pi$ 的运动，其他条件与 1）相同，解算导引弹道，并与制导站静止时的情况进行对比。

3）假设目标做 $V_T = 100$ m/s、$\theta_T = \pi$ 的匀速直线运动，目标和导弹的初始位置与 1）相同，即导弹迎击目标；假设目标的初始位置为 (−1 000 m, 1 800 m)，导弹的初始位置为 (−10 m, 18 m)，这时导弹尾追攻击目标。分析在这两种情况下导弹法向加速度的变化，并结合等法向加速度曲线来分析其规律。分别设导弹的可用过载为 10 和 1，分析导弹的攻击禁区和迎击、尾追两种情况下采用三点法的可行性。

11.5 实验结果分析

1）由给定的制导站、导弹和目标的初始位置可以计算得到初始时刻的 R_{M0}、R_{T0}、ε_{M0}、ε_{T0}，采用欧拉法或龙格 – 库塔法对导弹相对运动方程组进行求解，输出导弹的各状态变量及弹道转弯速率 $\dot{\theta}$、需用法向过载 n_y，分析三点法的弹道特性，关注导弹的最大弹道转弯速率和最大需用过载。改变弹目速度比，再进行仿真；通过对仿真结果的对比，分析不同弹目速度比时三点法的弹道特性。

当制导站静止，目标做等速水平直线飞行，导弹做等速飞行时，可以得到三点法弹道的解析解，即三点法导引的运动学弹道参数可以表示为

$$\left. \begin{aligned} y &= \sqrt{\sin\theta}\left[\frac{y_0}{\sqrt{\sin\theta_0}} + \frac{pH}{2}(F(\theta_0) - F(\theta))\right] \\ \cot\varepsilon_M &= \cot\theta + \frac{y}{Hp\sin\theta} \\ R_M &= \frac{y}{\sin\varepsilon_M} \end{aligned} \right\} \quad (11-5)$$

式中，$H = R_T\sin\varepsilon_T$；$F(\theta) = \int_\theta^{\frac{\pi}{2}}\frac{\mathrm{d}\theta}{\sin^{3/2}\theta}$，$F(\theta_0) = \int_{\theta_0}^{\frac{\pi}{2}}\frac{\mathrm{d}\theta}{\sin^{3/2}\theta}$，可以通过查询椭圆函数表得到。

根据解析解的结果，可知 θ 的变化范围。将 θ 的值代入式（11-5），可以解得 y、ε_M 和 R_M，从而可以绘出弹道。将解析解对应的弹道与基于数值积分法得到的弹道进行对比，观察两者是否一致。

2）考虑制导站的运动，分别将制导站的运动、目标的运动和导弹的速度代入相对运动方程组，用数值积分法求解弹道，对比制导站静止、制导站与目标同向移动（$\theta_T = \pi$、$\theta_C = \pi$）、制导站与目标反向移动（$\theta_T = \pi$、$\theta_C = 0$）时的弹道曲率和法向过载，并分析原因。通过图解法求解制导站运动时导弹的绝对弹道，与用数值积分法得到的弹道进行对比。

3）当目标的初始位置为（1 000 m，1 800 m）、导弹的初始位置为（10 m，18 m）且目标做 $V_T = 100$ m/s、$\theta_T = \pi$ 的匀速直线运动时，属于迎击情况；目标的速度大小和方向不变，初始位置改为（-1 000 m，1 800 m），导弹的初始位置为（-10 m，18 m）时，$\varepsilon_{M0} = 119°$，属于尾追攻击的情况。一般情况下，导弹尾追时的需用法向过载小于迎击时的需用法向过载。在本实验中，$V_T = 100$ m/s，$V = 200$ m/s，$H = 1~800$ m，根据式（11-2）可以绘出对应于一系列常值 $\dot{\theta}$ 时的等法向加速度曲线簇。当导弹尾追目标时，将求得的三点法弹道在绘有等法向加速度曲线簇的极坐标系中绘制出来，分析以下问题：

（1）弹道曲线与 $\dot{\theta}$ 较大的等法向加速度曲线相交之后才与 $\dot{\theta}$ 较小的等法向加速度曲线相交吗？或是相反的情况？为什么？

（2）随着矢径 R_M 的增大，导弹的法向加速度不断减小还是增大？原因是什么？

当导弹迎击目标时，同样在极坐标系中绘出三点法的弹道曲线，分析上述问题。对比分析导弹在尾追和迎击时，三点法弹道法向加速度的变化规律。

根据可用法向过载 n_P，可以算出相应的可用法向加速度 a_{nP} 或转弯速率 $\dot{\theta}_P$。在本实验中，分别设 n_P 为 10 和 1，在等法向加速度曲线图中，分析攻击禁区的变化情况。然后，根据三点法导引弹道与攻击禁区之间的关系，判断此时采用三点法导引是否可行。

11.6　探索与思考

1）当导弹采用三点法攻击低空目标（如 $\varepsilon_{T0} = 10°$）时，为了减小导弹在发射后掉地的风险，试基于小高度三点法的思路，设计导引方法。

2）当目标做机动飞行时，设计实验来分析三点法的弹道特性。

3）能否用遥测遥控的方式实现比例导引？试建立相对运动模型，并分析影响导引弹道的主要误差来源。

4）三点法的导引关系方程为 $\varepsilon_M = \varepsilon_T$（或 $\Delta\varepsilon = \varepsilon_M - \varepsilon_T = 0$），如果在控制系统中引入 $\Delta\delta = k\Delta\varepsilon$（$k$ 为系数），是否可以有效地实现三点法？R_M 越大，同样大小的角偏差意味着导弹偏离瞄准线的线偏差越大，控制方案 $\Delta\delta = k\Delta\varepsilon$ 的有效性如何？如何设计更有效的控制规律？请先做理论分析，再设计仿真实验验证。

11.7 主题任务

挖掘整理我国红旗-2地空导弹与美国U-2高空侦察机的典型战例中有关导引方法、攻击禁区和干扰对抗条件下的遥控导引方法应用案例，用相关专业知识加以印证。在此基础上进行思考和总结：

1）在当今和未来技术条件下，这些典型战例将会出现什么样的变化？作为航空宇航领域的专业人员，应该肩负怎样的历史使命和责任？

2）从专业技术角度，通过对这些案例进行分析，体会我军不怕困难、敢于挑战、创新制胜的战斗精神的丰富内涵。

===== 相关视频 =====

导引弹道概述

相对运动方程组

三点法

第 12 章 导弹纵向动态特性分析

12.1 预期学习成果

1) 理解导弹纵向自由扰动运动的特点及稳定性判断方法。
2) 能用多种方法判断飞行器自由扰动运动的稳定性。
3) 掌握导弹纵向操纵性的分析方法。
4) 能通过定量分析研究导弹稳定性和操纵性与导弹飞行参数的关系。
5) 能用多种方法推导飞行器的纵向传递函数。
6) 能对飞行器的纵向动态特性进行定性定量分析。
7) 能够联系实际,感悟前辈大师们的高尚情怀、严谨治学、卓越追求和奉献精神。
8) 能够联系实际,用国际视野认识和理解基础研究对于重大工程实践的战略意义,以及个人和行业应当承担的责任。

12.2 实验背景

在研究弹道学问题时,通常将导弹看作可操纵质点,这样就只需研究作用于质心上的力与运动的关系,即可求出导弹飞行弹道,而不涉及控制过程。然而,在实际飞行中,导弹绕质心的合力矩不可能经常处于平衡状态。导弹的有控飞行通常归结为控制导弹速度方向的变化,这种变化就是由改变导弹上的力矩平衡使弹体转动引起的。由于弹体和控制系统环节都有惯性,控制系统就不可能在理想状态工作,因此导弹绕质心转动达到新的平衡状态不可能在瞬间完成,而是一定要经过某一段时间间隔,这个过程称为过渡过程。导弹作为质点系而非理想的可操纵质点时,在受扰动或舵面偏转时表现的动力学特性称为导弹的动态特性,通常是指导弹的稳定性和操纵性。具体来讲,稳定性的概念是:导弹在运动过程中因受到外界扰动而偏离基准运动后,若外界干扰消失,导弹不经操纵在经过一段时间后能自行恢复到原来的基准运动状态,则称导弹具有运动稳定性。操纵性的概念是:舵面偏转后,导弹以相应的运动参数(如攻角、侧滑角、俯仰角等)的变化来响应这种偏转的能力。

基于小扰动假设,可以将导弹运动方程组线性化,在一定条件下,又可以将导弹的纵向扰动运动和侧向扰动运动分开进行独立研究。利用系数冻结法,可以将纵向扰动运动方程组和侧向扰动运动方程组看作常系数的线性常微分方程组,通过求解此方程组,就可以方便地研究导弹的纵向动态特性和侧向动态特性。本实验主要研究导弹的纵向动态特性，通过导弹纵向自由扰动运动方程组的求解、分析，研究导弹纵向自由扰动运动的组成、特点及稳定性；推导纵向传递函数，采用拉普拉斯逆变换的方法求解参变量在时域的变化规律；分析操纵机构阶跃偏转下的动态特性，以及导弹的稳定性、操纵性与导弹的飞行速度、飞行高度、静稳定性的关系。

12.3 实验基础

12.3.1 前序实验

- 铅垂面内弹道设计与成形控制

12.3.2 相关知识与理论基础

12.3.2.1 导弹纵向扰动运动方程组

在引入动力系数的基础上，导弹纵向扰动运动方程组可写为

$$\left.\begin{aligned}
&\frac{\mathrm{d}\Delta V}{\mathrm{d}t} - a_{11}\Delta V - a_{13}\Delta\theta - a_{14}\Delta\alpha = a_{16}F_{gx} \\
&\frac{\mathrm{d}^2\Delta\vartheta}{\mathrm{d}t^2} - a_{21}\Delta V - a_{22}\frac{\mathrm{d}\Delta\vartheta}{\mathrm{d}t} - a_{24}\Delta\alpha - a'_{24}\frac{\mathrm{d}\Delta\alpha}{\mathrm{d}t} = a_{25}\Delta\delta_z + a_{26}M_{gz} \\
&\frac{\mathrm{d}\Delta\theta}{\mathrm{d}t} - a_{31}\Delta V - a_{33}\Delta\theta - a_{34}\Delta\alpha = a_{35}\Delta\delta_z + a_{36}F_{gy} \\
&-\Delta\vartheta + \Delta\theta + \Delta\alpha = 0
\end{aligned}\right\} \quad (12-1)$$

式（12-1）的特解为

$$\Delta V = A\mathrm{e}^{\lambda t}, \quad \Delta\vartheta = B\mathrm{e}^{\lambda t}, \quad \Delta\theta = C\mathrm{e}^{\lambda t}, \quad \Delta\alpha = D\mathrm{e}^{\lambda t} \quad (12-2)$$

将式（12-2）及其导数代入式（12-1），并消去因子 $\mathrm{e}^{\lambda t}$ 后，得到

$$\left.\begin{aligned}
&(\lambda - a_{11})A - a_{13}C - a_{14}D = 0 \\
&-a_{21}A + \lambda(\lambda - a_{22})B - (a'_{24}\lambda + a_{24})D = 0 \\
&-a_{31}A - (a_{33} - \lambda)C - a_{34}D = 0 \\
&-B + C + D = 0
\end{aligned}\right\} \quad (12-3)$$

如果式（12-3）所示的方程组具有非零解，则其系数矩阵行列式应为零，即

$$\Delta(\lambda) = \begin{vmatrix} \lambda - a_{11} & 0 & -a_{13} & -a_{14} \\ -a_{21} & \lambda(\lambda - a_{22}) & 0 & -(a'_{24}\lambda + a_{24}) \\ -a_{31} & 0 & \lambda - a_{33} & -a_{34} \\ 0 & -1 & 1 & 1 \end{vmatrix} = 0 \quad (12-4)$$

式（12-4）即导弹纵向扰动运动的特征方程，展开为

$$f(\lambda) = \lambda^4 + P_1\lambda^3 + P_2\lambda^2 + P_3\lambda + P_4 = 0 \quad (12-5)$$

式中，

$$\left.\begin{aligned}P_1 &= -a_{33} + a_{34} - a_{22} - a'_{24} - a_{11} \\ P_2 &= a_{31}a_{14} - a_{31}a_{13} + a_{22}a_{33} - a_{22}a_{34} - a_{24} + \\ &\quad a_{33}a'_{24} + a_{33}a_{11} - a_{34}a_{11} + a_{22}a_{11} + a'_{24}a_{11} \\ P_3 &= -a_{21}a_{14} - a_{31}a_{22}a_{14} + a_{22}a_{31}a_{13} + a'_{24}a_{31}a_{13} + \\ &\quad a_{24}a_{33} - a_{22}a_{33}a_{11} + a_{22}a_{34}a_{11} + a_{24}a_{11} - a_{33}a_{11}a'_{24} \\ P_4 &= a_{21}a_{33}a_{14} - a_{13}a_{21}a_{34} + a_{24}a_{31}a_{13} - a_{24}a_{33}a_{11}\end{aligned}\right\} \quad (12-6)$$

因为特征方程的系数 P_1、P_2、P_3 和 P_4 为实数，所以该方程的根 λ_1、λ_2、λ_3、λ_4 既可能为实数，也可能为共轭复数。导弹纵向自由扰动运动特征方程的根的形式及对应的自由扰动运动形式有以下 3 种情况。

1. 四个实根

在这种情况下，导弹的自由扰动运动由 4 个非周期运动组成。对应于正根的运动分量将随着时间的增长而增大，对应于负根的运动分量将随着时间的增长而减小。在这四个实根中，只要有一个是正根，则所有偏量（ΔV、$\Delta \vartheta$、$\Delta \theta$ 和 $\Delta \alpha$）都将随着时间的增长而无限增大。

2. 两个实根和一对共轭复根

在这种情况下，导弹自由扰动运动由两个非周期运动和一个振荡运动叠加而成。在实根或复根实部中，只要有一个的符号为正，则所有偏量（ΔV、$\Delta \vartheta$、$\Delta \theta$ 和 $\Delta \alpha$）都将随着时间的增长而增大。

3. 两对共轭复根

在这种情况下，导弹的自由扰动运动由两个振荡运动叠加而成。只要有一个复根的实部为正值，则所有偏量（ΔV、$\Delta \vartheta$、$\Delta \theta$ 和 $\Delta \alpha$）的振幅都将随着时间的增长而增大。

导弹的纵向自由扰动运动由快衰减和慢衰减两种不同形式的运动叠加而成。一对复根的实部和虚部的绝对值均远远超过另一对复根的实部和虚部（或两个实根）的绝对值。一对大复根（就其模值而言）对应于快衰减运动，一对小复根（或两个实根）则与慢衰减运动相对应。如果导弹纵向自由扰动运动由两个振荡运动叠加而成，则将一对大复根所对应的高频快衰减运动称为短周期运动，将一对小复根所对应的低频慢衰减运动称为长周期运动。通常，短周期运动由于衰减得很快，从而与快衰减的非周期运动实际上没有多大差别，由于短周期运动被用得更多些，因此快衰减的非周期运动也被称为短周期运动。

导弹的纵向自由扰动运动可以分为两个阶段。在第一阶段里，快衰减的短周期运动占主要地位，偏量 $\Delta \vartheta$、$\Delta \theta$ 和 $\Delta \alpha$ 的变化剧烈，而偏量 ΔV 的变化并不大，在第一阶段结束前，偏量 ΔV、$\Delta \vartheta$、$\Delta \theta$ 和 $\Delta \alpha$ 表达式中一对大复根所对应的分量已经减小到零。由于偏量 $\Delta \alpha$ 主要取决于这些分量，因此在第一阶段结束时，偏量 $\Delta \alpha$ 实际上已经基本衰减为零。在第二阶段里，只存在慢衰减的长周期运动，主要是偏量 ΔV、$\Delta \vartheta$ 和 $\Delta \theta$ 在变化着，而具有不大振幅的 $\Delta \alpha$ 实际上已经不存在了。$\Delta \omega_z$ 具有与 $\Delta \alpha$ 类似的变化过程，在第一阶段结束时，基本上已经衰减完了。

12.3.2.2 稳定性判定

求得纵向自由扰动运动特征方程的根后，可以根据根的情况来判断导弹纵向运动的稳定性。判断方法如下：

（1）如果所有根的实部都为负，则导弹的运动是稳定的。

（2）只要有一个根的实部为正，则导弹的运动就是不稳定的。

（3）只要有一个根的实部为零而其余为负，则导弹的运动就是中立稳定的。

在分析导弹的动态特性时，还可以采用霍尔维茨判据来判断其稳定性。针对导弹自由扰动运动的特征方程

$$\lambda^4 + P_1\lambda^3 + P_2\lambda^2 + P_3\lambda + P_4 = 0 \qquad (12-7)$$

霍尔维茨判据：要使式（12-7）的所有根都具有负实部，必要和充分条件为

$$P_1 > 0, \; P_2 > 0, \; P_3 > 0, \; P_4 > 0, \; \Delta_3 = \begin{vmatrix} P_1 & P_3 & 0 \\ 1 & P_2 & P_4 \\ 0 & P_1 & P_3 \end{vmatrix} > 0 \qquad (12-8)$$

12.3.2.3 弹体纵向传递函数

1. 基于拉普拉斯变换法推导传递函数

对纵向扰动运动方程组进行拉普拉斯变换，可得

$$\begin{bmatrix} s - a_{11} & 0 & -a_{13} & -a_{14} \\ -a_{21} & s(s - a_{22}) & 0 & -(a'_{24}s + a_{24}) \\ -a_{31} & 0 & s - a_{33} & -a_{34} \\ 0 & -1 & 1 & 1 \end{bmatrix} \begin{bmatrix} \Delta V(s) \\ \Delta \vartheta(s) \\ \Delta \theta(s) \\ \Delta \alpha(s) \end{bmatrix} = \begin{bmatrix} 0 \\ a_{25} \\ a_{35} \\ 0 \end{bmatrix} \Delta \delta_z(s) + \begin{bmatrix} a_{16}F_{gx}(s) \\ a_{26}M_{gz}(s) \\ a_{36}F_{gy}(s) \end{bmatrix}$$
$$(12-9)$$

以速度偏量 $\Delta V(s)$ 为例，推导以 $\Delta \delta_z(s)$ 为输入、$\Delta V(s)$ 为输出的传递函数 $W_{\delta_z}^V(s)$。根据传递函数的定义，有

$$W_{\delta_z}^V(s) = \frac{\Delta V(s)}{\Delta \delta_z(s)} \qquad (12-10)$$

利用克莱姆定理，有

$$\Delta V(s) = \frac{\Delta_V(s)}{\Delta(s)} \qquad (12-11)$$

式中，$\Delta(s)$——式（12-4）中系数矩阵对应的主行列式；

$\Delta_V(s)$——伴随行列式。由方程组右端的 $\begin{bmatrix} 0 & a_{25} & a_{35} & 0 \end{bmatrix}^T \Delta \delta_z(s)$ 代入主行列式中，替换主行列式中对应于 $\Delta V(s)$ 的列 $\begin{bmatrix} s-a_{11} & -a_{21} & -a_{31} & 0 \end{bmatrix}^T$ 得到。

$$\Delta(s) = \begin{vmatrix} s - a_{11} & 0 & -a_{13} & -a_{14} \\ -a_{21} & s(s - a_{22}) & 0 & -(a'_{24}s + a_{24}) \\ -a_{31} & 0 & s - a_{33} & -a_{34} \\ 0 & -1 & 1 & 1 \end{vmatrix}$$
$$= s^4 + P_1 s^3 + P_2 s^2 + P_3 s + P_4 \qquad (12-12)$$

$$\Delta_V(s) = \begin{vmatrix} 0 & 0 & -a_{13} & -a_{14} \\ a_{25} & s(s - a_{22}) & 0 & -(a'_{24}s + a_{24}) \\ a_{35} & 0 & s - a_{33} & -a_{34} \\ 0 & -1 & 1 & 1 \end{vmatrix} \Delta \delta_z \qquad (12-13)$$

将式 (12-12) 和式 (12-13) 代入式 (12-8)，利用式 (12-10)，可得

$$W_{\delta_z}^V = \frac{\Delta V(s)}{\Delta \delta_z(s)} = \frac{\Delta_V(s)}{\Delta(s)\Delta \delta_z(s)} = \frac{A_1 s^2 + A_2 s + A_3}{s^4 + P_1 s^3 + P_2 s^2 + P_3 s + P_4} \quad (12-14)$$

式中，

$$\left.\begin{array}{l} A_1 = a_{35}(a_{13} - a_{14}) \\ A_2 = a_{22}a_{35}(a_{14} - a_{13}) - a_{13}a_{35}a'_{24} + a_{25}a_{14} \\ A_3 = a_{25}(a_{34}a_{13} - a_{14}a_{33}) - a_{24}a_{35}a_{13} \end{array}\right\} \quad (12-15)$$

其他传递函数的推导类似。

假定操纵机构的偏转、干扰力和干扰力矩都是相互独立的，由于系统已经线性化，因此它们对导弹纵向扰动运动的影响可以分别独立求解，然后进行线性叠加。例如，速度偏量 $\Delta V(s)$ 最终可以表示为

$$\Delta V(s) = W_{\delta_z}^V \Delta \delta_z(s) + W_{F_{gx}}^V \Delta F_{gx}(s) + W_{F_{gy}}^V \Delta F_{gy}(s) + W_{M_{gz}}^V \Delta M_{gz}(s) \quad (12-16)$$

2. 利用状态空间表达式推导传递函数

已知系统的状态空间表达式为

$$\dot{x} = Ax + Bu \quad (12-17)$$

则 u 与 x 间的传递函数为

$$W_u^x = (sI - A)^{-1} B \quad (12-18)$$

式中，I——与系统矩阵 A 同阶的单位矩阵。

式 (12-1) 所示的导弹纵向扰动运动方程组可以写成如下矩阵形式：

$$\begin{bmatrix} \Delta \dot{V} \\ \Delta \dot{\omega}_z \\ \Delta \dot{\alpha} \\ \Delta \dot{\vartheta} \end{bmatrix} = L \begin{bmatrix} \Delta V \\ \Delta \omega_z \\ \Delta \alpha \\ \Delta \vartheta \end{bmatrix} + \begin{bmatrix} 0 \\ a_{25} - a'_{24}a_{35} \\ -a_{35} \\ 0 \end{bmatrix} \Delta \delta_z + \begin{bmatrix} a_{16}F_{gx} \\ a_{26}M_{gz} - a'_{24}a_{36}F_{gy} \\ -a_{36}F_{gy} \\ 0 \end{bmatrix} \quad (12-19)$$

式中，

$$L = \begin{bmatrix} a_{11} & 0 & a_{14} - a_{13} & a_{13} \\ a_{21} - a'_{24}a_{31} & a_{22} + a'_{24} & -a'_{24}a_{34} + a'_{24}a_{33} + a_{24} & -a'_{24}a_{33} \\ -a_{31} & 1 & -a_{34} + a_{33} & -a_{33} \\ 0 & 1 & 0 & 0 \end{bmatrix} \quad (12-20)$$

对照式 (12-19) 和式 (12-17)，再利用式 (12-18)，则可以求得各传递函数。

12.3.3 基础数据

本实验所用的基础数据包括导弹未扰动运动的结构参数、几何参数、气动参数及弹道参数，采用第 3 章实验"铅垂面内弹道设计与成形控制"中的数据。

12.4 实验项目内容

1) 在弹道的稳定爬升段、平飞段、俯冲段各选一个特征点，计算动力系数 a_{11}、a_{13}、

a_{14}、a_{15}（可取 $a_{15} \approx (0.05 \sim 0.1) a_{14}$）、$a_{16}$、$a_{21}$、$a_{22}$、$a_{24}$、$a_{25}$、$a_{26}$、$a_{31}$、$a_{33}$、$a_{34}$、$a_{35}$（可取 $a_{35} \approx (0.05 \sim 0.1) a_{34}$）、$a_{36}$。在计算动力系数时，角度单位应以弧度计算。写出与式（12-1）对应的特征方程，并用霍尔维茨判据判断未扰动运动是否稳定。

2）求出特征方程的根，并据此判断扰动运动方程组通解的构成、扰动运动的衰减（或发散）性质和程度。求出振幅（或偏量值）衰减一半（或发散一倍）所用的时间、振荡运动的周期和频率，以及一个周期内的衰减（或发散）程度。

3）将扰动运动方程组简化为短周期扰动运动方程组，重新计算特征方程的根，并将其与实验项目内容2）的结果进行对比。

4）写出弹体纵向传递函数——$W_{\delta_z}^{V}(s)$、$W_{\delta_z}^{\vartheta}(s)$、$W_{\delta_z}^{\theta}(s)$、$W_{\delta_z}^{\alpha}(s)$，以及对应的短周期纵向扰动运动的传递函数——$W_{\delta_z}^{\vartheta}(s)$、$W_{\delta_z}^{\theta}(s)$、$W_{\delta_z}^{\alpha}(s)$、$W_{\delta_z}^{n_y}(s)$，并按典型环节整理成标准形式。

计算导弹传递系数 K_M、导弹时间常数 T_M、相对阻尼系数 ξ_M、气动力时间常数 T_1、攻角传递系数 K_α、攻角时间常数 T_α、法向过载传递系数 K_{n_y}、阻尼（衰减）系数 ξ_M/T_M、振荡频率 ω、固有频率 ω_c，将不同特征点处的计算结果进行对比，分析决定上述参数的主要因素，并分析这些因素对上述参数的具体影响。

5）动力系数 a_{24} 对于导弹的稳定性具有至关重要的影响，利用动态稳定极限条件、纵向传递系数表达式、时间常数表达式、振荡频率表达式等，定性定量分析弹体静稳定性对纵向运动的影响。

6）给定升降舵偏角 $\Delta\delta_z = 2°$，利用短周期传递函数，进行过渡过程仿真实验，并对结果进行分析。

12.5 实验结果分析

12.5.1 动力系数

从第3章的实验所得弹道的稳定爬升段、平飞段及俯冲段各选取一个特征点，记录特征点处的未扰动运动参数，然后根据动力系数的表达式计算各动力系数。将特征点取为 $t = t_1$ 时的点，以动力系数 a_{24} 为例进行说明。动力系数 a_{24} 的表达式为

$$a_{24} = \frac{1}{2} \frac{m_z^\alpha \rho V^2 SL}{J_z} \tag{12-21}$$

在本实验中，式（12-21）中的空气密度 ρ、特征面积 S、特征长度 L 是常数。取第3章的实验中 $t = t_1$ 时的转动惯量 $J_z(t_1)$、速度 $V(t_1)$ 代入式（12-21）。在第3章的实验中，没有直接给出 $m_z^\alpha(t_1)$，因此，需对第3章实验中的基础数据进行处理从而得到 $m_z^\alpha(t_1)$。利用已经给出的 $m_z(\alpha) = m_z^\alpha \alpha$ 随攻角 α 和马赫数 Ma 变化（形式如表12-1所示）可以进行相应处理，得到 t_1 时刻的 m_z^α。

当攻角 α 比较小时，在某马赫数下，静稳定力矩与攻角成近似线性关系。当马赫数分别为 $Ma_j (j = 1, 2, \cdots, p)$ 时，在横坐标为攻角、纵坐标为静稳定力矩系数的坐标系中，$(\alpha_i,$

$m_{z_{ij}}$)($i=1,2,\cdots,n$) 连成的线近似为直线，此直线的斜率为在当前马赫数下的静稳定力矩系数导数 $m_{z_j}^\alpha$，由此可得到静稳定力矩系数导数 m_z^α 随马赫数 Ma 变化的数据，见表 12-2。

当已知未扰动弹道上 $t=t_1$ 时的速度 $V(t_1)$ 时，可计算出此时的马赫数，再根据表 12-2 进行插值，就可得到 $t=t_1$ 时的 $m_z^\alpha(t_1)$。此时，就可求出如式（12-21）所示的动力系数 a_{24}。其他动力系数的求取类似于 a_{24} 的求取。

将各动力系数代入 P_1、P_2、P_3、P_4 的表达式，即可得到纵向扰动运动的特征方程，根据霍尔维茨判据（即式（12-8）），就可以判断未扰动运动的稳定性。

表 12-1 静稳定力矩系数表

攻角	马赫数				
	Ma_1	Ma_2	Ma_3	$\cdots$	Ma_p
α_1	m_{z11}	m_{z12}	m_{z13}		m_{z1p}
α_2	m_{z21}	m_{z22}	m_{z23}		m_{z2p}
α_3	m_{z31}	m_{z32}	m_{z33}		m_{z3p}
$\vdots$	$\vdots$	$\vdots$	$\vdots$	$\cdots$	$\vdots$
α_n	m_{zn1}	m_{zn2}	m_{zn3}		m_{znp}

表 12-2 m_z^α 随马赫数变化的数据

Ma	Ma_1	Ma_2	Ma_3	$\cdots$	Ma_p
m_z^α	$m_{z_1}^\alpha$	$m_{z_2}^\alpha$	$m_{z_3}^\alpha$	$\cdots$	$m_{z_p}^\alpha$

12.5.2 特征方程根

根据纵向自由扰动运动特征方程根的普遍规律（一对大根一对小根），可以采用近似求根法求出特征方程的根。例如，在平飞段的特征方程为

$$\Delta(\lambda) = \lambda^4 + 3.2212\lambda^3 + 217.6359\lambda^2 + 21.9124\lambda + 1.1045 = 0 \quad (12-22)$$

由 $217.6359\lambda^2 + 21.9124\lambda + 1.1045 = 0$ 可以求出一对小根为 $\lambda_{1,2} = -0.0504 \pm 0.0504\mathrm{i}$，由 $\lambda^2 + 3.2212\lambda + 217.6359 = 0$ 可以求出一对大根为 $\lambda_{3,4} = -1.5602 \pm 14.6589\mathrm{i}$。由于特征根为两对共轭复根，因此导弹的纵向自由扰动运动由两个振荡运动构成。由于 $\lambda_{3,4}$ 的实部和虚部远大于 $\lambda_{1,2}$ 的实部和虚部，因此 $\lambda_{3,4}$ 对应于短周期运动，$\lambda_{1,2}$ 对应于长周期运动。振荡运动的振幅衰减一半（或发散一倍）的时间 Δt 可以用来衡量振荡运动的衰减（或发散）程度。对应于上述两个振荡运动，分别有

$$\Delta t_1 = \frac{\ln 2}{|-0.0504|} = 13.75(\mathrm{s}) \quad (12-23)$$

$$\Delta t_s = \frac{\ln 2}{|-1.5602|} = 0.44(\mathrm{s}) \quad (12-24)$$

两个振荡运动的振荡角频率是其对应的特征方程根的虚部，分别为 $\nu_1 = 0.0504 \text{ rad/s}$

和 $\nu_s = 14.6589$ rad/s；振荡周期分别为 $T_1 = \dfrac{2\pi}{0.0504} = 124.6$ s 和 $T_s = \dfrac{2\pi}{14.6589} = 0.43$ s。振荡运动的衰减（或发散）程度还可用一个周期内幅值的衰减（发散）程度来表示，对应于 $\lambda_{1,2}$ 计算可得 $e^{-2\pi \times 0.0504/0.0504} = 0.1873\%$，对应于 $\lambda_{3,4}$ 计算可得 $e^{-2\pi \times 1.5602/14.6589} = 51.25\%$。对比 Δt_1 与 Δt_s、ν_1 与 ν_s、T_1 与 T_s，对应观察各偏量在长周期、短周期运动中的表现，并与理论分析所得的结果进行验证。如果特征方程的根为其他情况，则类似分析自由扰动运动的组成和特点。

12.5.3 短周期扰动运动特征方程根

在导弹纵向扰动运动方程组（即式（12-1））中去掉描述 ΔV 变化的第一个方程，在其余方程中令 $\Delta V = 0$，就得到简化后的描述短周期扰动运动的方程组。令方程组右端为 0，则描述短周期自由扰动运动的方程组为

$$\left.\begin{array}{l} \dfrac{d^2 \Delta \vartheta}{dt^2} - a_{22} \dfrac{d\Delta \vartheta}{dt} - a_{24} \Delta \alpha - a'_{24} \dfrac{d\Delta \alpha}{dt} = 0 \\ \dfrac{d\Delta \theta}{dt} - a_{33} \Delta \theta - a_{34} \Delta \alpha = 0 \\ -\Delta \vartheta + \Delta \theta + \Delta \alpha = 0 \end{array}\right\} \quad (12-25)$$

对应的特征方程为

$$\Delta(\lambda) = \lambda^3 + P_1 \lambda^2 + P_2 \lambda + P_3 \quad (12-26)$$

式中，

$$\left.\begin{array}{l} P_1 = -a_{33} + a_{34} - a_{22} - a'_{24} \\ P_2 = a_{22}(a_{33} - a_{34}) - a_{24} + a_{33} a'_{24} \\ P_3 = a_{24} a_{33} \end{array}\right\} \quad (12-27)$$

对应于前述平飞段的特征点，短周期特征方程为

$$\Delta(\lambda) = \lambda^3 + 3.1218 \lambda^2 + 217.3347 \lambda = 0 \quad (12-28)$$

求解可得特征方程的根为

$$\lambda_1 = 0, \quad \lambda_{2,3} = -1.5609 \pm 14.6594 i \quad (12-29)$$

当研究短周期运动时，主要关注大根 $\lambda_{2,3} = -1.5609 \pm 14.6594i$ 对应的运动。将其与原特征方程的大根 $-1.5602 \pm 14.6589i$ 进行比较，发现两者非常接近，根据 $-1.5609 \pm 14.6594i$ 计算的衰减程度、振荡周期等指标和之前计算出来的指标也非常接近，这说明为建立短周期扰动运动方程组所做的简化是合理的。读者可以进行类似对比，分析所取特征点的短周期扰动运动特征方程根与原特征方程根，以及相应的扰动运动。

12.5.4 导弹纵向传递函数及关键参数

12.5.4.1 纵向传递函数

根据拉普拉斯变换法和状态空间法求得导弹的纵向传递函数为

$$W_{\delta_z}^V(s) = \frac{\Delta V(s)}{\Delta \delta_z(s)} = \frac{\Delta_V(s)}{\Delta(s)\Delta \delta_z(s)} = \frac{A_1 s^2 + A_2 s + A_3}{s^4 + P_1 s^3 + P_2 s^2 + P_3 s + P_4} \quad (12-30)$$

$$W_{\delta_z}^\vartheta(s) = \frac{\Delta \vartheta(s)}{\Delta \delta_z(s)} = \frac{\Delta_\vartheta(s)}{\Delta(s)\Delta \delta_z(s)} = \frac{B_1 s^2 + B_2 s + B_3}{s^4 + P_1 s^3 + P_2 s^2 + P_3 s + P_4} \quad (12-31)$$

$$W_{\delta_z}^\theta(s) = \frac{\Delta \theta(s)}{\Delta \delta_z(s)} = \frac{\Delta_\theta(s)}{\Delta(s)\Delta \delta_z(s)} = \frac{C_1 s^3 + C_2 s^2 + C_3 s + C_4}{s^4 + P_1 s^3 + P_2 s^2 + P_3 s + P_4} \quad (12-32)$$

$$W_{\delta_z}^\alpha(s) = \frac{\Delta \alpha(s)}{\Delta \delta_z(s)} = \frac{\Delta_\alpha(s)}{\Delta(s)\Delta \delta_z(s)} = \frac{D_1 s^3 + D_2 s^2 + D_3 s + D_4}{s^4 + P_1 s^3 + P_2 s^2 + P_3 s + P_4} \quad (12-33)$$

式中,

$$\left.\begin{aligned}
A_1 &= a_{35}(a_{13} - a_{14}) \\
A_2 &= a_{22} a_{35}(a_{14} - a_{13}) - a_{13} a_{35} a'_{24} + a_{25} a_{14} \\
A_3 &= a_{25}(a_{34} a_{13} - a_{14} a_{33}) - a_{24} a_{35} a_{13} \\
B_1 &= a_{25} - a_{35} a'_{24} \\
B_2 &= a_{35}(a_{11} a'_{24} - a_{24}) + a_{25}(a_{34} - a_{11} - a_{33}) \\
B_3 &= a_{35}[a_{11} a_{24} - a_{21}(a_{14} - a_{13})] + a_{25}[a_{31}(a_{14} - a_{13}) - a_{11}(a_{34} - a_{33})] \\
C_1 &= a_{35} \\
C_2 &= -a_{35}(a_{11} + a_{22} + a'_{24}) \\
C_3 &= a_{35}[a_{11}(a_{22} + a'_{24}) - a_{24}] + a_{25} a_{34} \\
C_4 &= a_{35}(a_{11} a_{24} - a_{21} a_{14}) - a_{25}(a_{11} a_{34} - a_{14} a_{31}) \\
D_1 &= -a_{35} \\
D_2 &= a_{35}(a_{11} + a_{22}) + a_{25} \\
D_3 &= -a_{35} a_{11} a_{22} - a_{25}(a_{11} + a_{33}) \\
D_4 &= a_{35} a_{21} a_{13} - a_{25}(a_{13} a_{31} - a_{11} a_{33})
\end{aligned}\right\} \quad (12-34)$$

基于短周期扰动运动方程组,同时忽略重力影响(即 $a_{33} = 0$),可得短周期传递函数 $W_{\delta_z}^\vartheta(s)$ 为

$$\begin{aligned}
W_{\delta_z}^\vartheta(s) &= \frac{(-a_{35} a'_{24} + a_{25})s + a_{25} a_{34} - a_{35} a_{24}}{s[s^2 + (a_{34} - a_{22} - a'_{24})s + (-a_{22} a_{34} - a_{24})]} \\
&= \frac{K_M(T_1 s + 1)}{s(T_M^2 s^2 + 2 T_M \xi_M s + 1)}
\end{aligned} \quad (12-35)$$

式中,各参数定义如下:

导弹的传递系数 $K_M = \dfrac{-a_{25} a_{34} + a_{35} a_{24}}{a_{22} a_{34} + a_{24}}$ \quad (12-36)

导弹的时间常数 $T_M = \dfrac{1}{\sqrt{-a_{22} a_{34} - a_{24}}}$ \quad (12-37)

导弹的相对阻尼系数 $\xi_M = \dfrac{a_{34} - a_{22} - a'_{24}}{2\sqrt{-a_{22} a_{34} - a_{24}}}$ \quad (12-38)

导弹的气动力时间常数 $T_1 = \dfrac{-a_{35}a'_{24} + a_{25}}{a_{25}a_{34} - a_{35}a_{24}}$ (12-39)

以 $\Delta\delta_z$ 为输入、$\Delta\theta$ 为输出的短周期传递函数 $W^{\theta}_{\delta_z}(s)$ 为

$$W^{\theta}_{\delta_z}(s) = \frac{\Delta\theta(s)}{\Delta\delta_z(s)} = \frac{K_M(T_{1\theta}s + 1)(T_{2\theta}+1)}{s(T_M^2 s^2 + 2T_M\xi_M s + 1)} \quad (12-40)$$

式中，各参数定义如下：

$$T_{1\theta}T_{2\theta} = \frac{a_{35}}{a_{25}a_{34} - a_{35}a_{24}} \quad (12-41)$$

$$T_{1\theta} + T_{2\theta} = \frac{-a_{35}(a_{22} + a'_{24})}{a_{25}a_{34} - a_{35}a_{24}} \quad (12-42)$$

以 $\Delta\delta_z$ 为输入、$\Delta\alpha$ 为输出的短周期传递函数 $W^{\alpha}_{\delta_z}(s)$ 为

$$W^{\alpha}_{\delta_z}(s) = \frac{\Delta\alpha(s)}{\Delta\delta_z(s)} = \frac{K_\alpha(T_\alpha s + 1)}{T_M^2 s^2 + 2T_M\xi_M s + 1} \quad (12-43)$$

式中，各参数定义如下：

导弹攻角传递系数 $K_\alpha = \dfrac{-(a_{35}a_{22} + a_{25})}{a_{22}a_{34} + a_{24}}$ (12-44)

导弹的攻角时间常数 $T_\alpha = \dfrac{-a_{35}}{a_{35}a_{22} + a_{25}}$ (12-45)

一般情况下，$a_{35} \ll a_{34}$，当进一步忽略 a_{35}、a'_{24} 时，导弹弹体的短周期纵向传递函数可以简化为

$$W^{\theta}_{\delta_z}(s) = \frac{K_M(T_1 s + 1)}{s(T_M^2 s^2 + 2T_M\xi_M s + 1)} \quad (12-46)$$

$$W^{\theta}_{\delta_z}(s) = \frac{K_M}{s(T_M^2 s^2 + 2T_M\xi_M s + 1)} \quad (12-47)$$

$$W^{\alpha}_{\delta_z}(s) = \frac{K_M T_1}{T_M^2 s^2 + 2T_M\xi_M s + 1} \quad (12-48)$$

$$W^{n_y}_{\delta_z}(s) = \frac{K_M \dfrac{V}{g}}{T_M^2 s^2 + 2T_M\xi_M s + 1} \quad (12-49)$$

式中，$K_M = -\dfrac{a_{25}a_{34}}{a_{24} + a_{22}a_{34}}$；$T_1 = \dfrac{1}{a_{34}}$。

将各特征点处的动力系数代入上述传递函数表达式，即可得到传递函数的具体表达式。

12.5.4.2　导弹传递系数等关键参数分析

1. 导弹传递系数

导弹的传递系数 K_M 的表达式如式（12-36）所示，当求得某个特征点的动力系数 a_{25}、a_{34}、a_{35}、a_{24}、a_{22} 后，将其代入式（12-36），单独计算式（12-36）中分母、分子

中的两项,是否存在 $|-a_{25}a_{34}| \gg |a_{35}a_{24}|$、$|a_{24}| \gg |a_{22}a_{34}|$？如果存在这样的关系,则传递系数 K_M 可以简化为

$$K_M = -\frac{a_{25}}{a_{24}}a_{34} \qquad (12-50)$$

再将 a_{25}、a_{24} 和 a_{34} 的表达式代入式(12-50),可得

$$K_M = -\frac{m_z^{\delta_z}2P + \rho V c_y^\alpha S}{m_z^\alpha \quad 2m} \qquad (12-51)$$

由式(12-51)分析影响传递系数 K_M 的因素并定性定量分析这些因素对传递系数 K_M 的影响,重点关注:

(1) 导弹焦点与质心的相对位置对 K_M 有影响吗？有什么影响？

(2) 若导弹的飞行高度增大,而其他条件不变,传递系数 K_M 将如何变化？导弹的操纵性会变好还是变差？

(3) 导弹的操纵效率对传递系数 K_M 的符号和大小有什么影响？

导弹在爬升段、平飞段和俯冲段的质量、转动惯量、飞行速度、静稳定性均不一样,对比分析三个特征点处的导弹传递系数,分析主要影响因素和传递系数 K_M 的变化规律。

2. 导弹时间常数

导弹的时间常数 T_M 的表达式如式(12-37)所示,固有频率 $\omega_c = 1/T_M = \sqrt{-a_{22}a_{22} - a_{34}}$。如果 $|a_{24}| \gg |a_{22}a_{34}|$,则导弹的时间常数和固有频率可以分别简化 $T_M \approx 1/\sqrt{-a_{24}}$ 和 $\omega_c = 1/T_M \approx \sqrt{-a_{24}}$。分析 a_{24} 对导弹的时间常数和固有频率的影响。根据 $a_{24} = m_z^\alpha qSb_A/J_z$ 进一步分析静稳定力矩系数导数、导弹速度、空气密度、转动惯量等对时间常数和固有频率的影响。随着导弹飞行高度上升,其时间常数和固有频率如何变化？在本实验中,导弹飞行高度变化不大,对其进行量化分析。关注:由高度引起的时间常数和固有频率的变化是否可以忽略不计？

计算各特征点处的时间常数和固有频率,并进行对比分析。

3. 相对阻尼系数

导弹的相对阻尼系数 ξ_M 的表达式如式(12-38)所示,当忽略洗流延迟的影响,且 $|a_{24}| \gg |a_{22}a_{34}|$ 时,相对阻尼系数可以简化为 $\xi_M \approx \frac{-a_{22} + a_{34}}{2\sqrt{-a_{24}}}$。将各动力系数的表达式代入,可得 $\xi_M \approx \frac{-m_z^{\omega_z}b_A^2/J_z + c_y^\alpha/m}{2\sqrt{2m_z^\alpha b_A/J_z}}\sqrt{\rho S}$。分析飞行速度、静稳定力矩系数导数 m_z^α、飞行高度等对相对阻尼系数的影响。

计算各特征点处的导弹相对阻尼系数,根据计算结果分析各个因素的影响。

4. 气动力时间常数

导弹的气动力时间常数 T_1 的表达式如式(12-39)所示,忽略洗流延迟影响后,$T_1 = \frac{a_{25}}{a_{25}a_{34} - a_{35}a_{24}}$。根据 $|a_{25}a_{34}| \gg |a_{35}a_{24}|$ 的大小对比关系,分析 T_1 是否可以简化为 $T_1 =$

$\dfrac{1}{a_{34}}$。将有关的动力系数表达式代入，根据各特征点处的计算结果，分析导弹速度、质量、推力等对 T_1 的影响。

5. 攻角传递系数

导弹的攻角传递系数 K_α 的表达式如式（12-44）所示，根据定量计算结果，分析可否简化为 $K_\alpha = -\dfrac{a_{25}}{a_{24}}$。如果可以，就将动力系数的表达式代入，可得 $K_\alpha = -\dfrac{m_z^{\delta_z}}{m_z^\alpha} = -\dfrac{c_y^\alpha(\bar{x}_F - \bar{x}_G)}{c_y^{\delta_z}(\bar{x}_R - \bar{x}_G)}$。结合导弹在爬升段、平飞段和俯冲段的静稳定性、操纵效率，分析攻角传递系数的变化情况和影响 K_α 变化的主要因素。

6. 攻角时间常数

导弹的攻角时间常数 T_α 的表达式如式（12-45）所示，根据定量分析进行简化处理，判断将其简化为 $T_\alpha = -\dfrac{a_{35}}{a_{25}} = \dfrac{J_z}{mVL(\bar{x}_R - \bar{x}_G)}$ 是否合理。其主要影响因素有哪些？如果速度加快、质心与舵面压心之间的距离增大，T_α 将如何变化？

7. 法向过载传递系数

导弹的法向过载传递系数的 K_{n_y} 表达式为 $K_{n_y} = \dfrac{V}{g} K_M$，参照 K_M 的情况来分析 K_{n_y} 的变化，另外关注速度对这两者的影响有什么相同点和不同点。

8. 阻尼（衰减）系数

导弹的阻尼（衰减）系数表达式为 $\dfrac{\xi_M}{T_M} = \dfrac{1}{2}(a_{34} - a_{22})$。将各动力系数表达式代入，可得

$$\dfrac{\xi_M}{T_M} = \dfrac{1}{4}\left(\dfrac{2P/V + c_y^\alpha \rho VS}{m} - \dfrac{m_z^{\omega_z} \rho V S b_A}{J_z}\right) \quad (12-52)$$

结合计算结果，定性定量分析导弹的飞行速度、飞行高度、静稳定度对衰减系数的影响。

9. 振荡频率

导弹的振荡频率 ω 的表达式为 $\omega = \sqrt{-(a_{24} + a_{22}a_{34}) - \dfrac{1}{4}(a_{34} - a_{22} - a_{24}')^2}$，根据定量计算结果，分析将其简化为 $\omega \approx \sqrt{-a_{24} - \dfrac{1}{4}(a_{34} + a_{22})^2}$ 的合理性。将动力系数的表达式代入，可以得到 $\omega \approx 0.707\sqrt{-\dfrac{m_z^\alpha \rho V^2 S b_A}{J_z} - \dfrac{1}{8}\left(\dfrac{2P/V + c_y^\alpha \rho VS}{m} + \dfrac{m_z^{\omega_z} \rho V S b_A^2}{J_z}\right)^2}$，根据计算结果，定性定量分析导弹的飞行速度、飞行高度及静稳定性对振荡频率的影响。

12.5.5 动力系数 a_{24} 的影响

动力系数 a_{24} 对导弹的纵向动态特性起着非常重要的作用。a_{24} 的物理意义为：攻角偏量为 1 rad 时所产生的围绕弹体 Oz_1 轴的旋转角加速度偏量，它表征了导弹的静稳定性。a_{24} 对传递系数、时间常数和振荡频率等都有着重要的影响。

如果不考虑重力影响（即 $a_{24}a_{33}=0$），则短周期运动传递函数 $W^{\alpha}_{\delta_z}$ 对应的特征方程式为

$$\Delta(\lambda) = \lambda^2 + (a_{34} - a_{22} - a'_{24})\lambda - (a_{22}a_{34} + a_{24}) = 0 \quad (12-53)$$

其特征方程的根为

$$\lambda_{1,2} = -\frac{1}{2}(a_{34} - a_{22} - a'_{24}) \pm \sqrt{\frac{1}{4}(a_{34} - a_{22} - a'_{24})^2 + (a_{22}a_{34} + a_{24})} \quad (12-54)$$

根据式（12-54）分析 a_{24} 对导弹纵向运动稳定性的影响。$a_{22}a_{34}+a_{24}<0$ 为极限稳定条件，当 $a_{24} > -a_{22}a_{34}$ 时，导弹纵向运动具有稳定性吗？当 $-\left(\dfrac{a_{34}+a_{22}}{2}\right)^2 < a_{24} < -a_{22}a_{34}$ 时，是否会产生稳定的非周期扰动运动？当 $a_{24} < -\left(\dfrac{a_{34}+a_{22}}{2}\right)^2$ 时，是否会产生稳定的振荡扰动运动？由以上分析来研究下述结论是否成立：

（1）当导弹具有静不稳定性但静不稳定性很小（能够满足 $a_{24} < -a_{22}a_{34}$）时，导弹运动仍然是稳定的，会产生稳定的非周期运动。

（2）导弹产生稳定的振荡运动比产生稳定的非周期运动对静稳定性的要求更高。

利用爬升段、平飞段和俯冲段特征点处的各个动力系数，对比 a_{24} 与 $-a_{22}a_{34}$、$-\left(\dfrac{a_{34}+a_{22}}{2}\right)^2$ 的关系，分析在这三点处导弹运动的稳定性，并量化研究产生稳定的振荡运动比产生稳定的非周期运动对静稳定性的要求。

通过分析 $|a_{24}|$ 对 K_M、K_{n_y}、T_M、ξ_M 的影响，进而分析对导弹的操纵性和机动性的影响。随着 $|a_{24}|$ 增大，导弹的操纵性和机动性会增强还是减弱？$|a_{24}|$ 增大对运动稳定性的有什么影响？在实际工程中，如何综合考虑导弹的稳定性和操纵性来设计导弹的静稳定性？

12.5.6 舵面阶跃偏转时各偏量的过渡过程求解及分析

给定升降舵偏角 $\Delta\delta_z = 2°$，根据纵向短周期传递函数 $W^{\vartheta}_{\delta_z}(s)$、$W^{\theta}_{\delta_z}(s)$、$W^{\alpha}_{\delta_z}(s)$、$W^{n_y}_{\delta_z}(s)$（即式（12-46）~式（12-49））搭建模型，并进行计算和分析。

以导弹平飞段某点作为特征点，求得在此特征点的导弹纵向运动短周期传递函数，然后搭建仿真模型仿真，并重点关注：

（1）$\Delta\alpha$ 和 $\Delta\dot\theta$ 随着时间变化，会到达一个固定的值吗？为什么？

（2）$\Delta\vartheta$ 和 $\Delta\theta$ 随着时间如何变化？原因是什么？

(3) Δn_y 随着时间如何变化？原因是什么？

同样，搭建未简化的包括长周期运动和短周期运动的纵向扰动运动仿真模型，对比未简化和简化后的短周期模型的输出，分析 $\Delta\vartheta$、$\Delta\theta$、$\Delta\alpha$ 和 $\Delta\omega_z$ 的变化规律，用量化结果分析简化后的短周期扰动运动模型的合理性。

12.6　探索与思考

1）给定初始扰动 $\Delta\alpha=2°$、$\Delta\vartheta=2°$，采用拉普拉斯逆变换求解导弹纵向自由扰动运动，并将仿真结果与理论分析进行相互印证。对比分析在自由扰动运动中 $\Delta\alpha$、$\Delta\vartheta$ 中的长周期、短周期分量与在操纵机构阶跃偏转（$\Delta\delta_z=2°$）时的长周期、短周期分量的异同，用定性定量的方法进行分析。

2）基于拉普拉斯逆变换得到当 $\Delta\delta_z=2°$ 时 $\Delta\vartheta$、$\Delta\theta$、$\Delta\alpha$ 和 $\Delta\omega_z$ 在时域随时间变化的解析解，与采用数值解法直接求解扰动运动方程组的解进行对比，定量分析两者之间的误差，并分析误差来源。采取什么措施，可以使误差更小？

3）基于自动控制理论，分析导弹纵向运动的频率特性。

4）在本实验中，导弹纵向扰动运动模型是在原非线性模型的基础上经过线性化并采用系数冻结法后建立的。自行设计实验，分别研究模型的线性化和系数冻结法对求解结果的影响，再研究两者的综合影响。

5）利用本实验的研究结果，将弹体环节的动态特性引入前述导引弹道运动学分析实验（第 8～10 章）中，分析弹体环节动态特性对导引弹道的影响。

12.7　主题任务

查阅资料，详细了解高次特征方程求根方法——林氏劈因法及其背后的故事，缅怀我国航空自动控制学科和陀螺惯导学科的奠基人，著名学者林士谔先生立志航空、留学报国、抗日救亡的光辉事迹和爱国情怀，精益求精、勇于创新、坚持不懈、甘于奉献、追求卓越的"陀螺精神"。针对本实验项目中的具体问题，用林氏劈因法编制计算程序，求解导弹纵向扰动自由运动方程组的特征方程根，将求解结果与使用 MATLAB（或其他工具、方法）得到的结果进行对比校验，体验林氏劈因法的有效性。在此基础上思考：

1）2020 年以来出现的我国若干著名大学和高科技企业被禁止使用 EDA、MATLAB 等软件事件，对我国飞行力学相关领域的研究有何影响？

2）作为青年学生或科技工作者，你和你所在的行业是否已经产生了对 MATLAB 等工具的依赖性？林士谔先生的"陀螺精神"，以及来自 Python 和开源软件 Octave 对 MATLAB 的挑战，对你有何启示？

3）近年来，我国发布了一系列关于全面加强基础科学研究的政策和激励措施。结合你所在的学科专业发展现状，试从国家安全战略高度理解有关政策和措施的重要意义，以及作为航空宇航领域的学生或科技工作者所肩负的发现、提炼和解决重大工程科学问题的历史责任。

相关视频

动态特性分析概述

作为控制对象的导弹

导弹扰动运动的研究方法

微分方程组线性化的方法

空气动力和力矩的线性化

导弹运动方程组的线性化

扰动运动的分解

稳定性与操纵性的概念

纵向扰动运动方程组

矩阵形式表示的
扰动运动方程组

自由扰动运动的
一般性质（上）

自由扰动运动的
一般性质（下）

纵向扰动运动分解
为两个阶段

飞行器的纵向传递
函数（上）

飞行器的纵向传递
函数（下）

稳定性分析

振荡运动的衰减程度和
振荡频率

操纵机构阶跃偏转时的
过渡过程

飞行器的纵向
传递系数

过渡过程时间、最大
偏差和超调量

典型弹道与特征点的选择

第 13 章　面对称型飞行器侧向动态特性分析

13.1　预期学习成果

1）理解面对称型飞行器侧向扰动运动的特点，能对面对称型飞行器的横侧向动态特性进行定性定量分析。

2）理解面对称型飞行器侧向运动稳定性与偏航静稳定性、横向静稳定性之间的关系，能合理配置飞行器的偏航静稳定性和横向静稳定性。

3）能绘制侧向稳定边界图并对面对称型飞行器侧向运动稳定性进行分析。

4）能推导面对称型飞行器侧向传递函数。

5）能够通过比较研究，用历史视野和发展眼光，正确评价我国与发达国家在相关领域的比较优势和差距。

6）能够用国际视野和战略眼光，分析预测关键技术的突破对相关领域全球和未来格局的影响，并从技术和非技术的角度提出应对方案。

13.2　实验背景

在一定条件下，飞行器的扰动运动可分为纵向和侧向两个互相独立的扰动运动，此时，可以分别对这两个扰动运动进行研究。对于轴对称飞行器，当忽略重力影响时，其侧向扰动运动又可以分为偏航和倾斜两个互相独立的扰动运动，且偏航扰动运动的特性与纵向扰动运动的特性完全一致。但是，对于面对称型飞行器，不能将构成其侧向扰动运动的偏航扰动运动和倾斜扰动运动分开研究。

本实验主要研究面对称型飞行器的侧向扰动运动。

利用面对称型飞行器侧向扰动运动方程组推导侧向传递函数、分析侧向自由扰动运动和强迫扰动运动的特点、研究飞行器侧向运动的稳定性是在分析飞行器侧向动态特性时必须要掌握的要点。

13.3　实验基础

13.3.1　前序实验

本实验无须前序实验，但可以和纵向扰动运动的分析方法和结果进行对比。

13.3.2 相关知识与理论基础

13.3.2.1 侧向扰动运动方程组

飞行器侧向扰动运动方程组为

$$\left.\begin{aligned}
&\frac{\mathrm{d}\Delta\omega_x}{\mathrm{d}t} - b_{11}\Delta\omega_x - b_{12}\Delta\omega_y - b_{14}\Delta\beta = b_{15}\Delta\delta_y + b_{17}\Delta\delta_x + b_{18}M_{gx} \\
&\frac{\mathrm{d}\Delta\omega_y}{\mathrm{d}t} - b_{21}\Delta\omega_x - b_{22}\Delta\omega_y - b_{24}\Delta\beta - b'_{24}\Delta\dot{\beta} = b_{25}\Delta\delta_y + b_{28}M_{gy} \\
&b_{32}\Delta\omega_y + (b_{34} - a_{33})\Delta\beta + \frac{\mathrm{d}\Delta\beta}{\mathrm{d}t} - \alpha\frac{\mathrm{d}\Delta\gamma}{\mathrm{d}t} + b_{36}\Delta\gamma = -b_{35}\Delta\delta_y - b_{38}F_{gz} \\
&\Delta\omega_x - \Delta\omega_y\tan\vartheta - \frac{\mathrm{d}\Delta\gamma}{\mathrm{d}t} = 0
\end{aligned}\right\} \quad (13-1)$$

令干扰和舵偏角的偏量为零,可以得到侧向自由扰动运动方程组为

$$\left.\begin{aligned}
&\frac{\mathrm{d}\Delta\omega_x}{\mathrm{d}t} - b_{11}\Delta\omega_x - b_{12}\Delta\omega_y - b_{14}\Delta\beta = 0 \\
&\frac{\mathrm{d}\Delta\omega_y}{\mathrm{d}t} - b_{21}\Delta\omega_x - b_{22}\Delta\omega_y - b_{24}\Delta\beta - b'_{24}\Delta\dot{\beta} = 0 \\
&b_{32}\Delta\omega_y + (b_{34} - a_{33})\Delta\beta + \frac{\mathrm{d}\Delta\beta}{\mathrm{d}t} - \alpha\frac{\mathrm{d}\Delta\gamma}{\mathrm{d}t} + b_{36}\Delta\gamma = 0 \\
&\Delta\omega_x - \Delta\omega_y\tan\vartheta - \frac{\mathrm{d}\Delta\gamma}{\mathrm{d}t} = 0
\end{aligned}\right\} \quad (13-2)$$

利用系数冻结法,式(13-2)为常系数齐次微分方程组,其特解为 $\Delta\omega_x = Ae^{\lambda t}$,$\Delta\omega_y = Be^{\lambda t}$,$\Delta\beta = Ce^{\lambda t}$,$\Delta\gamma = De^{\lambda t}$,将特解代入原方程组,并消去因子 $e^{\lambda t}$,可以得到关于系数 A、B、C、D 的线性齐次代数方程组。为了使方程组存在非零解,其系数行列式应为零,即

$$\Delta(\lambda) = \begin{vmatrix} \lambda - b_{11} & -b_{12} & -b_{14} & 0 \\ -b_{12} & \lambda - b_{22} & -(b'_{24}\lambda + b_{24}) & 0 \\ 0 & b_{32} & \lambda + b_{34} - a_{33} & -\alpha\lambda + b_{36} \\ 1 & -\tan\vartheta & 0 & -\lambda \end{vmatrix} = 0 \quad (13-3)$$

将式(13-3)展开,可以得到侧向自由扰动方程组的特征方程为

$$\lambda^4 + P_1\lambda^3 + P_2\lambda^2 + P_3\lambda + P_4 = 0 \quad (13-4)$$

式中,

$$\left.\begin{aligned}
P_1 &= -a_{33} - b_{22} + b_{34} - b_{11} + \alpha b'_{24}\tan\vartheta + b_{32}b'_{24} \\
P_2 &= -b_{22}b_{34} + a_{33}b_{22} + b_{22}b_{11} - b_{34}b_{11} + b_{11}b_{33} + b_{24}b_{32} - b'_{24}b_{32}b_{11} - \\
&\quad b_{21}b_{12} + (-b_{14} + b_{24}\tan\vartheta - b'_{24}b_{11}\tan\vartheta - b'_{24}b_{12})\alpha - b'_{24}b_{36}\tan\vartheta \\
P_3 &= \alpha(b_{22}b_{14} + b_{21}b_{14}\tan\vartheta - b_{24}b_{11}\tan\vartheta - b_{24}b_{12}) - \\
&\quad b_{36}(b_{24}\tan\vartheta - b'_{24}b_{11}\tan\vartheta - b'_{24}b_{12} - b_{14}) + b_{11}b_{34}b_{22} - \\
&\quad a_{33}b_{22}b_{11} + b_{21}b_{32}b_{14} + a_{33}b_{21}b_{12} - b_{34}b_{21}b_{12} - b_{24}b_{32}b_{11} \\
P_4 &= -b_{36}(b_{22}b_{14} + b_{21}b_{14}\tan\vartheta - b_{24}b_{11}\tan\vartheta - b_{24}b_{12})
\end{aligned}\right\} \quad (13-5)$$

在研究飞行器的侧向扰动运动时，经常遇到的情况是特征方程具有一对共轭复根及两个实根。其中，一个实根的绝对值较大，另一个实根的绝对值很小，而复根的实部介于这两者之间。可以采用近似求根法对其进行求解。

1) 对于绝对值大于1的实根，以下关系始终成立：

$$|\lambda_1^4| > |\lambda_1^3| > |\lambda_1^2| > |\lambda_1| \quad (13-6)$$

而常数项 $P_4 = \lambda_1\lambda_2\lambda_3\lambda_4$，因为小根 λ_2 的存在，所以 P_4 也很小。因此，特征方程的后三项相对于前两项可以忽略不计，于是有

$$\lambda_1^4 + P_1\lambda_1^3 + P_2\lambda_1^2 + P_3\lambda_1 + P_4 \approx \lambda_1^4 + P_1\lambda_1^3 = 0 \quad (13-7)$$

由式（13-7）可得

$$\lambda_1 \approx -P_1 \quad (13-8)$$

将动力系数的表达式代入 P_1 的表达式，有

$$\begin{aligned}
P_1 &= -a_{33} - b_{22} + b_{34} - b_{11} + \alpha b'_{24}\tan\vartheta + b_{32}b'_{24} \\
&= -\frac{g}{V}\sin\theta - \frac{M_y^{\omega_y}}{J_y} + \frac{P - Z^\beta}{mV} - \frac{M_x^{\omega_x}}{J_x} + \alpha\tan\vartheta\frac{M_x^{\dot\beta}}{J_y} + \left(-\frac{\cos\theta}{\cos\vartheta}\right)\frac{M_x^{\dot\beta}}{J_y}
\end{aligned} \quad (13-9)$$

在式（13-9）中，$M_y^{\omega_y} > M_y^{\dot\beta}$，$J_y \gg J_x$，以弧度表示的 α 通常较小，导弹在高速飞行时的速度 V 很大，其倒数很小，所以 $\left|\dfrac{M_x^{\omega_x}}{J_x}\right|$ 相对于其他项较大，P_1 可以近似表示为

$$P_1 \approx -\frac{M_x^{\omega_x}}{J_x} \quad (13-10)$$

综上所述，特征方程的大实根为

$$\lambda_1 = -P_1 \approx b_{11} \quad (13-11)$$

2) 特征方程的小实根通常远小于1，此时下列不等式成立：

$$|\lambda_2^4| < |\lambda_2^3| < |\lambda_2^2| < |\lambda_2| \quad (13-12)$$

这样特征方程可简化为

$$\lambda_1^4 + P_1\lambda_1^3 + P_2\lambda_1^2 + P_3\lambda_1 + P_4 \approx P_3\lambda_1 + P_4 = 0 \quad (13-13)$$

由式（13-13）可以求得特征方程的小实根为

$$\lambda_2 \approx -\frac{P_4}{P_3} \quad (13-14)$$

3) 利用近似求根法求出特征方程的大根 λ_1 与小根 λ_2 后，特征方程可以写为

$$f(\lambda) = (\lambda - \lambda_1)(\lambda - \lambda_2)(\lambda^2 + A\lambda + B) \quad (13-15)$$

将式（13-4）代入式（13-15），可以求出 A 和 B，再求解 $\lambda^2 + A\lambda + B = 0$，就可以求出共轭复根 λ_3、λ_4。

由特征方程根的组成情况可知，飞行器的侧向自由扰动运动由两个非周期运动和一个振荡运动组成。大实根对应的运动称为倾斜运动，小实根对应的运动称为螺旋运动，共轭复根对应的运动称为振荡运动（也称为荷兰滚运动）。根据共轭复根的实部和虚部，可以求出振荡运动的衰减程度、振荡周期及振荡频率。

侧向自由扰动运动按时间可以分为以下三个阶段：

第一阶段对应于大实根快衰减时间。在这一阶段，三个部分的运动都是存在的，但主要是大实根对应的倾斜扰动运动，它很快衰减而消失。由于这一阶段的延续时间很短，另两部分的扰动运动变化还不大。

在第二阶段，大实根所对应的倾斜运动已基本消失，只剩下振荡运动和螺旋运动。此阶段主要为振荡运动，当偏航静稳定性较大时，延续时间约为几秒钟。

在第三阶段，只剩下对应于小实根的螺旋运动。该运动的持续时间很长，虽然是螺旋不稳定运动，但发散很慢，只要将方向舵或副翼偏转很小的角度，就能使飞行器脱离螺旋运动。

13.3.2.2 侧向稳定边界图

对侧向扰动运动的特征方程，可以采用霍尔维茨准则来判定导弹侧向运动的稳定性。由霍尔维茨准则可知，若侧向扰动运动是稳定的，则要求以下不等式成立：

$$\left. \begin{array}{l} P_1 > 0, \ P_2 > 0, \ P_3 > 0, \ P_4 > 0 \\ R = P_1 P_2 P_3 - P_1^2 P_4 - P_3^2 > 0 \end{array} \right\} \quad (13-16)$$

式中，$P_1 > 0$ 总可以满足。因此，导弹侧向运动满足稳定的临界条件为

$$\left. \begin{array}{l} P_2 = 0, \quad P_3 = 0, \quad P_4 = 0 \\ R = P_1 P_2 P_3 - P_1^2 P_4 - P_3^2 = 0 \end{array} \right\} \quad (13-17)$$

以动力系数 $-b_{14} = -\dfrac{M_y^\beta}{J_y}$ 为 x 轴、以 $-b_{24} = -\dfrac{M_x^\beta}{J_x}$ 为 y 轴，建立坐标系，将式（13-17）所示的曲线绘制在此坐标系中，即得到飞行器的侧向稳定边界图。由 P_1、P_2、P_3、P_4 的表达式可知，在表达式 $P_2 = 0$、$P_3 = 0$、$P_4 = 0$ 中，$-b_{14}$ 和 $-b_{24}$ 是线性关系，在侧向稳定边界图中，表现为 3 条直线。$R = P_1 P_2 P_3 - P_1^2 P_4 - P_3^2 = 0$ 中，$-b_{14}$ 和 $-b_{24}$ 是二次关系，因此 $R = 0$ 在侧向稳定边界图中对应着一条二次曲线。在侧向稳定边界图中，满足 $P_1 > 0$、$P_2 > 0$、$P_3 > 0$、$P_4 > 0$，且 $R = P_1 P_2 P_3 - P_1^2 P_4 - P_3^2 > 0$ 的区域称为侧向稳定域，只要导弹的 $-b_{14}$ 和 $-b_{24}$ 的组合落入此区域，导弹的侧向扰动运动就是稳定的。

13.3.3 基础数据

已知某面对称型飞行器的纵向未扰动参数为 $\theta = \vartheta = \alpha = 0$，飞行速度 $V = 650$ m/s，飞行高度 $H = 2\ 000$ m。侧向动力系数为 $b_{11} = -1.45$、$b_{12} = -0.489$、$b_{14} = -6.75$、$b_{15} =$

-0.545、$b_{17} = -5.04$、$b_{21} = -0.0262$、$b_{22} = -0.174$、$b_{24} = -2.66$、$b_{25} = -0.732$、$b_{33} = 0$、$b_{34} = 0.0321$、$b_{35} = 0.0104$。忽略下洗延迟，即 $b'_{24} = 0$。重力加速度 $g = 9.8 \text{ m/s}^2$。动力系数 $a_{33} = \dfrac{g\sin\theta}{V}$、$b_{32} = \dfrac{-\cos\theta}{\cos\vartheta}$、$b_{36} = \dfrac{-g\cos\vartheta}{V}$，可利用上述数据计算得出。

13.4 实验项目内容

1）写出面对称导弹侧向扰动运动的特征方程，采用近似求根法求解特征方程的根，并据此分析侧向自由扰动运动的构成、各分量的衰减（或发散）程度。计算振荡运动的半衰期、振荡周期和频率以及一个周期内的衰减（或发散）程度。

2）推导并计算面对称型飞行器的侧向传递函数——$W^{\omega_z}_{\delta_y}(s)$、$W^{\omega_y}_{\delta_y}(s)$、$W^{\beta}_{\delta_y}(s)$、$W^{\gamma}_{\delta_y}(s)$、$W^{\omega_z}_{\delta_z}(s)$、$W^{\omega_y}_{\delta_z}(s)$、$W^{\beta}_{\delta_z}(s)$、$W^{\gamma}_{\delta_z}(s)$。

3）在 $\Delta\gamma_0 = 0.2$ rad、其他偏量初值为零的情况下，用拉普拉斯变换法求自由扰动运动。调整 b_{14} 和 b_{24} 的配置，研究自由扰动运动的变化趋势。

4）在零初始条件下，用拉普拉斯变换法计算并分析飞行器对 $\Delta\delta_y = 0.1$ rad 和 $\Delta\delta_x = 0.1$ rad 的响应。

5）以 $-b_{14}$ 为横坐标、$-b_{24}$ 为纵坐标，绘制横侧运动稳定边界图，标出设计点（即 $(-b_{14}, -b_{24})$ 在图中的位置）；在其他参数不变的情况下，改变飞行器的飞行状态（如改变俯仰角 ϑ 和攻角 α），分析侧向稳定边界图的变化情况，以及设计点的相对位置变化情况，并与阶跃响应情况相互印证；调整 b_{14} 和 b_{24} 的配置，使设计点向 $R = 0$ 这条边界靠近（甚至越过该边界），尝试诱发不稳定荷兰滚模态出现，并与阶跃响应情况相互印证；调整有关参数配置，尝试诱发副翼反逆现象出现，分析侧向稳定边界图和设计点位置，并与阶跃响应情况相互印证。

13.5 实验结果分析

13.5.1 扰动运动

将给定的动力系数等代入式（13-4），即可得到在本实验中面对称导弹的侧向扰动运动特征方程。采用近似求根的方法可以求得大根 $\lambda_1 \approx b_{11}$、小根 $\lambda_2 \approx -P_4/P_3$ 以及共轭复根 $\lambda_{3,4}$。将近似求根法得到的根与直接求解得到的根进行对比，分析近似求根法的精度，然后根据求得的根分析导弹侧向自由扰动运动的组成及各部分的特点。针对其中的振荡分量，求振幅衰减一半（或发散一倍）的时间、振荡周期和振荡频率等。

13.5.2 侧向传递函数

在研究飞行器的侧向扰动运动时，输出量是 $\Delta\omega_x$、$\Delta\omega_y$、$\Delta\beta$、$\Delta\gamma$，输入量是 $\Delta\delta_x$、

$\Delta\delta_y$，对扰动运动方程组（类似于飞行器纵向传递函数）的求解，采用拉普拉斯变换、克莱姆法则就可以推导出飞行器的侧向传递函数。将各动力系数代入，即可求得具体的侧向传递函数表达式。

13.5.3 自由扰动运动的变化趋势

根据拉普拉斯变换的微分法则，当初始条件 $\Delta\gamma_0$ 不为零、其余初始偏量为零时，有

$$\left. \begin{aligned} L\left(\frac{d\Delta\omega_x}{dt}\right) &= s\Delta\omega_x(s) \\ L\left(\frac{d\Delta\omega_y}{dt}\right) &= s\Delta\omega_y(s) \\ L\left(\frac{d\Delta\beta}{dt}\right) &= s\Delta\beta(s) \\ L\left(\frac{d\Delta\gamma}{dt}\right) &= s\Delta\gamma(s) - \Delta\gamma_0 \end{aligned} \right\} \tag{13-18}$$

对自由扰动运动方程组进行拉普拉斯变换，整理后得到

$$\begin{bmatrix} s-b_{11} & -b_{12} & -b_{14} & 0 \\ -b_{21} & s-b_{22} & -(b_{24}+b'_{24}s) & 0 \\ 0 & b_{32} & s+b_{34}-a_{33} & b_{36}-\alpha s \\ 1 & -\tan\vartheta & 0 & -s \end{bmatrix} \begin{bmatrix} \Delta\omega_x(s) \\ \Delta\omega_y(s) \\ \Delta\beta(s) \\ \Delta\gamma(s) \end{bmatrix} = \begin{bmatrix} 0 \\ 0 \\ -\alpha \\ -1 \end{bmatrix} \Delta\gamma_0 \tag{13-19}$$

根据克莱姆定理并忽略 b'_{24}，有

$$\Delta\omega_x(s) = \frac{\Delta_{\omega_x}(s)}{\Delta(s)} = \frac{b_{14}b_{36}s + b_{12}b_{24}b_{36} - b_{14}b_{22}b_{36}}{s^4 + P_1s^3 + P_2s^2 + P_3s + P_4} \Delta\gamma_0 \tag{13-20}$$

$$\Delta\omega_y(s) = \frac{\Delta_{\omega_y}(s)}{\Delta(s)} = \frac{b_{24}b_{36}s + b_{14}b_{21}b_{36} - b_{11}b_{24}b_{36}}{s^4 + P_1s^3 + P_2s^2 + P_3s + P_4} \Delta\gamma_0 \tag{13-21}$$

$$\Delta\beta(s) = \frac{\Delta_\beta(s)}{\Delta(s)} = \frac{b_{36}s^2 + (-b_{11}b_{36} - b_{22}b_{36})s + b_{11}b_{22}b_{36} - b_{12}b_{21}b_{36}}{s^4 + P_1s^3 + P_2s^2 + P_3s + P_4} \Delta\gamma_0 \tag{13-22}$$

$$\Delta\gamma(s) = \frac{\Delta_\gamma(s)}{\Delta(s)} = \frac{-s^3 + E''_2 s^2 + E''_3 s + E''_4}{s^4 + P_1s^3 + P_2s^2 + P_3s + P_4} \Delta\gamma_0 \tag{13-23}$$

式中，

$$\left. \begin{aligned} E''_2 &= a_{33} + b_{11} + b_{22} - b_{34} \\ E''_3 &= \alpha b_{14} - a_{33}(b_{11} + b_{22}) - b_{11}b_{22} + b_{12}b_{21} + b_{34}(b_{11} + b_{22}) - b_{24}(b_{32} + \alpha\tan\vartheta) \\ E''_4 &= \alpha[b_{12}b_{24} - b_{14}b_{22} + \tan\vartheta(b_{11}b_{24} - b_{14}b_{21})] + b_{11}(a_{33}b_{22} - b_{22}b_{34} + b_{24}b_{32}) + \\ &\quad b_{21}(b_{12}b_{34} - b_{12}a_{33} - b_{14}b_{32}) \end{aligned} \right\} \tag{13-24}$$

将 $\Delta\gamma_0 = 0.2$ rad 代入上述表达式，再对两端分别进行拉普拉斯逆变换，可以得到时域

内 $\Delta\omega_x(t)$、$\Delta\omega_y(t)$、$\Delta\beta(t)$ 和 $\Delta\gamma(t)$ 的变化规律，并可作出 $\Delta\omega_x(t)$、$\Delta\omega_y(t)$、$\Delta\beta(t)$ 和 $\Delta\gamma(t)$ 的变化曲线以便进一步分析。在本实验中，若小根 λ_2 大于零，则会存在不稳定运动分量 $e^{\lambda_2 t}$，此时 $\Delta\omega_x(t)$、$\Delta\omega_y(t)$、$\Delta\beta(t)$ 和 $\Delta\gamma(t)$ 会如何变化？各偏量在各个阶段的变化快慢有何区别？为什么？分析飞行器螺旋运动发生、发展的趋势。如果小根小于零，它对应着收敛的螺旋运动吗？或是其他形式的收敛型运动？

改变 b_{14} 和 b_{24} 的值，使其组合分别位于稳定区和荷兰滚运动不稳定区，重复上述步骤，结合计算结果分析自由扰动运动的变化趋势。

13.5.4 偏量变化

在零初始条件下，当方向舵存在偏转偏量 $\Delta\delta_y(s)$ 时，根据传递函数的定义，有

$$\Delta\omega_x(s) = W_{\delta_y}^{\omega_x}\Delta\delta_y(s) \tag{13-25}$$

$$\Delta\omega_y(s) = W_{\delta_y}^{\omega_y}\Delta\delta_y(s) \tag{13-26}$$

$$\Delta\beta(s) = W_{\delta_y}^{\beta}\Delta\delta_y(s) \tag{13-27}$$

$$\Delta\gamma(s) = W_{\delta_y}^{\gamma}\Delta\delta_y(s) \tag{13-28}$$

当 $\Delta\delta_y = 0.1$ rad 时，有 $\Delta\delta_y(s) = \dfrac{0.1}{s}$，综合考虑已经求得的传递函数，利用拉普拉斯逆变换可以得到各偏量的时域表达式 $\Delta\omega_x(t)$、$\Delta\omega_y(t)$、$\Delta\beta(t)$ 和 $\Delta\gamma(t)$，并可以作出各偏量的变化曲线以便进一步分析。

在零初始条件下，当副翼存在偏转偏量 $\Delta\delta_x(s)$ 时，根据传递函数的定义，有

$$\Delta\omega_x(s) = W_{\delta_x}^{\omega_x}\Delta\delta_x(s) \tag{13-29}$$

$$\Delta\omega_y(s) = W_{\delta_x}^{\omega_y}\Delta\delta_x(s) \tag{13-30}$$

$$\Delta\beta(s) = W_{\delta_x}^{\beta}\Delta\delta_x(s) \tag{13-31}$$

$$\Delta\gamma(s) = W_{\delta_x}^{\gamma}\Delta\delta_x(s) \tag{13-32}$$

当 $\Delta\delta_x = 0.1$ rad 时，$\Delta\delta_x(s) = \dfrac{0.1}{s}$，综合考虑已经求得的传递函数，利用拉普拉斯逆变换可以得到各偏量的时域表达式 $\Delta\omega_x(t)$、$\Delta\omega_y(t)$、$\Delta\beta(t)$ 和 $\Delta\gamma(t)$，并可以作出各偏量的变化曲线以便进一步分析。

当同时存在 $\Delta\delta_y$ 和 $\Delta\delta_x$ 时，直接求解扰动运动方程，或先分别求解 $\Delta\delta_y$ 和 $\Delta\delta_x$ 的响应，再将响应叠加，对比分析两种情况。

13.5.5 利用侧向稳定边界图分析侧向运动

13.5.5.1 侧向稳定边界图的绘制

将 b_{14} 和 b_{24} 作为变量，将其他动力系数代入 P_1、P_2、P_3、P_4 的表达式，稳定边界方程 $P_2 = 0$、$P_3 = 0$、$P_4 = 0$、$R = P_1 P_2 P_3 - P_1^2 P_4 - P_3^2 = 0$ 变为

$$\left.\begin{aligned}&P_2 = 0.2916 - b_{24} = 0\\&P_3 = 0.0111b_{14} - 1.45b_{24} + 0.00769 = 0\\&P_4 = -0.00262b_{14} + 0.007384b_{24} = 0\\&R = 0.298845b_{24}^2 - 0.00012321b_{14}^2 + 0.0138b_{14}b_{24}\\&\quad\quad - 0.52276b_{24} + 0.01096b_{14} + 0.00266 = 0\end{aligned}\right\} \quad (13-33)$$

将式（13-33）绘在以 $-b_{14}$ 为横轴、$-b_{24}$ 为纵轴的坐标系中，得到侧向稳定边界图。例如，设计点为 $(-b_{14}, -b_{24}) = (6.75, 2.66)$，其在稳定边界图上的位置如图 13-1 所示。

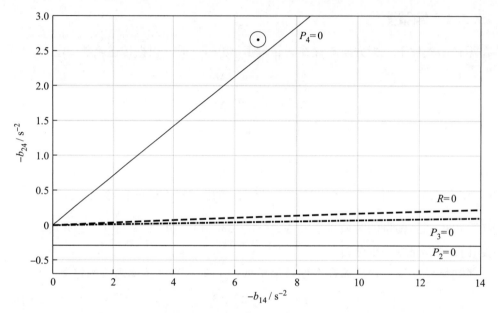

图 13-1　横侧向运动稳定边界图

由图 13-1 可以看出，设计点处于螺旋不稳定区，请与理论分析和实验数据相印证。

13.5.5.2　导弹飞行姿态对侧向稳定边界图的影响

由于 $a_{33} = \dfrac{g}{V}\sin\theta$、$b_{32} = \dfrac{-\cos\theta}{\cos\vartheta}$、$b_{36} = \dfrac{-g\cos\vartheta}{V}$，因此导弹的纵向运动参数 θ、ϑ 对上述动力系数有影响，结合特征方程系数 P_1、P_2、P_3、P_4 的表达式可知，θ、ϑ 和 α 的变化会引起 P_1、P_2、P_3、P_4 的变化，从而影响侧向稳定边界图。例如，对于 $P_4 = 0$ 的直线，当交叉动力系数 b_{21} 可以忽略不计时，在侧向稳定边界图中，其斜率为

$$\dfrac{b_{24}}{b_{14}} = \dfrac{b_{22}}{b_{11}\tan\vartheta + b_{12}} \quad (13-34)$$

由式（13-34）可知，俯仰角 ϑ 直接影响 $P_4 = 0$ 的斜率。当 ϑ 处于 $0 \sim \dfrac{\pi}{2}$ 时，随着 ϑ 的增大，直线 $P_4 = 0$ 的斜率将减小，从而稳定域减小。

式（13-33）所示的结果是在假设纵向参数 $\theta = \vartheta = \alpha = 0$ 的情况下得到的。仍然假设 $\theta = 0$，令 $\vartheta(\alpha = \vartheta)$ 依次为 $-10°$、$2°$、$10°$，重新绘制侧向稳定边界图，并分析攻角、俯

仰角对侧向稳定边界图的影响。同理，可以设未扰动运动的攻角 $\alpha=0$，改变 $\theta(\vartheta=\theta)$，分析弹道倾角对侧向稳定边界图的影响。当 $\vartheta\in[0,\pi/2]$ 时，θ 增大，稳定域将如何变化？（可以从弹道倾角 θ 对 $P_4=0$ 和 $R=0$ 这两条边界线的影响的角度进行分析）

在重设纵向运动参数得到新的稳定边界图后，分析设计点在新的稳定边界图中可能出现的变化，重新求解操纵机构阶跃偏转时飞行器的响应，与根据稳定边界图分析得到的结果进行印证。

13.5.5.3 不稳定的荷兰滚运动

$R=P_1P_2P_3-P_1^2P_4-P_3^2=0$ 为不稳定荷兰滚运动的边界，通过设置不同的 θ、ϑ 和 α，分析其对 $R=0$ 的影响，以及设计点相对于不稳定荷兰滚运动边界的位置。设置不同的设计点，如果设计点越过边界线 $R=0$ 进入不稳定荷兰滚区，则特征方程的共轭复根的实部为正，会产生不稳定的振荡运动（荷兰滚运动），通过求解操纵机构阶跃偏转时导弹的响应，与根据侧向稳定边界图分析的结果进行相互印证。

13.5.5.4 副翼反逆现象

如果偏航静稳定太小，而横向静稳定性太大，则可能出现对操纵不利的副翼反逆现象。假设副翼偏转一个负角度（$\Delta\delta_x<0$），则 $M_x^{\delta_x}\delta_x>0$，导弹滚转产生倾斜角 $\Delta\gamma>0$。由于侧滑产生 $\Delta\beta>0$，因偏航静稳定比较小，所以相应的侧滑角会比较大；再由于横向静稳定性很大，因而会产生很大的逆时针方向倾斜力矩（$M_x^\beta\Delta\beta<0$）。其与操纵力矩 $M_x^{\delta_x}\delta_x$ 方向相反，会降低副翼效率。在严重情况下，甚至可能使导弹发生方向相反的滚转，即副翼反逆现象。在横向静稳定性较大的情况下，为了克服副翼反逆现象，在偏转副翼的同时，要相应地偏转方向舵。

试增大飞行器的横向静稳定性，减小飞行器的偏航静稳定性，尝试诱发副翼反逆现象，分析此时侧向稳定边界图和设计点位置的变化情况，并与阶跃响应情况相互印证。

13.6 探索与思考

1）当面对称型飞行器出现不稳定的螺旋运动时，如何改出？先进行理论分析，再设计仿真实验进行验证。

2）为了尽量避免出现不稳定的荷兰滚运动，在设计飞行器外形时应注意哪些方面？

3）当 $\alpha=\theta=\vartheta=0$ 时，通过调整 b_{14}/b_{24} 的相对大小诱发不稳定荷兰滚运动时，设计点越靠近边界 $R=0$，$|b_{24}|$ 通常就越小。结合数值仿真实验结果，定性定量分析当设计点逐渐靠近 $R=0$ 时，荷兰滚运动的振荡频率会出现何种变化？如果出现非高频慢发散的荷兰滚运动，飞行器能否有较充裕时间改出，如何改出？请设计调节规律，并用仿真实验进行验证。当 $R=0$ 边界因 θ 等飞行参数变化抬高时，如果 $|b_{24}|$ 较大，则可能进入 $R<0$ 的区域，此时，上述改出规律还适用吗？试进行验证。

4）当飞行器出现副翼反逆时，应采用什么样的调节规律使之改出？设计调节规律并用仿真实验进行验证。

5）副翼反逆与荷兰滚运动可能同时出现，能否设计实验使荷兰滚运动从总的扰动运动中分离出来？那么，剩下的那部分运动应该具有什么样的特点和规律呢？试用仿真结果进行验证。

6）从仿真计算结果可以判断，偏航方向的偏量 $\Delta\beta$、$\Delta\omega_y$ 等的振荡频率与 b_{24} 有直接关系。试分析横向偏量（如 $\Delta\gamma$、$\Delta\omega_x$ 等）的振荡频率与 b_{14} 和 b_{24} 之间的关系，并说明其原因。

13.7 主题任务

根据公开资料，调研国内外不同时期面对称型飞行器气动外形设计技术，分析其对飞行器横侧向稳定性和操纵性的影响，列举我国在此领域取得的若干代表性成果或成就，总结并反思影响和制约我国发展先进飞行器的关键技术。在此基础上进行思考：

1）用历史的视野和发展的眼光，评价我国与发达国家之间在该领域的比较优势和差距，预测一下我国在哪些方面可能率先缩短差距甚至反超。

2）用国际视野和战略眼光，分析那些制约我国发展先进飞行器的关键技术，其中哪些是世界性的难题和挑战？这些关键技术的突破，对航空宇航领域的全球和未来发展格局会有什么影响？

3）面对上述难题和挑战，在技术层面和非技术层面，个人、行业和国家应该在哪些方面做好准备？

相关视频

第 13 章 面对称型飞行器侧向动态特性分析

侧向自由扰动运动分析

侧向稳定边界图

侧向运动稳定性分析

面对称型飞行器的气动外形设计

第 14 章　质心移动对飞行器飞行稳定性和操纵性的影响

14.1　预期学习成果

1）能够用定性定量的方法分析质心移动对飞行器稳定性和操纵性的影响。

2）掌握飞行器质心在典型气动布局下移动引起的俯仰操纵力矩和静稳定力矩的变化规律。

3）深入理解质心和焦点之间距离的变化对飞行器稳定性和操纵性的影响以及控制质心移动范围的意义。

4）理解通过设计数值计算实验研究相关工程实际问题的方法。

5）能够理解静稳定规范和静稳定飞行的重要意义。

6）能够分析比对导弹和军用飞机上常见的随控布局设计，理解极限思维和底限思维对于航空航天等领域的工程实践的重大意义。

14.2　实验背景

在飞行过程中，燃料消耗、助推器脱离或其他形式的质量分离会造成飞行器质心在纵向对称轴方向出现一定范围的前后移动。这种移动会改变作用在飞行器上的各种外力对质心形成的力矩，使飞行器的稳定性和操纵性出现一定程度的变化。这些变化发展到一定程度后，就可能会对飞行器的飞行性能产生严重影响。因此，在进行飞行器总体设计和控制系统设计时，通过测试、计算和分析来了解整个飞行过程中质心的移动变化规律及其对飞行器稳定性和操纵性的影响，是非常必要的。

基于经典理论对飞行器的稳定性和操纵性进行分析的方法，对于揭示系统各参数之间的物理联系很有帮助。就质心移动引起的这些问题而言，同样具有这方面的积极意义。

对于学生而言，通过对"飞行器概论"（或类似课程）的学习，便可以建立起质心移动对飞行器有何影响的初步认识。受到客观条件的限制，学生进行定量分析往往不够深入，甚至没有机会进行有关的尝试。对于在正常式布局和鸭式布局情况下，质心移动造成的静稳定力矩和操纵力矩的变化规律有什么不同，以及这种变化规律对飞行器的稳定性和操纵性将产生何种影响，学生往往缺乏足够深刻的认识。

14.3 实验基础

14.3.1 前序实验

- 铅垂面内弹道设计与成形控制
- 导弹纵向动态特性分析

14.3.2 相关知识与理论基础

小扰动理论、飞行器运动方程组的线性化、系数冻结法、动力系数、常微分方程的数值解、齐次线性常微分方程组的解析解、短周期扰动运动、拉普拉斯变换与拉普拉斯逆变换、传递函数、系统稳定性判据、传递系数、二阶动力学系统典型特性，以及飞行器概论、空气动力学等相关知识和理论基础。

14.3.3 基础数据

本次实验所研究的飞行器采用正常式气动布局，发动机具有助推和续航两级推力，在第一级推力的作用下，飞行器被加速到预定的续航速度，而后的续航推力用于保持续航速度，直到发动机装药燃烧完毕。在发动机工作期间，飞行器的质心随时间单调前移。详细数据与第3章的实验数据相同。

14.4 实验项目内容

1）解算飞行器的铅垂面内典型弹道，记录飞行速度、质心移动和转动惯量的变化等数据，根据飞行速度、质心移动和转动惯量的变化情况，选取三四个特征点，忽略 a_{35} 及其他次要参数，计算并记录主要动力系数 a_{22}、a_{24}、a_{25}、a_{33}、a_{34}。根据本次实验研究对象的质心与速度变化特点，建议选择以下几个特征点进行分析：

(1) 特征点 $1(t=t_1)$：飞行速度达到续航速度的 2/3 左右时。
(2) 特征点 $2(t=t_2)$：发动机刚进入续航推力工作状态时。
(3) 特征点 $3(t=t_3)$：发动机续航推力即将结束时。
(4) 特征点 $4(t=t_4)$：进入无动力飞行段且速度降至续航速度的 2/3 左右时。

求得动力系数后，利用短周期扰动运动下的公式近似计算各特征点处的导弹传递系数 K_M、导弹时间常数 T_M、相对阻尼系数 ξ_M、气动力时间常数 T_1、攻角传递系数 K_α、法向过载传递系数 K_{n_y}、阻尼（衰减）系数 ξ_M/T_M 和固有频率 ω_c。

$$K_M \approx \frac{-a_{25}a_{34}}{a_{22}a_{34}+a_{24}} \approx -\frac{a_{25}}{a_{24}}a_{34} \ (\text{s}^{-1}) \tag{14-1}$$

$$T_M = \frac{1}{\omega_c} \approx \frac{1}{\sqrt{-a_{22}a_{34}-a_{24}}} \approx \frac{1}{\sqrt{-a_{24}}} \ (\text{s}) \tag{14-2}$$

$$\xi_M \approx \frac{-a_{22}+a_{34}}{2\sqrt{-a_{22}a_{34}-a_{24}}} \approx \frac{-a_{22}+a_{34}}{2\sqrt{-a_{24}}} \qquad (14-3)$$

$$\frac{\xi_M}{T_M} \approx \frac{-a_{22}+a_{34}}{2}(s) \qquad (14-4)$$

$$T_1 \approx \frac{1}{a_{34}}(s) \qquad (14-5)$$

$$K_\alpha \approx -\frac{a_{25}}{a_{22}a_{34}+a_{24}} \approx -\frac{a_{25}}{a_{24}} \qquad (14-6)$$

$$K_{n_y} \approx \frac{V}{g}\frac{-a_{25}a_{34}}{a_{22}a_{34}+a_{24}} \approx -\frac{a_{25}a_{34}}{a_{24}}\frac{V}{g}(s^{-2}) \qquad (14-7)$$

2）对各特征点，引入初始扰动 $\Delta\alpha_0 = 2°$、$\Delta\vartheta_0 = 2°$，利用简化后的短周期扰动运动方程：

$$\left.\begin{aligned}&\frac{d^2\Delta\vartheta}{dt^2}-a_{22}\frac{d\Delta\vartheta}{dt}-a_{24}\Delta\alpha-a'_{24}\Delta\dot\alpha = a_{25}\Delta\delta_z+a_{26}M_{gz}\\&\frac{d\Delta\theta}{dt}-a_{33}\Delta\theta-a_{34}\Delta\alpha = a_{35}\Delta\delta_z+a_{36}F_{gy}\\&-\Delta\vartheta+\Delta\theta+\Delta\alpha = 0\end{aligned}\right\} \qquad (14-8)$$

用数值积分法直接求解自由扰动运动，观察并记录攻角、俯仰角、弹道倾角的偏量随时间的变化规律。令式（14-8）中的 $a_{33}=0$，在相同的初始扰动情况下，对各特征点重新求解自由扰动运动，观察并记录攻角、俯仰角、弹道倾角的偏量随时间的变化规律。

3）对各特征点，引入阶跃输入 $\Delta\delta_z = 2°$，在忽略 a_{35} 的前提下，利用简化后的短周期扰动运动方程：

$$\left.\begin{aligned}&\frac{d^2\Delta\vartheta}{dt^2}-a_{22}\frac{d\Delta\vartheta}{dt}-a_{24}\Delta\alpha-a_{26}M_{gz} = a_{25}\Delta\delta_z\\&\frac{d\Delta\theta}{dt}-a_{33}\Delta\theta-a_{34}\Delta\alpha = 0\\&-\Delta\vartheta+\Delta\theta+\Delta\alpha = 0\end{aligned}\right\} \qquad (14-9)$$

用数值积分法直接求解扰动运动，观察并记录攻角、俯仰角速度、弹道倾角角速度的偏量随时间的变化规律，记录稳态时间、振荡频率、振荡幅度、超调量和稳态值等。令式（14-9）中的 $a_{33}=0$，重复上述过程。

14.5 实验结果分析

14.5.1 与质心移动有关系的动力系数

由动力系数的定义可知，a_{22}、a_{24}、a_{25} 与质心位置、转动惯量和动压头有关。当飞行高度变化不大时，可以忽略大气密度变化带来的影响，即动压头中只考虑飞行速度的变化所产生的影响。显然，根据数值实验计算所得的不同特征点处的 a_{22}、a_{24}、a_{25}，是质心位置、转动惯量和飞行速度同时变化所产生的结果，而不能完全归因于质心移动。

为了突出或明确质心移动对的 a_{22}、a_{24}、a_{25} 影响，需要从实验结果中去除飞行速度和转动惯量的变化所带来的影响。本次实验的飞行器采用的是静稳定的正常式气动布局，焦点在飞行过程中的移动范围很小，即攻角所致升力的作用线基本不变，力臂的变化主要由质心的前移引起。令 K_J 为特征点 2 处飞行器的转动惯量与特征点 1 处飞行器的转动惯量之比，K_V 为特征点 2 处飞行器的飞行速度与特征点 1 处的飞行速度之比，即

$$K_J = J_{z_2}/J_{z_1} \tag{14-10}$$
$$K_V = V_2/V_1 \tag{14-11}$$

以 a_{24} 为例，在剔除转动惯量和飞行速度变化的影响之后，可以认为，以特征点 1 处的动力系数为基数，由于质心移动所造成的动力系数 a_{24} 的变化倍率为

$$K_{a_{24}} = \frac{K_J a_{24_2}}{K_V^2 a_{24_1}} \tag{14-12}$$

对其他动力系数和其他特征点处的动力系数可以类似进行处理。需要注意的是，并非所有的动力系数都与飞行速度的平方成正比。

在计算出各特征点处的动力系数相对于为特征点 1 处的变化倍率（剔除飞行速度与转动惯量的影响）之后，要特别注意 a_{22}、a_{24}、a_{25} 的变化倍率有何异同。进而思考，是什么原因导致这种差异出现，这种变化倍率的差异对飞行器的稳定性与操纵性有何影响？

必须说明的是：转动惯量 J_z 的变化虽然可以部分归因于飞行器质量的减少，但也与质量分布出现变化和惯性主轴出现平移有关。如果考虑到整个飞行过程中转动惯量 J_z 的变化并不大，不会因此引起动力系数的变化倍率出现较大的变化，那么就有一定的理由在分析质心移动对动力系数的影响时忽略因质心移动造成的那部分转动惯量的变化所产生的影响。

14.5.2 质心移动对导弹传递系数 K_M 和导弹时间常数 T_M 等参数的影响

对导弹传递系数 K_M，因 a_{34} 与质心位置无直接关系，由式（14-1）可知，剔除速度因素后，导弹传递系数 K_M 是否会因质心移动而出现变化将由 a_{24} 和 a_{25} 的变化倍率的差异决定，若二者同倍率变化，则传递系数 K_M 基本不受质心移动的影响。反之，即使剔除速度与转动惯量影响，传递系数 K_M 仍会出现变化。在分析及计算结果时，要特别注意这一点。

参考式（14-1）、式（14-6）和式（14-7）所表达的攻角传递系数 K_α 与导弹传递系数 K_M 的关系、攻角传递系数 K_α 与法向过载传递系数 K_{n_y} 之间的关系，我们可以认为：质心移动对导弹传递系数 K_M 和法向过载传递系数 K_{n_y} 的影响，实际上是通过攻角传递系数 K_α 来间接完成的。

对导弹时间常数 T_M 和固有频率 ω_c，可以参照质心移动对动力系数 a_{24} 的影响的分析方法，进行类似处理。

从表面上看，相对阻尼系数 ξ_M 和阻尼（衰减）系数 ξ_M/T_M 只是简单的倍数关系。然而，前者决定了系统阶跃响应时的相对超调量，后者在很大程度上决定了振幅衰减一半需要的时间。从式（14-3）和式（14-4）可知，此前所用的变化倍率分析方法已不能直

接使用。不过，当质心移动对 a_{22} 的影响远小于对 a_{24} 的影响时，在式（14-3）中，由于与质心位置无直接关系的 a_{34} 的介入，质心移动对式（14-3）中分子部分的影响将被 a_{34} 削弱，这意味着质心移动对相对阻尼系数 ξ_M 的影响将主要通过分母中的 a_{24} 来实现。事实上，在忽略推力（续航段或无动力段）和其他次要因素的情况下，相对阻尼系数可以表示为

$$\xi_M \approx \frac{-m_z^{\bar{\omega}_z} b_A^2 / J_z + c_y^\alpha / m}{2\sqrt{-2m_z^\alpha b_A / J_z}} \sqrt{\rho S} \qquad (14-13)$$

这表明，相对阻尼系数 ξ_M 与飞行速度已无直接关系。若进一步忽略在飞行过程中转动惯量 J_z 的变化，则可以认为就本次实验而言，导致飞行器在各特征点的相对阻尼系数 ξ_M 出现变化仍是由于质心移动而导致动力系数 a_{24} 的改变。因此，我们仍可以参照质心移动对动力系数 a_{24} 的影响的分析方法，进行类似处理。

由式（14-4）可知，阻尼（衰减）系数 ξ_M / T_M 只通过动力系数 a_{22} 与飞行器质心移动有直接关系，同理可以预判，由于与质心位置无直接关系的 a_{34} 的介入，在剔除飞行速度和转动惯量变化带来的影响之后，质心移动虽然会导致阻尼（衰减）系数 ξ_M / T_M 出现一定变化，但变化倍率并不大。如果这一结论成立，则意味着当飞行速度相关不大时，飞行器在偶然干扰的作用下，短周期扰动运动的振幅衰减一半所需要的时间受质心移动的影响并不显著。这一点，如何通过数值仿真实验的结果来证实呢？

14.5.3 初始扰动

根据飞行器纵向自由扰动的理论，对于短周期运动的各运动参数偏量，振幅衰减一半所需的时间可以近似表示为

$$\Delta t = \frac{T_M}{\xi_M} \ln 2 = \frac{2\ln 2}{a_{34} - a_{22}} \qquad (14-14)$$

不过，无论是数值仿真实验，还是对实际飞行试验的量测数据，通常并不能直接通过测量相邻的几个峰值来验证这一结论，因为一般情况下难以找到相邻的峰值或相隔若干峰之后的峰值刚好相差一半的特例。对于周期运动，比较方便的办法是测量一个周期内的幅值衰减（发散）程度。对数值仿真实验，只要计算步长足够小，总是能很方便地从扰动运动的偏量变化数据中找到相邻的两个峰值 A_n 和 A_{n+1} 及其所对应的时间 t_n 和 t_{n+1}。

对于收敛的短周期运动，理论上在一个周期内的幅值衰减程度可以表示为

$$\frac{A_{n+1}}{A_n} = \exp\left(2\pi \frac{\chi}{\nu}\right) \qquad (14-15)$$

式中，χ, ν——短周期运动对应的特征方程的大根的实部和虚部，$\chi = \xi_M / T_M$，$\nu = \dfrac{\sqrt{1-\xi_M^2}}{T_M}$。

将式（14-3）代入式（14-15），整理后可以近似表示为

$$\frac{A_{n+1}}{A_n} = \exp\left(2\pi \frac{\chi}{\nu}\right) = \exp\left(\frac{-2\pi (a_{34} - a_{22})}{\sqrt{-4a_{24} - (a_{34} - a_{22})^2}}\right) \qquad (14-16)$$

对各特征点，从数值积分所得的导弹扰动运动各偏量（例如俯仰角偏量）随时间变

化的数据中，查找相邻的 2~3 个峰峰值及其对应的时间，根据时间差计算出振荡周期以及一个周期内幅值衰减的程度，并与简化后的近似计算公式（即式（14-2）和式（14-16））的计算结果进行相互印证。然后，联系各特征点处的飞行速度、转动惯量、质心位置和有关的动力系数，分析质心移动对自由扰动运动的影响是否符合实验之前的预判。

需要注意的问题是，对于数值计算结果，如何剔除飞行速度和转动惯量等因素变化对自由扰动运动的影响，使质心移动的作用凸显？

14.5.4 对阶跃输入 $\Delta\delta_z=2°$ 的响应

根据数值计算结果，得出 $\Delta\dot{\vartheta}$、$\Delta\dot{\theta}$ 的稳态值 $\Delta\dot{\vartheta}_s$、$\Delta\dot{\theta}_s$，根据导弹传递系数的定义，应有

$$K_M = \frac{\Delta\dot{\vartheta}_s}{\Delta\delta_z} = \frac{\Delta\dot{\theta}_s}{\Delta\delta_z} \tag{14-17}$$

对各特征点，按式（14-17）得出导弹传递系数，通过导弹传递系数的变化研判质心变化对操纵性的影响，并与式（14-1）的计算结果相互印证。在分析计算数据时，同样需要考虑对各特征点按式（14-17）得出的传递系数是否包含了飞行速度和转动惯量的变化所造成的影响。如果包含了，则应注意去除其影响。

在一般情况下，导弹的纵向角运动具有典型的欠阻尼二阶系统特性。因此，从阶跃输入 $\Delta\delta_z=2°$ 的响应数据中，根据导弹扰动运动参数偏量的相邻峰值所对应的时刻，可以很方便地计算出导弹的振荡周期，进而得出以赫兹为单位的振荡频率。在得出各特征点的振荡频率之后，分别将其与根据式（14-2）计算得到的导弹固有频率进行对比。在去除飞行速度和转动惯量的影响之后，进一步理解质心移动对此产生的影响。联系过渡过程时间 t_p 与导弹时间常数 T_M 之间的关系（即 $t_p \approx 3T_M$），即可进一步观察在质心移动时，导弹对阶跃输入 $\Delta\delta_z=2°$ 响应过渡时间的变化情况。

对于各特征点，从阶跃输入 $\Delta\delta_z=2°$ 的响应数据中，取出各运动参数偏量的最大值 ΔX_{max} 和稳态值 ΔX_s，并计算相对超调量 σ：

$$\sigma = \frac{\Delta X_{max} - \Delta X_s}{\Delta X_s} \tag{14-18}$$

观察相对超调量是否随导弹质心的前移而出现变化。因：

$$\sigma = \exp\left(\frac{-\pi\xi_M}{\sqrt{1-\xi_M^2}}\right) \tag{14-19}$$

在计算出各特征点处导弹的相对阻尼系数之后，也可以根据此式计算导弹对阶跃输入 $\Delta\delta_z=2°$ 响应时的相对超调量。再结合式（14-1）~式（14-3）和式（14-13），可以进一步分析出质心变化对相对超调量的影响。同样，根据式（14-18）和式（14-19）求得的相对超调量，需要进一步分析其是否包含了飞行速度和转动惯量的影响并进行相应的处理，才能得出因为质心前移所导致的导弹阶跃响应时相对超调量的变化。

对于各特征点，从导弹攻角偏量对阶跃输入 $\Delta\delta_z=2°$ 的响应数据中，查找稳态值 $\Delta\alpha_s$，

计算导弹的攻角传递系数 K_α：

$$K_\alpha = \frac{\Delta \alpha_s}{\Delta \delta_z} \qquad (14-20)$$

将其与式（14-6）的计算结果进行相互印证。在根据式（14-6）和式（14-20）所得结果中，找出质心前移所造成的影响。结合 K_M 和 K_{n_y} 的表达式，进一步理解质心移动对导弹操纵性的影响。

14.6 探索与思考

1）实验结果与理论推演、物理过程、假设猜想是否一致？如何才能正确地评判实验结果与理论推演的一致性？

2）指出实验设计存在的不足，提出实验设计的改进方向，以及其他可能的研究方法。围绕本实验，提出相关的问题、猜想或假设，并设计实验研究方案。

3）飞行器质心移动是如何影响飞行器的稳定性和操纵性的？如何减小飞行过程中质心的移动？

4）正常式布局的飞行器与鸭式布局的飞行器，其质心移动对飞行器稳定性和操纵性的影响有何异同？先进行理论分析，再通过仿真实验进行验证。

5）建立典型的"质量-弹簧-阻尼系统"振动运动模型，从理论上分析在该系统中弹簧倔强系数在导弹纵向扰动运动中的作用。查找对应于质量、弹簧和阻尼的参数，进行类似分析，研究其对飞行器纵向扰动运动的意义。

14.7 主题任务

查阅资料，调研早期战术导弹外形设计所遵循的静稳定规范，理解设计足够的静稳定裕度，对于保证导弹在各种情况下都能静稳定飞行的重要意义。飞行器稳定性和操纵性之间存在相互制约的关系，放宽静稳定度设计能大幅度地提高飞行器机动性，或有利于提高导弹的飞行速度、增大射程及减小结构质量、外形尺寸和阻力等。通过文献调研导弹和军用飞机上常见的随控布局设计，其在设计理念和具体方案上有何不同？在此基础上进一步理解和思考：

1）在设计飞行器的气动外形时，突破静稳定规范（甚至采用静不稳定设计）所体现的极限思维。

2）采用"放宽静稳定度+主动控制"的随控布局设计时，允许飞行器有一定的静不稳定度，但是否存在静不稳定度的极限边界？如果存在极限边界，这个边界能否突破？对鸭式、旋转弹翼式和正常式布局的飞行器，静不稳定度的极限边界有何不同？在没有主动控制的情况下，能否采用静不稳定的气动外形设计？

第 14 章 质心移动对飞行器飞行稳定性和操纵性的影响

相关视频

定态飞行与瞬间平衡假设

纵向静稳定力矩与静稳定性

俯仰操纵力矩与阻尼力矩

稳定性分析

振荡运动的衰减程度和振荡频率

操纵机构阶跃偏转时的过渡过程

飞行器的纵向传递系数

过渡过程时间、最大偏差和超调量

第 15 章　补偿导弹阻尼不足的方法

15.1　预期学习成果

1）深入理解导弹飞行状态、静稳定特性和阻尼力矩系数导数对相对阻尼系数的影响。
2）理解相对阻尼系数对导弹相对超调量和超调量的影响。
3）深入理解相对阻尼系数的作用，掌握采用自动驾驶仪补偿弹体阻尼不足的办法。
4）能够通过调研，了解国内外在临近空间飞行器领域取得的代表性成果，归纳总结临界空间飞行器涉及的关键技术，正确认识我国在该领域已经取得的领先优势和存在的不足。
5）能够从全球视野和战略高度认识发展临近空间飞行器的重大意义，理解个人、行业和国家应该肩负的历史使命和责任。

15.2　实验背景

相对阻尼系数表征了导弹的阻尼特性，它直接决定了导弹在响应操纵机构偏转时的相对超调量，对导弹的动态特性有重要影响。例如，攻击活动目标时，导弹常有可能要求操纵机构急剧偏转到极限位置，在弹体响应的过渡过程中，导弹会产生很大的攻角或侧滑角，从而产生很大的过载。在操纵机构偏转角度一定的前提下，导弹过载的相对超调量取决于相对阻尼系数。如果相对阻尼系数很小，则相对超调量会很大。在稳态值相同的情况下，如果导弹的超调量很大，则最大过载可能比可用过载要大得多，不利于导弹的结构。在设计导弹及其控制系统时，希望尽可能减小过载超调量，以使强度计算时所依据的过载值较低。但是，导弹的相对阻尼系数通常都比较小。因此，通常通过自动驾驶仪的作用来补偿弹体阻尼的不足。

15.3　实验基础

15.3.1　前序实验

- 导弹纵向动态特性分析
- 铅垂面内弹道设计与成形控制

15.3.2 相关知识与理论基础

15.3.2.1 相对阻尼系数的定义及影响

对于有翼式导弹，若不计重力的影响，可以推导出表征其短周期扰动运动的传递函数，得到相对阻尼系数 ξ_M 为

$$\xi_M = \frac{-a_{22} - a'_{24} + a_{34}}{\sqrt{-a_{22}a_{34} - a_{24}}} \tag{15-1}$$

由式（15-1）可知，相对阻尼系数与导弹的阻尼特性、静稳定性、所受法向力特性有关。

当导弹操纵机构阶跃偏转时，如果相对阻尼系数 $\xi_M > 1$，则 $\Delta\dot\theta$、$\Delta\alpha$、Δn_y（统称为 ΔX）等偏量的最大值等于其稳态值；如果相对阻尼系数 $\xi_M < 1$，则 ΔX 振荡变化，相对超调量 σ 可以表示为

$$\sigma = \exp\left(\frac{-\pi\xi_M}{T_M\omega}\right) = \exp\left(\frac{-\pi\xi_M}{\sqrt{1-\xi_M^2}}\right) \tag{15-2}$$

由式（15-2）可知，在操纵机构阶跃偏转时，相对超调量只取决于相对阻尼系数 ξ_M。通常，导弹的相对阻尼系数 ξ_M 很小（在高空飞行时更小），因此相对超调量很大。

当攻击机动性较强的目标时，常有可能要求导弹的操纵机构急剧偏转至极限位置，这时，操纵机构的偏转速度很大，可以近似看作导弹的操纵机构进行阶跃偏转。此时，过渡过程中的最大过载偏量 $\Delta n_{y\max}$ 为

$$\Delta n_{y\max} = \Delta n_{ys}(1+\sigma) = \frac{VK_M}{g}\Delta\delta_z(1+\sigma) \tag{15-3}$$

式中，Δn_{ys}——稳态时的过载偏量。

如果未扰动运动是在可用过载 n_P 下飞行，那么导弹在飞行过渡过程中的最大法向过载值 $n_{y\max}$ 为

$$n_{y\max} = n_P + \Delta n_{ys}(1+\sigma) \tag{15-4}$$

式中，可用过载 n_P 为

$$n_P = \frac{P\alpha + Y}{G} = -\left(\frac{P + c_y^\alpha qS m_z^{\delta_z}}{G \cdot m_z^\alpha}\right)\delta_{z\max} \tag{15-5}$$

最严重的情况是舵偏角 $\Delta\delta_z$ 由一个极限位置突然偏转至另一个极限位置，即

$$\Delta\delta_z = \pm 2\delta_{z\max} \tag{15-6}$$

此时，最大过载偏量 $\Delta n_{y\max}$ 为

$$\Delta n_{y\max} = \pm 2n_P(1+\sigma) \tag{15-7}$$

导弹的最大过载 $n_{y\max}$ 为

$$n_{y\max} = \mp n_P \pm 2n_P(1+\sigma) = \pm n_P(1+2\sigma) \tag{15-8}$$

由式（15-7）可知，最大过载超过了可用过载，超过的量的大小 $|\Delta n|$ 为

$$|\Delta n| = 2\sigma n_P$$
$$= 2\exp\left(\frac{-\pi\xi_M}{\sqrt{1-\xi_M^2}}\right)n_P \tag{15-9}$$

如果相对超调量大，则导弹所受的最大过载要比可用过载大得多。而导弹的最大过载受导弹的结构强度约束，如果最大过载超过了导弹结构强度的约束范围，则可能造成导弹结构的损坏，这是不允许的。相对超调量由相对阻尼系数决定，范围在（0,1），ξ_M 越小，则 σ 越大。因此，为了减小最大过载值，希望导弹具有合理的相对阻尼系数 ξ_M。通常导弹的相对阻尼系数都比较小、弹体阻尼不足，因此需要采取手段来增强弹体的阻尼、改善过渡过程品质。

15.3.2.2 增强弹体阻尼的方法

考虑到 a'_{24} 很小，以及 $|a_{22}a_{34}| \ll |a_{24}|$，式（15-1）表示的相对阻尼系数可以简化为

$$\xi_M \approx \frac{-a_{22} + a_{34}}{\sqrt{-a_{24}}} \tag{15-10}$$

将动力系数的表达式代入式（15-10），考虑到续航飞行时 $P/(mV)$ 相比其他项较小可略去，则

$$\xi_M \approx \frac{a_{34} - a_{22}}{2\sqrt{-a_{24}}} = \frac{-m_z^{\omega_z} b_A^2/J_z + c_y^{\alpha}/m}{2\sqrt{2m_z^{\alpha} b_A/J_z}}\sqrt{\rho S} \tag{15-11}$$

由式（15-11）可知，影响相对阻尼系数的主要因素有：
①导弹的质量、转动惯量、特征面积、平均气动弦长；
②飞行高度；
③阻尼力矩系数导数；
④静稳定力矩系数导数；
⑤升力系数对攻角的导数。

由式（15-11）可知，导弹的特征面积越大、平均气动弦长越长、阻尼力矩系数导数越大（以绝对值讲）、升力系数对攻角的导数越大，则相对阻尼系数越大；导弹的飞行高度越高（空气密度越小）、静稳定力矩系数的导数越大（以绝对值讲），则相对阻尼系数越小；导弹的飞行速度对相对阻尼系数没有直接的影响。需要注意的是，导弹整体是一个系统，上述参数不可能随意地单独变大或变小。

对静稳定度较大和飞行高度较高的高性能导弹，其弹体相对阻尼系数一般在0.1左右或更小，弹体是欠阻尼的，导弹过渡过程存在着严重振荡，使射程减小，同时降低导弹的跟踪精度，所以需要将其改造为具有适当阻尼系数的弹体，多数导弹都是通过自动驾驶仪的作用来补偿弹体阻尼的不足。控制系统直接装在导弹上并与弹体构成闭环回路，可以在稳定回路中增加速度反馈来实现。由控制原理可知，将输出量的速度信息反馈到系统输入端，并与误差信号进行比较，可以增大系统阻尼，使动态过程的超调量下降，是广泛使用的控制方式。

要想改善弹体的阻尼特性，可以在导弹控制系统中增加测速陀螺仪来测量弹体的姿态角速度，输出与角速度成比例的电信号，并反馈到舵机回路的输入端，驱动舵产生附加的舵偏角，使弹体产生与姿态角速度方向相反的力矩。该力矩在性质上与阻尼力矩完全相同，起到阻止弹体摆动的作用。通过速度陀螺反馈，适时地调节由姿态角速度产生的力矩大小，相当于人为地增加了弹体阻尼系数，补偿了弹体阻尼的不足。图15-1所示为包含测速陀螺仪反馈的导弹俯仰通道阻尼回路简化框图。

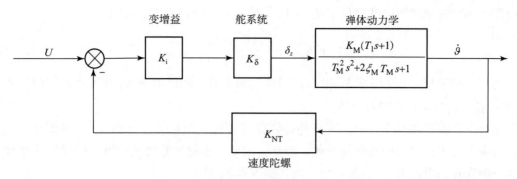

图 15-1 导弹俯仰通道阻尼回路简化框图

框图中的弹体动力学环节为以舵偏角 δ_z 为输入量、俯仰角速度 $\dot{\vartheta}$ 为输出量的传递函数,表达式为

$$G_{\delta_z}^{\dot{\vartheta}}(s) = \frac{K_M(T_1 s + 1)}{T_M^2 s^2 + 2\xi_M T_M s + 1} \tag{15-12}$$

因为执行装置的时间常数比弹体的时间常数小得多,所以这里不计执行装置的惯性,把它看作放大环节——K_i、K_δ 为可变传动比机构传递系数。通常可以将测速陀螺仪认为是一个二阶系统,但测速陀螺仪的时间常数比弹体的时间常数小得多,所以可将测速陀螺仪看作传递系数为 K_{NT} 的无惯性放大环节。

图 15-1 所示的阻尼回路的闭环传递函数为

$$\frac{\dot{\vartheta}(s)}{U(s)} = \frac{K_M^*(T_1 s + 1)}{T_M^{*2} s^2 + 2\xi_M^* T_M^* s + 1} \tag{15-13}$$

式中,K_M^*——阻尼回路闭环传递函数,为

$$K_M^* = \frac{K_\delta K_i K_M}{1 + K_\delta K_i K_M K_{NT}} \tag{15-14}$$

T_M^*——阻尼回路时间常数,为

$$T_M^* = \frac{T_M}{\sqrt{1 + K_\delta K_i K_M K_{NT}}} \tag{15-15}$$

ξ_M^*——阻尼回路闭环阻尼系数,为

$$\xi_M^* = \frac{\xi_M + \dfrac{T_1 K_\delta K_i K_M K_{NT}}{2 T_M}}{\sqrt{1 + K_\delta K_i K_M K_{NT}}} \tag{15-16}$$

由此可见,带弹体环节的阻尼回路可以近似等效成二阶系统。

当 $K_\delta K_i K_M K_{NT} \ll 1$ 时,有 $K_M^* \approx K_\delta K_i K_M$、$T_M^* \approx T_M$、$\xi_M^* \approx \xi_M + \dfrac{T_1 K_\delta K_i K_M K_{NT}}{2 T_M}$,这说明反馈 K_{NT} 的引入对原系统的传递系数和时间常数的影响不大,其作用主要体现在对相对阻尼系数的影响上。由 ξ_M^* 的表达式可知,引入角速度反馈后,有 $\xi_M^* > \xi_M$,相当于弹体俯仰运动的阻尼系数增加。在 K_δ 一定的基础上,$K_i K_{NT}$ 越大,ξ_M^* 增加的幅度也越大,这说明 K_{NT} 的

主要作用是改善弹体回路的阻尼特性。对 ξ_M^* 的表达式进行变换，可得

$$K_i K_{NT} = \frac{2T_M(\xi_M^* - \xi_M)}{K_\delta K_M T_1} \tag{15-17}$$

由式（15-17）可知，$K_i K_{NT}$ 可根据弹体气动参数、舵机增益 K_δ 和等效弹体阻尼系数 ξ_M^*（一般为 0.7 左右）进行计算。

导弹在低空或高空飞行时，若要使弹体保持理性的阻尼特性，则 $K_i K_{NT}$ 不能是一个常值，而应随着飞行状态的变化而变化。因此，需要在阻尼回路的正向通道中设置一个随飞行状态而变化的增益 K_i。

15.3.3 基础数据

与第 12 章实验"导弹纵向动态特性分析"中的数据相同。

15.4 实验项目内容

1）对于给定的某导弹，在某特征点处，求它的相对阻尼系数，以及操纵机构做阶跃偏转（$\Delta\delta_z = 10°$）时过载的超调量、相对超调量和最大过载值。

2）假设导弹的最大舵偏角为 $\delta_{z\max} = 15°$。当攻击某高机动目标时，舵偏角在很短的时间内由 $\delta_{z\max} = 15°$ 变为 $\delta_z = -15°$，试求导弹最大过载偏量以及最大过载值，并将最大过载与导弹的可用过载进行对比。

3）当以下参数出现变化时，研究导弹相对阻尼系数及相对超调量的变化。
①导弹的静稳定性 m_z^α；
②导弹的阻尼力矩系数导数；
③导弹的飞行高度；
④导弹的飞行速度。

4）假设理想相对阻尼系数为 $\xi_M^* = 0.7$、舵机增益 $K_\delta = 1$，设计导弹的阻尼回路参数并进行仿真分析。

15.5 实验结果分析

1）在前述实验的弹道上选取一特征点，首先求出动力系数 a_{22}、a_{24}、a_{34}，代入式（15-9），可近似求出相对阻尼系数 ξ_M，检验其与理想的相对阻尼系数 0.7 之间的差距。将 ξ_M 代入式（15-2），可以求得舵面做阶跃偏转时的相对超调量。根据式（15-3）可以求得最大过载值 $\Delta n_{\max}$，则超调量 Δn_p 为

$$\Delta n_p = \Delta n_{\max} - \Delta n_s = \frac{K_M V \Delta \delta_z}{g} \exp\left(\frac{-\pi \xi_M}{\sqrt{1-\xi_M^2}}\right) \tag{15-18}$$

注意相对超调量和超调量之间的区别：相对超调量是无量纲的，它只与相对阻尼系数有关；超调量是有量纲的（只不过此处过载刚好是一个无量纲参数），它不仅与相对阻

尼系数有关，还与系统的稳态值有关。

选取另一个特征点，得到不同的相对阻尼系数，计算此时过载的相对超调量和超调量，与之前特征点的情况进行对比分析。

2）导弹以负的可用过载飞行，对应的最大舵偏角 $\delta_{z\max} = 15°$。当导弹的舵偏角 δ_z 在很短的时间内由 15° 变为 -15° 时，可以看作舵偏角进行阶跃偏转，此时产生的偏离稳态过载值的最大值可由式（15-7）得出。最大过载、最大过载与可用过载之间的偏差值可以分别利用式（15-8）和式（15-9）计算得出。

选择另一个具有不同相对阻尼系数的特征点，计算过载最大偏差值、最大过载值，以及最大过载与可用过载之间的偏差值，进行对比分析，深入理解相对阻尼系数对过渡过程的影响。

3）若静稳定力矩系数导数 m_z^α 增大（如在原数据的基础上乘以 1.1），重新计算相对阻尼系数。在其他参数不变的情况下，相对阻尼系数有何变化？如果减小 m_z^α，情况又会如何变化？在实际工程中，是否可以为了增大 ξ_M 而随意改变 m_z^α？为什么？

若阻尼力矩系数导数 $|m_z^{\omega_z}|$ 增大，ξ_M 会如何变化？增大升力系数对攻角的导数 c_y^α 和弹翼面积 S、平均气动弦长 b_A，ξ_M 会增大还是减小？

基于侧向扰动运动方程组，类似飞行器纵向传递函数的求解，采用拉普拉斯变换，计算并分析相对阻尼系数 ξ_M 随飞行高度的变化规律，结合速度的变化进一步对比分析导弹在高低空的操纵性。

在式（15-11）所示的简化后的相对阻尼系数表达式中，没有显含速度 V。但是简化前的 ξ_M 计算公式包含 $P/(mV)$ 这一项，而且导弹的气动参数如 $m_z^{\omega_z}$、m_z^α、c_y^α 等都和马赫数 Ma 相关，因此不能认为速度 V 对 ξ_M 没有任何影响。假设 $V = 150$ m/s、250 m/s 和 350 m/s，飞行高度为 300 m，计算对应的相对阻尼系数，观察并分析速度对相对阻尼系数的影响程度。

需要注意的是：导弹的相对超调量由相对阻尼系数确定，但是超调量不仅与相对阻尼系数有关，还与稳态值有关。以 $|m_z^\alpha|$ 为例，分别分析其对相对阻尼系数和过载稳态值的影响，然后综合分析其对超调量的影响。

4）根据特征点的动力系数，求得导弹的传递系数 K_M、时间常数 T_M、相对阻尼系数 ξ_M、气动力时间常数 T_1，针对理想的相对阻尼系数 $\xi_M^* = 0.7$ 和舵机增益 $K_\delta = 1$，利用式（15-17），求得阻尼回路的相关增益。给定 $\Delta\delta_z = 10°$ 的阶跃输入，观察俯仰角速度的响应，作系统的 Bode 图，分析系统的过渡过程特性，并和之前没有加入俯仰角速度反馈时的情形进行对比。

在设计好的阻尼回路有关参数的基础上，调整这些参数并进行仿真，分析对应的响应情况；也可以选择不同的特征点，设计阻尼回路，对比所设计的参数有何变化。

15.6 探索与思考

1）在实验时，如果考虑舵机的动态过程（如将其看作一阶或二阶环节），如何设计阻尼回路？

2)研究分析其他自动驾驶仪阻尼回路设计方法,并与本实验中的方法进行对比。

3)从原理上讲,导弹的相对阻尼系数不足,可以依靠控制系统在回路中引入人工阻尼进行弥补。若导弹的静稳定性不足或是静不稳定的,也可以依靠控制系统实现人工增稳,但无论哪种情况,都是在消耗一定舵偏量(或其他操纵机构的偏转量)的条件下实现的。也就是说,原本设计的最大舵偏量,必将留出一部分来实施人工阻尼或人工增稳,则用于机动飞行的舵偏量将有所减少。结合实验结果,对这一现象进行定量分析。

15.7 主题任务

随着飞行高度的增加,与大气密度有关的动力系数的绝对值会迅速减小,相对阻尼系数迅速下降,飞行器的稳定性、操纵性都将变差。临近空间(距地面20~100 km的空域)由于其重要的开发应用价值,近年来在国际上引起了广泛关注。进行文献调研,了解国内外在临近空间飞行器领域取得的重大研究进展。通过公开资料,了解我国JF-22超高速风洞的技术性能,理解这项大国重器对于我国发展临近空间飞行器的重大意义。在此基础上思考:

1)临近空间飞行器已经突破和亟待突破的关键技术有哪些?我国在相关领域取得了哪些领先优势?存在的差距是什么?

2)临近空间飞行器的研发对于未来作战体系、作战思维、全球战略格局以及社会经济可能产生的重大而深远影响,以及个人、行业和国家应承担的历史使命和责任。

======= 相关视频 =======

纵向静稳定力矩
与静稳定性

俯仰操纵力矩
与阻尼力矩

振荡运动的衰减
程度和振荡频率

操纵机构阶跃偏转时
的过渡过程

过渡过程时间、最大
偏差和超调量

第 16 章　图像导引头建模与仿真

16.1　预期学习成果

1）深入理解图像导引头的三种工作状态——电锁、搜索和跟踪。
2）能对典型结构的图像导引头进行数学建模，并用数值方法对导引头的主要工作状态和性能进行分析。
3）能够调研、分析和总结国内外图像导引头的技术发展路线，预测未来的发展趋势。
4）能够基于全球政治、经济、科技的发展态势，思考和预测图像导引头及相关技术对于未来先进武器装备的影响。

16.2　实验背景

图像导引头主要包括红外导引头和电视导引头，其接收器接收目标的红外辐射或光学信息，探测器将光能转换成电信号传输给力矩马达，力矩马达驱动陀螺进动，使得导引头的光轴按照给定的信号运动。图像导引头一般有三种工作状态（电锁、搜索和跟踪），且具有以下两个重要的功能：

（1）接收目标的红外辐射或光学信息，测定目标的信息。
（2）提供导弹导引规律所要求的有关信号，如输出与视线角速度成正比的信号到自动驾驶仪。

当导弹采用比例导引律攻击目标时，要求导弹的法向过载与目标视线旋转角速度成比例。其中，目标视线旋转角速度的测量由导引头完成。图像导引头必须能在设计距离之内快速锁定目标并跟踪它，同时输出与目标视线旋转角速度成比例的电信号，通过自动驾驶仪使导弹过载与目标视线旋转角速度成比例。

导引头是导弹的重要组成部分，通过实验理解其工作原理、工作状态和性能，对设计制导系统和进行有控飞行力学的相关问题研究具有重要意义。

16.3　实验基础

16.3.1　前序实验

- 铅垂面内的无控弹道计算

- 比例导引律导引弹道
- 六自由度无控弹道解算及散布分析

16.3.2 相关知识与理论基础

16.3.2.1 同轴安装式红外成像导引头建模的相关坐标系

1. 坐标系定义

1）地面坐标系 $Axyz$。

其定义同第 1 章实验中的定义。

2）地平坐标系 $Ox_py_pz_p$。

地平坐标系的原点 O 在导弹的质心上,且 Ox_p、Oy_p、Oz_p 轴分别平行于 Ax、Ay、Az 轴。

3）光轴坐标系 $Ox_1y_1z_1$。

光轴坐标系的原点 O 位于导引头的光学回转中心,当弹目距离足够大时,可忽略其与导弹质心之间的距离,认为光轴坐标系的原点位于导弹的质心上;Ox_1 轴与导引头的光轴重合;Oz_1 轴位于弹体坐标系 Ox_1z_1 平面内,与 Ox_1 轴垂直;Oy_1 轴垂直于 Ox_1z_1 平面,方向按右手直角坐标系确定。

4）视线坐标系 $Ox_sy_sz_s$。

视线坐标系的原点 O 同样位于导引头的光学回转中心,当弹目距离足够大时,忽略其与导弹质心之间的距离,认为视线坐标系的原点位于导弹的质心上;Ox_s 轴为导弹质心与目标瞄准点的连线,以指向目标为正;Oz_s 轴位于光轴坐标系 Ox_1z_1 平面内,与 Ox_s 轴垂直;Oy_s 轴垂直于 Ox_sz_s 平面,方向按右手直角坐标系确定。

除了上述 4 个坐标系,还需用到第 4 章实验中定义的弹体坐标系、速度坐标系和弹道坐标系。

2. 坐标系间的转换

假设某矢量在光轴坐标系 $Ox_1y_1z_1$ 三轴上的投影为 $[x_g, y_g, z_g]^T$,在地平坐标系 $Ox_py_pz_p$ 三轴上的投影为 $[x_p, y_p, z_p]^T$,在视线坐标系 $Ox_sy_sz_s$ 三轴的投影为 $[x_s, y_s, z_s]^T$,在弹体坐标系 $Ox_1y_1z_1$ 三轴上的投影为 $[x_1, y_1, z_1]^T$。

1）光轴坐标系 $Ox_1y_1z_1$ 和弹体坐标系 $Ox_1y_1z_1$ 之间的相对位置由角度 θ_g 和 ψ_g 定义,两个坐标系之间的转换关系为

$$[x_g \quad y_g \quad z_g]^T = \boldsymbol{L}(\theta_g, \psi_g)[x_1 \quad y_1 \quad z_1]^T \tag{16-1}$$

式中,$\boldsymbol{L}(\theta_g, \psi_g)$——转换矩阵,

$$\boldsymbol{L}(\theta_g, \psi_g) = \begin{bmatrix} \cos\theta_g \cos\psi_g & \sin\theta_g & -\cos\theta_g \sin\psi_g \\ -\sin\theta_g \cos\psi_g & \cos\theta_g & \sin\theta_g \sin\psi_g \\ \sin\psi_g & 0 & \cos\psi_g \end{bmatrix} \tag{16-2}$$

2）光轴坐标系 $Ox_1y_1z_1$ 和地平坐标系 $Ox_py_pz_p$ 之间的相对位置由角度 θ_x、θ_y、θ_z 定义,这两个坐标系之间的转换关系为

$$[x_g \quad y_g \quad z_g]^T = \boldsymbol{L}(\theta_x, \theta_z, \theta_y)[x_p \quad y_p \quad z_p]^T \tag{16-3}$$

式中,$\boldsymbol{L}(\theta_x, \theta_z, \theta_y)$——转换矩阵,

$$L(\theta_x, \theta_z, \theta_y)$$
$$= \begin{bmatrix} \cos\theta_z\cos\theta_y & \sin\theta_z & -\cos\theta_z\sin\theta_y \\ -\sin\theta_z\cos\theta_y\cos\theta_x + \sin\theta_y\sin\theta_x & \cos\theta_z\cos\theta_x & \sin\theta_z\sin\theta_y\cos\theta_x + \cos\theta_y\sin\theta_x \\ \sin\theta_z\cos\theta_y\sin\theta_x + \sin\theta_y\cos\theta_x & -\cos\theta_z\sin\theta_x & -\sin\theta_z\sin\theta_y\sin\theta_x + \cos\theta_y\cos\theta_x \end{bmatrix}$$

(16-4)

（3）视线坐标系 $Ox_sy_sz_s$ 和光轴坐标系 $Ox_1y_1z_1$ 之间的相对位置由角度 θ_s、ψ_s 定义，两个坐标系之间的转换关系为

$$[x_s \quad y_s \quad z_s]^T = L(\theta_s, \psi_s)[x_g \quad y_g \quad z_g]^T \quad (16-5)$$

式中，$L(\theta_s, \psi_s)$——转换矩阵，

$$L(\theta_s, \psi_s) = \begin{bmatrix} \cos\theta_s\cos\psi_s & \sin\theta_s & -\cos\theta_s\sin\psi_s \\ -\sin\theta_s\cos\psi_s & \cos\theta_s & \sin\theta_s\sin\psi_s \\ \sin\psi_s & 0 & \cos\psi_s \end{bmatrix} \quad (16-6)$$

16.3.2.2 导引头的三种工作状态

1. 电锁

当导弹准备发射时，若光轴与基准工作位置不重合，导引头会自动敏感出偏差并将其修正，使光轴锁定到基准工作位置。

2. 搜索

导引头的光轴在空间按预先设计的规律循环往复地运动的过程称为搜索。常用的搜索规律有一字型搜索规律、圆锥型搜索规律和一维视觉效果搜索规律。

3. 跟踪

当导引头通过搜索发现目标后，应尽快使其光轴对准目标，并跟随视线的运动，再将光轴的运动情况经变换后输入自动驾驶仪。

16.3.2.3 导引头建模

导引头在不同工作状态下的输出电压 U_y 与 U_z 的表达形式不同。电锁状态下，输出电压可表示为

$$\left. \begin{aligned} U_y &= -\frac{K(T_5s+1)}{T_6s+1}(\theta_g - \theta_{g0}) \\ U_z &= -\frac{K(T_5s+1)}{T_6s+1}(\psi_g - \psi_{g0}) \end{aligned} \right\} \quad (16-7)$$

式中，θ_{g0}, ψ_{g0}——电锁基准位置与弹轴之间的夹角。

当以弹轴为中心进行搜索时，搜索状态下的输出电压可表示为

$$\left. \begin{aligned} U_y &= \frac{K(T_5s+1)}{T_6s+1}(-\theta_g + q_{yscan}) \\ U_z &= \frac{K(T_5s+1)}{T_6s+1}(-\psi_g + q_{zscan}) \end{aligned} \right\} \quad (16-8)$$

式中，q_{yscan}, q_{zscan}——导引头俯仰与偏航方向的搜索信号。

跟踪状态下,输出电压可表示为

$$\left.\begin{aligned} U_y &= K_{1y} \mathrm{e}^{-\tau s} \frac{K_{2y}(T_1 s + 1)(T_3 s + 1)}{(T_2 s + 1)(T_4 s + 1)} \theta_s \\ U_z &= K_{1y} \mathrm{e}^{-\tau s} \frac{K_{2y}(T_1 s + 1)(T_3 s + 1)}{(T_2 s + 1)(T_4 s + 1)} \psi_s \end{aligned}\right\} \quad (16-9)$$

陀螺的进动力矩可由输出电压表示为

$$\left.\begin{aligned} M_y &= \frac{2K_3 K_M}{Ts + 1}[U_y \sin(\omega t) - U_z \cos(\omega t)] \sin(\omega t) \\ M_z &= \frac{2K_3 K_M}{Ts + 1}[U_y \sin(\omega t) - U_z \cos(\omega t)] \cos(\omega t) \end{aligned}\right\} \quad (16-10)$$

设 ω_x、ω_y 与 ω_z 分别为弹体坐标系相对惯性坐标系的旋转角速度在弹体坐标系下的投影,导引头光轴相对惯性坐标系的旋转角速度为

$$\left.\begin{aligned} \omega_{xg} &= \omega_x \cos\theta_g \cos\psi_g - \omega_z \cos\theta_g \sin\psi_g \\ \omega_{yg} &= \frac{(J_e s + C) M_y}{J_e^2 s^2 + 2 J_e C s + H^2} + \frac{-H M_z}{J_e^2 s^2 + 2 J_e C s + H^2} \\ \omega_{zg} &= \frac{(J_e s + C) M_z}{J_e^2 s^2 + 2 J_e C s + H^2} + \frac{H M_y}{J_e^2 s^2 + 2 J_e C s + H^2} \end{aligned}\right\} \quad (16-11)$$

导引头框架角 θ_g、ψ_g 可以由光轴旋转角速度与弹体姿态角速度求出,方程为

$$\left.\begin{aligned} \dot{\theta}_g &= \omega_{zg} \cos\psi_g - \omega_x \sin\psi_g \\ \dot{\psi}_g &= \omega_{yg} + \omega_{xg} \sin\theta_g - \omega_y \end{aligned}\right\} \quad (16-12)$$

描述导引头光轴与地面坐标系间的夹角 θ_x、θ_y 及 θ_z 随时间变化的方程为

$$\left.\begin{aligned} \dot{\theta}_x &= \omega_{xg} + \omega_{yg} \sin\theta_g \\ \dot{\theta}_y &= \omega_{yg} \cos\gamma \cos\vartheta + \omega_{xg} \sin\theta_z - \omega_{zg} \sin\theta_x \cos\theta_z \\ \dot{\theta}_z &= \omega_{zg} \cos\theta_x + \omega_{yg} \sin\theta_x \cos\theta_g \end{aligned}\right\} \quad (16-13)$$

导引头光轴与视线的夹角 θ_s、ψ_s 为

$$\left.\begin{aligned} \theta_s &= q_\theta - \theta_z \\ \psi_s &= q_\psi - \theta_y \end{aligned}\right\} \quad (16-14)$$

式中,q_θ, q_ψ——俯仰与偏航方向视线角,

$$\left.\begin{aligned} q_\theta &= \arcsin \frac{y_T - y_M}{\sqrt{(x_T - x_M)^2 + (y_T - y_M)^2 + (z_T - z_M)^2}} \\ q_\psi &= -\arctan \frac{z_T - z_M}{x_T - x_M} \end{aligned}\right\} \quad (16-15)$$

综合式(16-7)~式(16-15),可得导引头数学模型。由此模型可见,其俯仰和偏航方向的运动是耦合的。

16.3.2.4 导弹运动模型

导弹的质心运动学模型和绕质心转动的运动学模型同第4章实验中的模型，为

$$\left.\begin{aligned}\dot{x} &= V\cos\theta\cos\psi_V \\ \dot{y} &= V\sin\theta \\ \dot{z} &= -V\cos\theta\sin\psi_V\end{aligned}\right\} \quad (16-16)$$

$$\left.\begin{aligned}\dot{\vartheta} &= \omega_y\sin\gamma + \omega_z\cos\gamma \\ \dot{\varphi} &= (\omega_y\cos\gamma - \omega_z\sin\gamma)/\cos\vartheta \\ \dot{\gamma} &= \omega_x - \tan\vartheta(\omega_y\cos\gamma - \omega_z\sin\gamma)\end{aligned}\right\} \quad (16-17)$$

16.3.2.5 目标质点运动模型

将目标看作一个质点，其运动模型为

$$\left.\begin{aligned}\dot{x}_T &= V_T\cos\theta_T\cos\psi_{V_T} \\ \dot{y}_T &= V_T\sin\theta_T \\ \dot{z}_T &= -V_T\cos\theta_T\sin\psi_{V_T}\end{aligned}\right\} \quad (16-18)$$

16.3.2.6 典型搜索规律

1. 一字型搜索规律

一字型搜索规律是指导引头俯仰角 θ_z 保持恒定值，偏航角 θ_y 以恒定的角速度在一定的范围内往复运动的一种搜索规律。

假设导引头的瞬时视场为 $\pm\alpha' \times \pm\beta'$（俯仰视场角×偏航视场角），平飞段导引头搜索示意如图16-1所示。

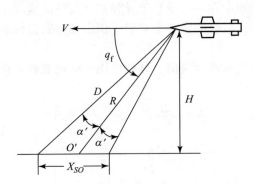

图16-1 平飞段导引头搜索示意

图16-1中，V 为导弹速度；H 为导弹平飞高度；D 为导引头最大识别距离；q_f 为光轴与搜索基准的夹角（相当于前述模型中的 θ_z）；O' 为光轴与地面的交点（中心视点）；R 为中心视点到导引头的距离；X_{SO} 为地面视场纵深。由此，一字型搜索规律的搜索信号可表示为

$$\left. \begin{array}{l} N = \left\lfloor \dfrac{2t}{T} \right\rfloor \\[6pt] t_1 = t - \dfrac{NT}{2} \\[6pt] U_{sp0} = -(-1)^N \dfrac{T\dot{q}_p}{4} \\[6pt] q_{zscan} = U_{sp0} + (-1)^N \dot{q}_p t_1 \\[6pt] q_{yscan} = q_f \end{array} \right\} \quad (16-19)$$

式中，$T,\dot{q}_p$——一字型搜索规律的搜索周期和搜索速度；
t——当前时间。

当搜索基准与水平线之间的夹角很小时，近似认为两者重合，可令 q_f 为 $-\left(\arcsin\dfrac{H}{D}+\alpha'\right)$，此时可以使瞬时视场的最远边界（视场前沿）正好等于导引头的最大识别距离 D，为了使视场前沿位于导引头最大识别距离内，必须有 $|q_f| \geqslant \arcsin\dfrac{H}{D}+\alpha'$。

2. 圆锥型搜索规律

圆锥型搜索规律的搜索信号可表示为

$$\left. \begin{array}{l} q_{yscan} = A_{yz}\sin(2\pi t/T_{yz}) \\ q_{zscan} = \lambda_0 + A_{yz}\cos(2\pi t/T_{yz}) \end{array} \right\} \quad (16-20)$$

式中，A_{yz},T_{yz}——圆锥搜索规律的幅值和搜索周期；
λ_0——俯仰方向相对于搜索基准光轴预先下偏的角度，通常有 $A_{yz} < |\lambda_0|$。

为了保证视场前沿小于导引头的最大识别距离，须有 $|\lambda_0 + A_{yz}| > \arcsin\dfrac{H}{D}+\alpha'$。

3. 一维视觉效果搜索规律

一维视觉搜索规律是在一字型搜索规律的基础上，改变俯仰方向信号的变化规律，使中心视点在每半个搜索周期中在一条垂直于导弹速度矢量的直线上运动，以消除监视器画面中背景图像的垂直移动，减轻图像移动对射手识别和捕获目标的影响，增大识别和捕获目标的概率。

假设导弹做水平飞行且速度为常值，导弹采用一维视觉效果搜索规律时的搜索信号可表示为

$$\left. \begin{array}{l} N = \left\lfloor \dfrac{2t}{T_{yw}} \right\rfloor \\[6pt] t_1 = t - \dfrac{NT_{yw}}{2} \\[6pt] q_{sp0} = -(-1)^N \dfrac{T_{yw}\dot{q}_p}{4} \\[6pt] q_{zscan} = q_{sp0} + (-1)^N \dot{q}_p t_1 \\[6pt] q_{yscan} = \arctan\dfrac{H\tan q_{f0}}{H - Vt\tan q_{f0}} \end{array} \right\} \quad (16-21)$$

式中，q_{f0}——导引头俯仰搜索信号的初始值，$q_{f0} = \arcsin\dfrac{H}{D} + \alpha'$；

T_{yw}——一维视觉效果搜索规律的搜索周期，

$$T_{yw} = \frac{2H(\tan q_{f1} - \tan q_{f0})}{V\tan q_{f0}\tan q_{f1}} \tag{16-22}$$

式中，$q_{f1} = \dfrac{1}{2}(q_{f0} + \sqrt{q_{f0}^2 + 8q_{f0}\alpha'})$。

16.3.2.7 瞬时视场的确定

当导引头在图 16-1 所示情况下对目标进行搜索时，地面瞬时视场（即导引头的瞬时视场锥 $M-CDFE$ 被地平面所截形成的区域 $CDFE$）如图 16-2 所示。

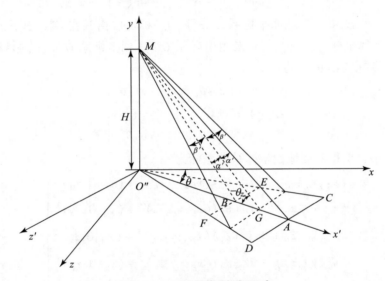

图 16-2　地面瞬时视场示意

图 16-2 中，O'' 为导弹 M 在地面坐标系的投影；$O''x'yz'$ 为新引入的坐标系；$O''x'$ 轴与光轴在水平面的投影重合，以指向前为正；$O''y$ 轴与 $O''M$ 重合，指向 M 为正；$O''z$ 轴与 $O''x'$、$O''y$ 轴构成右手直角坐标系。由图 16-2 可知，$O''G$、AG、BG、AC 和 BE 的长度为

$$\left.\begin{array}{l} O''G = \dfrac{H}{\tan(-\theta_z)} \\[2mm] AG = \dfrac{H}{\tan(-\theta_z - \alpha')} - \dfrac{H}{\tan(-\theta_z)} \\[2mm] BG = \dfrac{H}{\tan(-\theta_z)} - \dfrac{H}{\tan(-\theta_z + \alpha')} \\[2mm] AC = \dfrac{H\tan\beta}{\sin(-\theta_z - \alpha')} \\[2mm] BE = \dfrac{H\tan\beta}{\sin(-\theta_z + \alpha')} \end{array}\right\} \tag{16-23}$$

则点 G、C、D、E 和 F 在 $O''x'yz'$ 下的坐标可以表示为

$$\left.\begin{aligned}(x_G,y_G,z_G) &= \left(\frac{H}{\tan(-\theta_z)}, 0, 0\right) \\ (x_C,y_C,z_C) &= \left(\frac{H}{\tan(-\theta_z-\alpha')}, 0, -\frac{H\tan\beta}{\sin(-\theta_z-\alpha')}\right) \\ (x_D,y_D,z_D) &= \left(\frac{H}{\tan(-\theta_z-\alpha')}, 0, \frac{H\tan\beta}{\sin(-\theta_z-\alpha')}\right) \\ (x_E,y_E,z_E) &= \left(\frac{H}{\tan(-\theta_z+\alpha')}, 0, -\frac{H\tan\beta}{\sin(-\theta_z+\alpha')}\right) \\ (x_F,y_F,z_F) &= \left(\frac{H}{\tan(-\theta_z+\alpha')}, 0, \frac{H\tan\beta}{\sin(-\theta_z+\alpha')}\right)\end{aligned}\right\} \quad (16-24)$$

点 G、C、D、E 和 F 在地面坐标系 $Axyz$ 下的坐标可以由其在 $O''x'yz'$ 下的坐标、导弹在地面坐标系下的坐标 (x_M,y_M,z_M) 及由坐标系 $O''xyz$ 到坐标系 $O''x'yz'$ 的转移矩阵 $\boldsymbol{L}(\theta_y)$ 表示，其中转移矩阵 $\boldsymbol{L}(\theta_y)$ 为

$$\boldsymbol{L}(\theta_y) = \begin{bmatrix} \cos\theta_y & 0 & -\sin\theta_y \\ 0 & 1 & 0 \\ \sin\theta_y & 0 & \cos\theta_y \end{bmatrix} \quad (16-25)$$

点 G、C、D、E 和 F 在地面坐标系的坐标为

$$\left.\begin{aligned}(x_{G_t},y_{G_t},z_{G_t})^{\mathrm{T}} &= \boldsymbol{L}^{\mathrm{T}}(\theta_y)(x_G,y_G,z_G)^{\mathrm{T}} + (x_M,0,z_M)^{\mathrm{T}} \\ (x_{C_t},y_{C_t},z_{C_t})^{\mathrm{T}} &= \boldsymbol{L}^{\mathrm{T}}(\theta_y)(x_C,y_C,z_C)^{\mathrm{T}} + (x_M,0,z_M)^{\mathrm{T}} \\ (x_{D_t},y_{D_t},z_{D_t})^{\mathrm{T}} &= \boldsymbol{L}^{\mathrm{T}}(\theta_y)(x_D,y_D,z_D)^{\mathrm{T}} + (x_M,0,z_M)^{\mathrm{T}} \\ (x_{E_t},y_{E_t},z_{E_t})^{\mathrm{T}} &= \boldsymbol{L}^{\mathrm{T}}(\theta_y)(x_E,y_E,z_E)^{\mathrm{T}} + (x_M,0,z_M)^{\mathrm{T}} \\ (x_{F_t},y_{F_t},z_{F_t})^{\mathrm{T}} &= \boldsymbol{L}^{\mathrm{T}}(\theta_y)(x_F,y_F,z_F)^{\mathrm{T}} + (x_M,0,z_M)^{\mathrm{T}}\end{aligned}\right\} \quad (16-26)$$

在地面坐标系中，按照式（16-25）给出的坐标绘制出点 G、C、D、E 和 F，由 C、D、E 和 F 所围成的四边形即导弹在时刻 t 所对应的瞬时视场，G 为瞬时视场的中心视点。由此可以作出导弹飞行时中心视点在地面的运动轨迹，以及搜索视场在地面展开的动态过程。

16.3.2.8 目标进入导引头视场判定

目标进入导引头视场（简称"目标进场"）一般需要同时满足以下两个条件：
①目标在导弹的瞬时视场内，即 $|\theta_s| \leq \alpha'$ 且 $|\psi_s| \leq \beta'$；
②导弹与目标之间的距离 $r \leq$ 导弹的最大识别距离 D。

16.3.3 基础数据

导引头的相关数据如下：
$\tau = 40$ ms、$K_{1y} = 3.4483$、$K_{1z} = 2.5907$、$K_3 = 0.007$、$K_M = 1.9895$、$T = 1$ ms、$\omega = 144\pi$、$J_e = 3.92\mathrm{e}^{-4}$、$H = 0.266$、$K_{2y} = 14.5$、$K_{2z} = 19.3$、$T_1 = 4$ s、$T_2 = 24$ s、$T_3 = 0.076$ s、

$T_4 = 0.058$ s、$T_5 = 2$ s、$T_6 = 12.5$ s、$K = 50.01$、$C = 0.00532 \sim 0.0133$、最大识别距离 $D = 3000$ m、瞬时视场角 $\alpha = 2°$、$\beta = 3°$。

假设导弹在 $H = 300$ m 的高度以速度 $V = 200$ m/s、$\theta = 0$、$\psi_V = 0$ 进行等高平飞，导弹的初始位置为 $(0, 300 \text{ m})$，导弹的初始姿态为 $\vartheta = 1.5°$、$\psi = 0$、$\gamma = 0$。

假设一字型搜索规律的搜索速度 $\dot{q}_p = 2°/\text{s}$、搜索周期 $T = 8$ s，圆锥型搜索规律的幅值 $A_y = 3°$、搜索周期 $T_{yz} = 6$ s，一维视觉效果搜索规律的搜索速度也为 $\dot{q}_p = 2°/\text{s}$。

16.4 实验项目内容

1）假设导弹的旋转角速度初值 $\omega_x = \omega_y = \omega_z = 0$，光轴的初始位置为 $\theta_x = 0$、$\theta_y = 0.5°$、$\theta_z = 1°$。仿真并观察导弹的框架角 θ_g 和 ψ_g 的变化规律，对导引头的电锁情况进行定量和定性评价。

假设导弹分别具有 $\omega_z = 5°\cos(3t)$、$\omega_y = 5°\cos(3t)$、$\omega_x = 5°\cos(3t)$ 的姿态运动，光轴的初始位置仍然为 $\theta_x = 0$、$\theta_y = 0.5°$、$\theta_z = 1°$，进行仿真，记录导弹的框架角 θ_g 和 ψ_g，分析导引头的电锁情况，与导弹无姿态运动时的结果进行对比，观察有何异同并分析原因。

2）假设导弹从仿真开始就时刻对目标展开搜索，导弹的旋转角速度为 $\omega_x = \omega_y = \omega_z = 0$，导引头采用一字型搜索规律，记录光轴的运动 $(\theta_x, \theta_y, \theta_z)$，研究光轴是否按照给定的搜索规律运动，并绘制搜索区域图。

3）假设导弹具有俯仰和偏航方向的姿态运动 $\omega_z = 5°\cos(3t)$、$\omega_y = 5°\cos(3t)$，其余条件同上，记录光轴的运动 $(\theta_x, \theta_y, \theta_z)$，研究光轴是否按照给定的搜索规律运动，并绘制搜索区域图，对比上述实验项目内容 2）中的情况，进一步分析导弹的姿态运动对导引头搜索的影响。

4）假设目标的初始位置为 $(10\ 000\ \text{m}, 0)$ 且以速度 $V_T = 20$ m/s、$\theta_T = 0$、$\psi_{V_T} = 0$ 进行匀速直线运动。导弹的旋转角速度 $\omega_x = \omega_y = \omega_z = 0$。通过实验判断在导弹对目标进行搜索的过程中目标是否进场；当目标进场后，立即转入跟踪状态对目标进行跟踪，仿真分析导引头对目标的跟踪情况。

5）假设导弹在跟踪目标的过程中，滚转方向存在着形如 $\omega_x = 2°\sin t$ 的运动，其余条件同前，根据实验结果分析导弹的滚转运动对导引头跟踪情况的影响。

6）自行设计实验研究导弹采用圆锥形搜索规律、一维视觉效果搜索规律时，导引头光轴的响应情况，并从搜索盲区、监视器搜索画面移动效果等方面分析各搜索规律的特点。

7）假设目标在水平面内横向机动，自行设计目标机动形式，研究导引头光轴对视线的跟踪情况。

16.5 实验结果分析

1）初始时刻，由于导弹的弹轴与光轴不重合，框架角 θ_g、ψ_g 不等于零，因此会产生

电压信号 U_y、U_z，从而产生进动力矩 M_y、M_z。由于此种结构的导引头的俯仰和偏航两个通道是耦合的，由式（16-10）可知，俯仰方向的电压信号 U_y 不仅产生俯仰方向的进动力矩 M_y，而且会附带产生偏航方向的进动力矩 M_z，偏航方向的情况类似。当导弹的姿态角速度为零时，通过实验数据，对以下问题进行分析：

（1）在进动力矩的驱动下，光轴能否与弹轴重合实现电锁？框架角的变化情况如何？电锁精度如何？

（2）导引头俯仰和偏航方向的交连耦合情况如何？

当存在不为零的初始框架角且导弹存在 $\omega_z = 5°\cos(3t)$ 的俯仰方向的姿态运动时，导弹俯仰方向的姿态运动会引起光轴在俯仰方向的运动吗？是否还会引起光轴在滚转和偏航方向的运动？为什么？此时电锁情况如何？类似分析导弹存在偏航方向的运动 $\omega_y = 5°\cos(3t)$ 和滚转方向的运动 $\omega_x = 5°\cos(3t)$ 时导引头的电锁情况。假设导弹同时存在三个方向的姿态运动，即 $\omega_x = 5°\cos(3t)$、$\omega_y = 5°\cos(3t)$、$\omega_z = 5°\cos(3t)$，再分析电锁及通道间的交连耦合情况，并与 $\omega_x = \omega_y = \omega_z = 0$ 时的情况进行对比。

2）当导弹的 $\omega_x = \omega_y = \omega_z = 0$ 且光轴处于搜索（以弹轴为中心）状态时，对比框架角信号与搜索信号有何异同并分析原因。导引头采用一字型搜索规律时，地面的搜索区域如何变化？会存在盲区吗？搜索区域覆盖的宽度、盲区的大小与哪些因素有关？

当导弹本身的姿态角在不断变化时，导弹弹轴在空间的位置不断变化，而导引头的光轴围绕着弹轴按照一字型搜索规律运动，此时导引头光轴在空间的变化规律是怎样的？此时的搜索区域呈现什么形状？与什么因素相关？射手在监视器观察到的画面是什么情况？是否有利于射手识别目标？

对比分析导弹姿态角不变（$\omega_x = \omega_y = \omega_z = 0$）和由于 $\omega_y = 5°\cos(3t)$、$\omega_z = 5°\cos(3t)$ 引起姿态角变化时导引头对目标的搜索情况。

3）首先根据目标进场条件判断目标是否进场，转入跟踪后，在导弹的 $\omega_x = \omega_y = \omega_z = 0$ 时，基于仿真结果评估导引头的光轴与视线的重合情况（即能否有效地跟踪目标）。当导弹存在 $\omega_x = 2°\sin t$ 的运动时，分析跟踪精度及跟踪过程中的耦合情况，并与 $\omega_x = \omega_y = \omega_z = 0$ 时的情况进行对比。

4）一字型搜索规律、圆锥型搜索规律和一维视觉效果搜索规律的特点各不相同。例如，一字型搜索规律简单，圆锥型搜索规律的搜索信号光滑连续，一维视觉效果搜索规律具有良好的一维视觉效果，但一字型和圆锥型搜索规律的视觉效果较差，尤其是圆锥型搜索规律，监视器上的画面将同时出现水平和垂直方向的运动，不利于射手识别目标，一维视觉效果搜索规律的俯仰方向搜索信号存在着跳变，从而增加了工程实现难度。结合导引头的耦合模型和仿真结果，对图像导引头采用这三种搜索规律时的优缺点进行定性定量分析。

5）在实验项目内容4）中，导弹以固定的速度做等高平飞，目标做纵向匀速直线运动，视线变化平缓，$|\dot{q}|$ 不大，导引头光轴能够较容易地跟踪视线。当目标进行较大机动时，试对比此时与匀速直线运动两种情况下导弹的视线角速度变化情况，以及导引头光轴对视线的跟踪情况（包括跟踪速度和跟踪精度）。通过设计不同的目标机动方式和水平，进一步分析目标机动对导引头跟踪性能的影响。

16.6 探索与思考

1）如何尽量减小或避免导弹的姿态变化对导引头搜索的影响？

2）搜索规律的搜索速度和搜索周期对搜索区域、视觉效果的影响是什么？

3）综合考虑搜索区域的范围和盲区情况，如何对导弹的飞行速度、飞行高度、搜索规律的搜索速度和搜索周期进行综合协调设计？

4）式（16-9）所示的跟踪状态下导引头输出的信号 U_y、U_z 即为与视线角速度 $\dot{q}_\theta$、$\dot{q}_\psi$ 成比例的制导信号，在末制导阶段，导弹采用此信号进行导引飞行。设计实验分析评估比例 $U_y/\dot{q}_\theta$、$U_z/\dot{q}_\psi$ 是否能稳定在某个常数附近。若不能，试分析原因并研究这样的输出对制导结果有什么影响。

16.7 主题任务

以红外图像导引头和电视图像导引头为例，调研分析国内外图像导引头的技术发展路线和未来的发展趋势。在此基础上进行总结和思考：

1）我国图像导引头的技术发展路线与欧美发达国家相比，有何区别与共性？原因是什么？

2）图像导引头及相关技术的应用对各国发展先进武器装备已经和将会产生哪些深远的影响？在信息技术和人工智能突飞猛进的背景下，结合国际政治环境和经济发展态势，试进行分析和预测。

===== 相关视频 =====

坐标系转换的
常用方法

初等旋转矩阵与
坐标系变换规则

常用坐标系之间的
直接变换

逆变换与间接变换

第 17 章 轴对称导弹倾斜运动的自动稳定

17.1 预期学习成果

1) 理解倾斜运动的自动稳定原理。
2) 能用经典控制理论设计轴对称飞行器的倾斜自动驾驶仪。
3) 能够针对国内外轴对称外形的代表性系列导弹，通过资料调研，就气动外形和总体性能进行对比，分析并总结存在的技术差距和比较优势。
4) 能够通过调研，理解、认识我国在先进武器装备的发展历程中，体现的自主、自强、自信的精神和信念。

17.2 实验背景

轴对称导弹的制导控制系统分为三个通道——俯仰、偏航和倾斜。在导弹具有良好的倾斜稳定系统的情况下，可将上述三个通道的控制系统看作相互解耦的三个系统，分别设计其控制律。当导弹受到倾斜干扰力矩而发生滚转时，导弹弹体并不能产生使倾斜角 γ 消除的力矩。因此，要想使导弹的倾斜运动具有足够的稳定性，必须有倾斜自动驾驶仪（也称作导弹倾斜稳定回路），通过副翼偏转消除倾斜角 γ。导弹倾斜自动驾驶仪的主要功能之一是在干扰作用下使导弹的倾斜运动稳定。

导弹倾斜自动驾驶仪的组成有多种形式，有的用自由陀螺仪测量导弹的滚转角 γ，然后构成闭合回路；有的用自由陀螺仪和角速度陀螺仪分别测量 γ 和 $\dot{\gamma}$，然后形成闭合回路。设计具有良好性能的倾斜自动驾驶仪，对飞行器的稳定和机动都是非常重要的。

17.3 实验基础

17.3.1 前序实验

- 导弹纵向动态特性分析
- 面对称型飞行器侧向动态特性分析

17.3.2 相关知识与理论基础

17.3.2.1 倾斜扰动运动方程及传递函数

假定未扰动运动的俯仰角、弹道倾角和攻角足够小，将第 13 章中的飞行器侧向扰动运动方程组进行简化，可得

$$\left.\begin{aligned}&\frac{\mathrm{d}^2\Delta\gamma}{\mathrm{d}t^2} - b_{11}\frac{\mathrm{d}\Delta\gamma}{\mathrm{d}t} - b_{12}\frac{\mathrm{d}\Delta\psi}{\mathrm{d}t} - b_{14}\Delta\beta = b_{15}\Delta\delta_y + b_{17}\Delta\delta_x + b_{18}M_{gx}\\&\frac{\mathrm{d}^2\Delta\psi}{\mathrm{d}t^2} - b_{21}\frac{\mathrm{d}\Delta\gamma}{\mathrm{d}t} - b_{22}\frac{\mathrm{d}\Delta\psi}{\mathrm{d}t} - b_{24}\Delta\beta - b'_{24}\dot{\Delta\beta} = b_{25}\Delta\delta_y + b_{28}M_{gy}\\&\frac{\mathrm{d}\Delta\psi_V}{\mathrm{d}t} - b_{34}\Delta\beta - b_{36}\Delta\gamma = b_{35}\Delta\delta_y + b_{38}F_{gz}\\&\Delta\psi - \Delta\psi_V - \Delta\beta = 0\end{aligned}\right\} \quad (17-1)$$

此方程组包含了未知数 $\Delta\psi_V$、$\Delta\psi$、$\Delta\beta$ 和 $\Delta\gamma$，通常用来研究面对称型飞行器做接近水平飞行时的侧向稳定性。

对于轴对称型导弹，系数 b_{12} 和 b_{21} 与其他系数相比是很小的，式（17-1）中与其相对应的项可以省略。

如果导弹在自动驾驶仪偏转副翼的作用下具有良好的倾斜稳定性，能够使倾斜角 γ 很小，则可以省略重力的侧向分量 $b_{36}\Delta\gamma$。此时，侧向扰动运动方程组可以分解为一个偏航扰动运动方程组和一个单独描述倾斜扰动运动的方程式，有

$$\left.\begin{aligned}&\frac{\mathrm{d}^2\Delta\psi}{\mathrm{d}t^2} - b_{22}\frac{\mathrm{d}\Delta\psi}{\mathrm{d}t} - b_{24}\Delta\beta - b'_{24}\dot{\Delta\beta} = b_{25}\Delta\delta_y + b_{28}M_{gy}\\&\frac{\mathrm{d}\Delta\psi_V}{\mathrm{d}t} - b_{34}\Delta\beta = b_{35}\Delta\delta_y + b_{38}F_{gz}\\&\Delta\psi - \Delta\psi_V - \Delta\beta = 0\end{aligned}\right\} \quad (17-2)$$

$$\frac{\mathrm{d}^2\Delta\gamma}{\mathrm{d}t^2} - b_{11}\frac{\mathrm{d}\Delta\gamma}{\mathrm{d}t} = b_{14}\Delta\beta + b_{15}\Delta\delta_y + b_{17}\Delta\delta_x + b_{18}M_{gx} \quad (17-3)$$

式（17-2）和式（17-3）用于研究偏航和倾斜扰动运动是很方便的。其中，偏航扰动运动方程组是独立的，倾斜扰动运动方程可以在偏航扰动运动方程组求解后单独求解。因此，式（17-3）右边表示偏航扰动运动对倾斜扰动运动影响的 $b_{14}\Delta\beta$ 和 $b_{15}\Delta\delta_y$ 可以看作已知干扰力矩，如果忽略此两项，则式（17-3）可变为

$$\frac{\mathrm{d}^2\Delta\gamma}{\mathrm{d}t^2} - b_{11}\frac{\mathrm{d}\Delta\gamma}{\mathrm{d}t} = b_{17}\Delta\delta_x + b_{18}M_{gx} \quad (17-4)$$

这样，偏航扰动运动和倾斜扰动运动就相互完全独立。对于轴对称导弹，这样的近似具有很好的精确性。

由式（17-4）可以得到以副翼偏转角偏量 $\Delta\delta_x$ 为输入、倾斜角偏量 $\Delta\gamma$ 为输出的传递函数为

$$G_{\delta_x}^{\gamma}(s) = \frac{b_{17}}{s(s-b_{11})} \tag{17-5}$$

整理为典型环节，传递函数可以表示为

$$G_{\delta_x}^{\gamma}(s) = \frac{K_{DX}}{s(T_{DX}s+1)} \tag{17-6}$$

式中，$K_{DX} = -\dfrac{b_{17}}{b_{11}}$；$T_{DX} = -\dfrac{1}{b_{11}}$。

由式（17-6）可知，假设存在常值舵偏角 $\Delta\delta_x$，在它的作用下，导弹在稳态时将以转速 $K_{DX}\Delta\delta_x$ 旋转，滚转角将会不断增大（绝对值）。因此，要保持倾斜运动的稳定，采用开环控制是不行的，必须采用闭环控制。

17.3.2.2 倾斜自动驾驶仪的设计

最简单的倾斜自动驾驶仪由弹体、自由陀螺和舵机组成，针对此系统，如果想有效提高系统对干扰的抑制作用，就必须提高控制器的增益。但是，随着增益的增大，闭环系统的振荡性会增强。为了改善系统的瞬态性能，一般还需要引入角速度反馈。倾斜自动驾驶仪的结构框图示意如图 17-1 所示。图中，K_A、K_g 为设计参数。

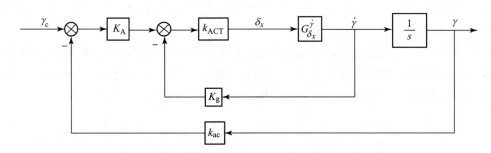

图 17-1　倾斜自动驾驶仪结构框图示意

图 17-1 所示的倾斜自动驾驶仪的开环传递函数为

$$HG_{\gamma}(s) = \frac{k_{ACT}b_{17}(K_g s + k_{ac}K_A)}{s(s-b_{11})} \tag{17-7}$$

根据式（17-7）可得倾斜自动驾驶仪的闭环传递函数为

$$G_{\gamma_c}^{\gamma}(s) = \frac{k_{ACT}G_{\delta_x}^{\gamma}(s)}{1+HG_{\gamma}(s)} = \frac{k_{ACT}b_{17}}{s^2+(k_{ACT}b_{17}K_g-b_{11})s+k_{ACT}b_{17}k_{ac}K_A} \tag{17-8}$$

由式（17-8）可知其特征方程为

$$s^2 + (k_{ACT}b_{17}K_g - b_{11})s + k_{ACT}b_{17}k_{ac}K_A = 0 \tag{17-9}$$

式（17-9）为一个二阶系统的特征方程 $s^2 + 2\mu\omega s + \omega^2 = 0$（其中，$\omega^2 = b_{17}k_{ACT}K_A k_{ac}$，$\mu = \dfrac{k_{ACT}b_{17}K_g - b_{11}}{2\omega}$），若给定期望的阻尼比 μ_c 和自由振荡频率 ω_c，根据极点配置的方法可得设计参数 K_A、K_g 为

$$\left.\begin{array}{l} K_A = \dfrac{\omega_c^2}{b_{17}k_{ACT}k_{ac}} \\ K_g = \dfrac{2\mu_c\omega_c + b_{11}}{b_{17}k_{ACT}} \end{array}\right\} \quad (17-10)$$

17.3.3 基础数据

本实验所需的有关系数可参考取值为 $b_{11} = -1.45$、$b_{17} = -5.04$、$b_{18} = 0.12$、$k_{ACT} = 1$、$k_{ac} = 1$。

17.4 实验项目内容

1) 假设在初始时刻，导弹受到干扰，出现了倾斜角偏差 $\Delta\gamma = 10°$，设计自动驾驶仪，使导弹能消除初始倾斜角偏差，并根据实验结果分析自动驾驶仪设计参数对动态过程的影响。

2) 假设存在常值干扰 $M_{gx} = 40 \text{ N·m}$，且存在初始的倾斜角偏差 $\Delta\gamma = 10°$，利用实验项目内容 1) 中设计的自动驾驶仪进行仿真。观察 $\Delta\gamma$ 和 $\Delta\delta_x$ 的变化情况。调整自动驾驶仪的设计参数，能否使 $\Delta\gamma$ 收敛为零？

3) 设计倾斜自动驾驶仪，使得同时存在常值干扰和初始偏差时，$\Delta\gamma$ 的稳态值为零。

17.5 实验结果分析

1) 按照式 (17-10) 所示的参数设定方法，设定 K_A 和 K_g，然后进行仿真。分析：$\Delta\gamma$ 会由 10° 逐渐变为 0 吗？导弹能实现滚转方向的稳定吗？

按照以下思路分析 $\Delta\gamma$ 的变化情况。

由图 17-1 可知，

$$\Delta\delta_x = -k_{ACT}(K_A k_{ac}\Delta\gamma + K_g \Delta\dot\gamma) \quad (17-11)$$

已知 $k_{ACT} = 1$、$k_{ac} = 1$，因此有 $\Delta\delta_x = -(K_A\Delta\gamma + K_g\Delta\dot\gamma)$，将其代入式 (17-4) 并令干扰力矩 $M_{gx} = 0$，有

$$\Delta\ddot\gamma + (b_{17}K_g - b_{11})\Delta\dot\gamma + b_{17}K_A\Delta\gamma = 0 \quad (17-12)$$

将式 (17-10) 代入式 (17-12)，可得

$$\Delta\ddot\gamma + 2\mu\omega\Delta\dot\gamma + \omega^2\Delta\gamma = 0 \quad (17-13)$$

对式 (17-13) 两端进行拉普拉斯变换，可得

$$s^2\Delta\gamma(s) - s\Delta\gamma(0) - \Delta\dot\gamma(0) + 2\mu\omega(s\Delta\gamma(s) - \Delta\gamma(0)) + \omega^2\Delta\gamma(s) = 0 \quad (17-14)$$

初始滚转角速度偏量 $\Delta\dot\gamma(0) = 0$，则 $\Delta\gamma(s)$ 为

$$\Delta\gamma(s) = \dfrac{s + 2\mu\omega}{s^2 + 2\mu\omega s + \omega^2}\Delta\gamma(0) \quad (17-15)$$

由于 μ、ω 均大于零，故特征方程的系数均大于零，因此滚转通道是稳定的。进一步，由终值定理得滚转角偏量的稳态值 $\Delta\gamma_\varepsilon$ 为

$$\Delta\gamma_\varepsilon = \lim_{s\to 0} s\Delta\gamma(s) = \lim_{s\to 0} s\frac{s+2\mu\omega}{s^2+2\mu\omega s+\omega^2}\Delta\gamma(0) = 0 \qquad (17-16)$$

从物理意义看，$\Delta\delta_x$ 包含两部分信号，分别与 $\Delta\gamma$、$\Delta\dot\gamma$ 成比例，实际上是加入了滚转角和其角速度反馈。加入滚转角反馈后，产生了大小为 $|M_x^{\delta_x}k_{ACT}K_Ak_{ac}\gamma|$、方向与 γ 相反的滚转控制力矩，相当于引入了滚转静稳定力矩，使滚转通道具有了静稳定性。加入大小为 $|M_x^{\delta_x}k_{ACT}K_g\dot\gamma|$、方向与 $\Delta\dot\gamma$ 相反的反馈项后，在原来只有滚动阻尼力矩的基础上加入了由副翼偏转产生的控制力矩，这部分控制力矩所起的作用相当于进一步增大了滚转通道的阻尼力矩。只要参数取得合适，就可以使滚转通道稳定并具有良好的动态性能。对实验数据进行分析，判断结果是否与上述分析一致。

2）上述系统在无滚转干扰力矩的情况下，过渡过程结束后，滚转角偏量总能稳定到零。如果存在常值滚转干扰力矩，滚转角偏量在经过过渡过程后会有怎样的变化呢？

令干扰力矩 M_{gx} 为非零常值，则式（17-12）变为

$$\Delta\ddot\gamma + (b_{17}K_g - b_{11})\Delta\dot\gamma + b_{17}K_A\Delta\gamma = b_{18}M_{gx} \qquad (17-17)$$

对式（17-17）进行拉普拉斯变换，可得

$$\Delta\gamma(s) = \frac{s+2\mu\omega}{s^2+2\mu\omega s+\omega^2}\Delta\gamma(0) + \frac{b_{18}M_{gx}}{s(s^2+2\mu\omega s+\omega^2)} \qquad (17-18)$$

对式（17-18）运用终值定理，得

$$\Delta\gamma_\varepsilon = \lim_{s\to 0} s\Delta\gamma(s) = \lim_{s\to 0} s\left(\frac{s+2\mu\omega}{s^2+2\mu\omega s+\omega^2}\Delta\gamma(0) + \frac{b_{18}M_{gx}}{s(s^2+2\mu\omega s+\omega^2)}\right) = \frac{b_{18}M_{gx}}{\omega^2}$$

$$(17-19)$$

将 $\omega^2 = b_{17}k_{ACT}K_Ak_{ac}$ 代入式（17-19），可得 $\Delta\gamma_\varepsilon = \dfrac{b_{18}M_{gx}}{b_{17}k_{ACT}K_Ak_{ac}}$。将 $\Delta\gamma_\varepsilon$ 代入式（17-11），可得对应的副翼偏转角的稳态值为 $\Delta\delta_{x\varepsilon} = -\dfrac{b_{18}M_{gx}}{b_{17}}$，即 $\Delta\delta_x$ 和 $\Delta\gamma$ 均出现了非零的稳态值。出现稳态值 $\Delta\gamma_\varepsilon$、$\Delta\delta_{x\varepsilon}$ 的具体原因如下：由倾斜干扰力矩 M_{gx} 引起倾斜运动，当过渡过程结束后，M_{gx} 仍保持常量，要使导弹保持力矩平衡，副翼必须偏转相应的角度，以便产生可以抵消干扰力矩的倾斜控制力矩。要想自动驾驶仪转动副翼，只有在出现 $\Delta\gamma$ 或 $\Delta\dot\gamma$ 的条件下才有可能。如果 $\Delta\dot\gamma$ 不为零，导弹就要继续滚转，过渡过程就不会结束，所以只能是倾斜角 $\Delta\gamma$ 达到稳态值，相应地，副翼也稳定到一定的角度产生相应的控制力矩以平衡干扰力矩。

对实验数据进行分析，判断结果是否与上述分析一致。

3）由于在导弹上作用了常值干扰力矩，因此若经过动态过程之后导弹不再滚转，则必将副翼偏转到某一固定位置，以使力矩处于平衡状态，此时倾斜角稳态值 $\Delta\gamma_\varepsilon$ 必然不为零。消除稳态值 $\Delta\gamma_\varepsilon$ 的方法是改变副翼的调节规律，这就要改变自动驾驶仪的结构。如果设法使副翼偏转角在动态过程中作为倾斜角偏量的被积函数，则调节规律可以表示成

$$\Delta\delta_x = \int K_\gamma \Delta\gamma \mathrm{d}t \tag{17-20}$$

这样，在过渡过程结束时，即使倾斜角 $\Delta\gamma$ 为零，副翼仍有可能保持在某个固定偏角，所产生的控制力矩若能刚好平衡干扰力矩，就能使稳态误差 $\Delta\gamma_\varepsilon$ 为零。

对式（17-20）进行微分，得

$$\Delta\dot{\delta}_x = K_\gamma \Delta\gamma \tag{17-21}$$

如果在引入倾斜角 $\Delta\gamma$ 信号的同时还引入 $\Delta\dot{\gamma}$ 信号，则调节规律可以写成

$$\Delta\dot{\delta}_x = K_\gamma \Delta\gamma + K_{\dot{\gamma}} \Delta\dot{\gamma} \tag{17-22}$$

式（17-21）或式（17-22）称为无静差调节规律。请自行设计相应的控制参数并进行仿真验证，观察能否有效地使 $\Delta\gamma_\varepsilon$ 收敛于零。

17.6 探索与思考

1）考虑舵机的动态特性，如将其视为一阶或二阶环节或考虑其延迟特性，如何设计倾斜自动驾驶仪？自行设计数字仿真实验，研究系统在初始干扰和常值干扰作用下的动态过程。

2）同时考虑偏航扰动运动对倾斜扰动运动的影响，如何设计自动驾驶仪能使倾斜方向稳定？

3）结合有关的飞行器动力系数，量化分析 b_{14}、b_{15} 在式（17-3）中的作用，评估忽略相关的两项之后所造成的误差及合理性。

4）横向静稳定性是面对称型飞行器的重要性能参数之一，它与纵向、偏航（航向）静稳定性有何本质上的不同？自行设计实验，研究决定倾斜运动自由振荡频率的主要因素是什么？为什么这个频率与横向静稳定性没有直接关系而纵向、偏航方向的自由振荡频率分别与纵向和偏航方向的静稳定性直接相关？

17.7 主题任务

我国"霹雳"系列导弹和美国的 AIM-9 系列和 AIM-120 系列导弹，都是典型的轴对称外形的空对空导弹。由于鸭式布局具有升阻比大、快速性好、操纵效率高、铰链力矩小等优点，因而在空对空导弹中应用广泛。但是，鸭舵差动会在主翼上诱导产生方向相反的滚转力矩，因此直接通过鸭舵控制弹体的滚转就比较困难。请调研国内外鸭式布局空对空导弹的滚转控制方案，以及近年来空对空导弹气动布局的变化趋势。此基础上总结并思考：

1）我国"霹雳"系列空对空导弹的气动外形设计和总体性能，和美国同时代的 AIM-9 系列和 AIM-120 系列导弹相比，技术差距和比较优势有何变化？

2）我国"霹雳"系列空对空导弹从引进仿制、吸收改进，到以我为主、自行设计，最终跻身一流、走在世界前列的发展历程中，体现出来的自主、自强、自信的奋斗精神和坚定信念。

相关视频

导弹的纵向运动与侧向运动

稳定性分析

操纵机构阶跃偏转时的过渡过程

过渡过程时间、最大偏差和超调量

侧向扰动运动方程组

侧向自由扰动运动分析

第18章 "导弹-目标"攻防对抗建模与仿真

18.1 预期学习成果

1) 掌握过载自动驾驶仪、姿态自动驾驶仪的设计方法,能够设计典型的过载自动驾驶仪,用于飞行器的制导与控制。

2) 能建立包括目标、导弹、导引系统、自动驾驶仪、制导律在内的大回路数学模型并进行仿真,具备基本的系统分析与设计能力。

3) 掌握导弹、目标攻防对抗的基本分析方法,能够建立描述导弹—目标对抗运动的数学模型和仿真系统,通过数字仿真完成给定条件下的导弹—目标对抗仿真。

4) 能够理解人在回路的工作模式对于图像制导导弹的意义,辩证看待其优势和不足。

5) 能够为提高人在回路的图像制导导弹的作战性能,从技术和非技术的角度提供解决方案或路径。

18.2 实验背景

图像制导导弹可以对武装直升机、坦克和其他高价值点目标实施远程精确打击。导弹发射后,按照预定的弹道方案飞行,当飞到目标区域时,导引头按预定的方案对目标进行搜索,发现目标后对目标进行人工或自动捕获、跟踪,最后转入末制导对目标进行攻击。美国的增强型 EFOG-M、德法意三国联合研制的"独眼巨人"(Polypheme)等导弹都属于光纤图像制导导弹,即导弹利用光纤将弹上图像导引头拍摄的前方战场图像传输到地面监视器,射手根据收到的图像信息分析战场情况,并通过同一根光纤向导弹发送控制指令以控制导弹飞行。在射手的参与下,一旦发现并识别了目标,射手即发出指令让导引头锁定目标,导弹转入自动寻的飞行直至命中目标,也可以由射手通过控制手柄直接操纵导弹飞向目标。

对于图像制导导弹,目标能否进场是至关重要的,目标进场是对其进行识别、捕获和攻击的前提。图像制导导弹通过搜索来扩大地面搜索区域,以增大目标进场的概率。但目标也会进行机动,以尽量不被导弹搜索到或者尽量在导引头视场里的停留时间最短,另外,目标进行大的机动也会加大射手对其进行捕获的难度。因此,研究图像制导导弹和目标之间的这种攻防对抗是非常必要和重要的。

根据图像制导导弹的工作过程,其弹道一般由无控段、爬升段、平飞段(包括搜索段）和末制导段组成。前面几章的实验分别研究了导弹的平面无控飞行、六自由度无控飞行、铅垂面弹道设计、导引律、导引头建模、目标搜索、倾斜稳定系统等，本实验将研究三维空间内导弹的六自由度可控飞行，是前述实验的综合和扩展。在控制系统设计方面，本实验将引入姿态自动驾驶仪和过载自动驾驶仪，以实现设计的弹道方案。在制导律方面，本实验将介绍三维比例导引律。

18.3 实验基础

18.3.1 前序实验

- 铅垂面内弹道设计与成形控制
- 六自由度无控弹道解算及散布分析
- 比例导引律实验
- 图像导引头建模与仿真
- 轴对称导弹倾斜运动的自动稳定

18.3.2 相关知识与理论基础

18.3.2.1 模型的建立

1. 导弹模型

导弹的动力学模型、运动学模型、几何关系方程、质量方程与第 4 章实验中的相同。

2. 目标模型

建立目标的质点模型与第 16 章实验中的相同。

3. 导弹 – 目标相对运动模型

为了建立导弹和目标在三维空间运动时的相对运动模型，在此引入第二视线坐标系 $Ox'_s y'_s z'_s$，如图 18 – 1 所示。

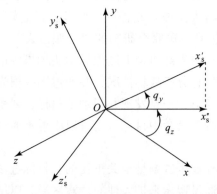

图 18 – 1 第二视线坐标系与地面坐标系示意

图 18 – 1 中，坐标系 $Oxyz$ 的原点 O 为导弹质心，三个坐标轴分别平行于地面坐标系的三轴。第二视线坐标系 $Ox'_s y'_s z'_s$ 的原点 O 为导弹质心；Ox'_s 轴与视线重合，以指向目标为正；Oy'_s 轴位于包含 Ox'_s 轴的铅垂面内，垂直于 Ox'_s 轴，以指向上为正；Oz'_s 轴按右手

定则确定。$Ox'_s y'_s z'_s$ 与地面坐标系之间的相对位置可以由视线高低角 q_y 和视线方位角 q_z 来表示，分别定义如下：

视线高低角 q_y：Ox'_s 与水平面之间的夹角，视线在水平面上方为正，反之为负。

视线方位角 q_z：Ox'_s 在水平面的投影 Ox''_s 与地面坐标系 Ox 之间的夹角，迎 q_z 角平面观察，若由 Ox 轴转至 Ox''_s 是逆时针旋转则为正，反之为负。

$Ox'_s y'_s z'_s$ 与地面坐标系之间的转换关系为

$$\begin{bmatrix} x'_s \\ y'_s \\ z'_s \end{bmatrix} = \boldsymbol{L}(q_y, q_z) \begin{bmatrix} x \\ y \\ z \end{bmatrix} \tag{18-1}$$

式中，

$$\begin{aligned} \boldsymbol{L}(q_y, q_z) &= \begin{bmatrix} \cos q_y & \sin q_y & 0 \\ \sin q_y & \cos q_y & 0 \\ 0 & 0 & 1 \end{bmatrix} \begin{bmatrix} \cos q_z & 0 & -\sin q_z \\ 0 & 1 & 0 \\ \sin q_z & 0 & \cos q_z \end{bmatrix} \\ &= \begin{bmatrix} \cos q_y \cos q_z & \sin q_y & -\cos q_y \sin q_z \\ -\sin q_y \cos q_z & \cos q_y & \sin q_y \sin q_z \\ \sin q_z & 0 & \cos q_z \end{bmatrix} \end{aligned} \tag{18-2}$$

在地面坐标系下，设导弹的位置矢径为 $\boldsymbol{r}_M$，目标的位置矢径为 $\boldsymbol{r}_T$，则弹目线矢量 $\boldsymbol{r}$ 为

$$\boldsymbol{r} = \boldsymbol{r}_T - \boldsymbol{r}_M \tag{18-3}$$

对式（18-3）求导并考虑 $\dot{\boldsymbol{r}}_T = \boldsymbol{v}_T$、$\dot{\boldsymbol{r}}_M = \boldsymbol{v}_M$，得

$$\dot{\boldsymbol{r}} = \dot{\boldsymbol{r}}_T - \dot{\boldsymbol{r}}_M = \boldsymbol{V}_T - \boldsymbol{V} \tag{18-4}$$

将式（18-4）投影到第二视线坐标系，求 $\dot{\boldsymbol{r}}$ 的投影。根据绝对导数和相对导数的关系，有

$$\frac{\mathrm{d}\boldsymbol{r}}{\mathrm{d}t} = \frac{\delta \boldsymbol{r}}{\delta t} + \boldsymbol{\omega}_s \times \boldsymbol{r} \tag{18-5}$$

式中，$\boldsymbol{\omega}_s$——$Ox'_s y'_s z'_s$ 相对地面坐标系的旋转角速度。

将式（18-5）投影到坐标系 $Ox'_s y'_s z'_s$ 中，假设 $\boldsymbol{i}'_s$、$\boldsymbol{j}'_s$、$\boldsymbol{k}'_s$ 分别为 $Ox'_s y'_s z'_s$ 各轴的单位矢量，则有

$$\boldsymbol{r} = r_{xs} \boldsymbol{i}'_s + r_{ys} \boldsymbol{j}'_s + r_{zs} \boldsymbol{k}'_s = r \boldsymbol{i}'_s \tag{18-6}$$

因此，有

$$\frac{\delta \boldsymbol{r}}{\delta t} = \dot{r} \boldsymbol{i}'_s \tag{18-7}$$

设 $\boldsymbol{\omega}_s = \omega_{xs} \boldsymbol{i}'_s + \omega_{ys} \boldsymbol{j}'_s + \omega_{zs} \boldsymbol{k}'_s$，由地面坐标系和第二视线坐标系之间的转换关系可知

$$\begin{bmatrix} \omega_{xs} \\ \omega_{ys} \\ \omega_{zs} \end{bmatrix} = \boldsymbol{L}(q_y, q_z) \begin{bmatrix} 0 \\ \dot{q}_z \\ 0 \end{bmatrix} + \begin{bmatrix} 0 \\ 0 \\ \dot{q}_y \end{bmatrix} = \begin{bmatrix} \dot{q}_z \sin q_y \\ \dot{q}_z \cos q_y \\ \dot{q}_z \end{bmatrix} \tag{18-8}$$

将式（18-6）~式（18-8）代入式（18-5），可得

$$\frac{\mathrm{d}\boldsymbol{r}}{\mathrm{d}t} = \begin{bmatrix} \dfrac{\mathrm{d}r}{\mathrm{d}t} \\ r\dfrac{\mathrm{d}q_y}{\mathrm{d}t} \\ -r\cos q_y \dfrac{\mathrm{d}q_z}{\mathrm{d}t} \end{bmatrix} \qquad (18-9)$$

接下来，将 $\boldsymbol{V}_\mathrm{T}$、$\boldsymbol{V}$ 投影到第二视线坐标系。

$\boldsymbol{V}$ 在导弹弹道坐标系的投影为 $[V \ 0 \ 0]$，基于弹道坐标系与地面坐标系、地面坐标系与第二视线坐标系之间的转换关系，可得 $\boldsymbol{V}$ 在 $Ox'_s y'_s z'_s$ 中的投影为

$$\begin{bmatrix} V_{xs} \\ V_{ys} \\ V_{zs} \end{bmatrix} = \boldsymbol{L}(q_y, q_z) \boldsymbol{L}^\mathrm{T}(\theta, \psi_V) \begin{bmatrix} V \\ 0 \\ 0 \end{bmatrix} \qquad (18-10)$$

同理，可得 $\boldsymbol{V}_\mathrm{T}$ 在 $Ox'_s y'_s z'_s$ 中的投影为

$$\begin{bmatrix} V_{\mathrm{T}xs} \\ V_{\mathrm{T}ys} \\ V_{\mathrm{T}zs} \end{bmatrix} = \boldsymbol{L}(q_y, q_z) \boldsymbol{L}^\mathrm{T}(\theta_\mathrm{T}, \psi_{V_\mathrm{T}}) \begin{bmatrix} V_\mathrm{T} \\ 0 \\ 0 \end{bmatrix} \qquad (18-11)$$

将式（18-9）~式（18-11）代入式（18-4），可得弹目相对运动方程组为

$$\left. \begin{aligned} \frac{\mathrm{d}r}{\mathrm{d}t} &= V_\mathrm{T}[\cos\theta_\mathrm{T}\cos q_y \cos(\psi_{V_\mathrm{T}} - q_z) + \sin\theta_\mathrm{T}\sin q_y] - \\ & \quad V[\cos\theta\cos q_y \cos(\psi_V - q_z) + \sin\theta\sin q_y] \\ \frac{\mathrm{d}q_y}{\mathrm{d}t} &= \{V_\mathrm{T}[\sin\theta_\mathrm{T}\cos q_y - \cos\theta_\mathrm{T}\sin q_y\cos(\psi_{V_\mathrm{T}} - q_z)] - \\ & \quad V[\sin\theta\cos q_y - \cos\theta\sin q_y\cos(\psi_V - q_z)]\}/r \\ \frac{\mathrm{d}q_z}{\mathrm{d}t} &= \frac{V_\mathrm{T}\cos\theta_\mathrm{T}\sin(\psi_{V_\mathrm{T}} - q_z) - V\cos\theta\sin(\psi_V - q_z)}{r\cos q_y} \end{aligned} \right\} \qquad (18-12)$$

4. 导引头模型

本实验采用简化的导引头模型，忽略了导引头俯仰和偏航方向的耦合，即将第 16 章实验中的式（16-10）简化为

$$\begin{bmatrix} M_y \\ M_z \end{bmatrix} = \frac{K_3 K_\mathrm{M}}{Ts + 1} \begin{bmatrix} U_y \\ -U_z \end{bmatrix} \qquad (18-13)$$

将式（16-11）的第二式、第三式简化为

$$\left. \begin{aligned} \omega_{yg} &= \frac{-HM_z}{J_e^2 s^2 + 2J_e C s + H^2} \\ \omega_{zg} &= \frac{HM_y}{J_e^2 s^2 + 2J_e C s + H^2} \end{aligned} \right\} \qquad (18-14)$$

导引头模型中的其他方程与第 16 章的实验相同。本模型中，式（16 – 9）所示的导引头输出信号 U_y、U_z 即与视线角速度成比例的制导信号。

18.3.2.2 弹道及控制系统设计

某图像制导导弹的弹道分为无控段、爬升段、平飞段（包括搜索段）和末制导段。导弹发射后 2 s 启控、按照预置的飞行方案爬升，然后转入平飞，当飞抵目标区域附近（如距离目标 6 km）时，对目标进行搜索。当目标进场后，由射手对目标进行识别和跟踪，当弹目距离小于某一设定距离（如 2 km）或满足其他预置条件时，转入末制导。

1. 爬升段

爬升段按照给定的俯仰角方案爬升，俯仰角方案的设计参考第 3 章的实验，导弹将俯仰角指令输入姿态自动驾驶仪来实现。典型的姿态自动驾驶仪的结构框图示意如图 18 – 2 所示。

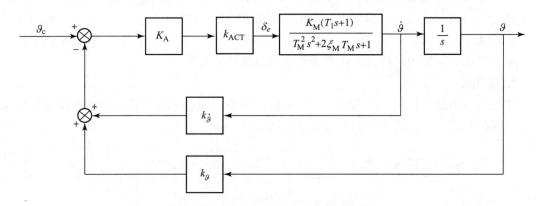

图 18 – 2　姿态自动驾驶仪结构框图示意

图 18 – 2 中，ϑ_c 为俯仰角指令；k_ϑ、$k_{\dot\vartheta}$ 分别为俯仰角和角速度反馈增益；K_A 为前向增益；$\dfrac{K_M(T_1 s + 1)}{T_M^2 s^2 + 2\xi_M T_M s + 1}$ 为以升降舵偏角为输入、俯仰角速度为输出的传递函数 $W_\delta^{\dot\vartheta}(s)$。由图 18 – 2 可知，典型的姿态自动驾驶仪一般由角速度阻尼回路和姿态角主反馈回路组成。设计姿态自动驾驶仪主要考虑 K_A、k_ϑ、$k_{\dot\vartheta}$ 三个参数，k_ϑ 通常取为 1，这样可以使设计参数减少为两个。于是，图 18 – 2 所示的姿态自动驾驶仪的闭环传递函数为

$$
\frac{\vartheta(s)}{\vartheta_c(s)} = \frac{T_1 s + 1}{\dfrac{T_M^2}{K_A K_M} s^3 + \dfrac{2\xi_M T_M + K_A K_M T_1 k_{\dot\vartheta}}{K_A K_M} s^2 + \dfrac{K_A K_M (T_1 + k_{\dot\vartheta}) + 1}{K_A K_M} s + 1}
$$

$$
= \frac{T_1 s + 1}{(\tau_1^2 s^2 + 2\xi \tau_1 s + 1)(\tau_2 s + 1)} \tag{18 – 15}
$$

由式（18 – 15）可知，姿态自动驾驶仪的闭环增益等于 1，其闭环传递函数特征方程是一个三次方程。根据系数的对应关系，有

$$\left.\begin{aligned}\tau_1^2\tau_2 &= \frac{T_M^2}{K_A K_M} \\ 2\xi\tau_1\tau_2 + \tau_1^2 &= \frac{2\xi_M T_M + K_A K_M T_1 k_{\dot\vartheta}}{K_A K_M} \\ 2\xi\tau_1 + \tau_2 &= \frac{K_A K_M(T_1 + k_{\dot\vartheta}) + 1}{K_A K_M}\end{aligned}\right\} \quad (18-16)$$

将以上公式转换成 τ_1、τ_2 的表达式并分析，可得

$$\tau_1 < T_M \quad (18-17)$$

$$\tau_2 > T_1 \quad (18-18)$$

由式（18-17）和式（18-18）可知，τ_1 为闭环后自动驾驶仪高频根的时间常数，τ_2 为闭环后低频根的时间常数。由于 $\tau_1 < T_M$、$T_1 < \tau_2$、$\xi_M < \xi$，因此在保证姿态角对理想姿态角指令无误差跟踪的前提下，姿态自驾仪使高频根响应得更快、低频根响应得更慢，阻尼特性得以改善。在一般情况下，取闭环后期望的系统阻尼 ξ 为 0.7，$\tau_1 = T_M/n$（n 一般取 3~5），此时，式（18-16）中有三个未知数（K_A、$k_{\dot\vartheta}$、τ_2）和三个相互独立的方程，可以求得未知数的解析解，从而确定姿态自驾仪的参数。

2. 平飞段

平飞段采用高度控制，在本实验中，采用内回路为姿态自动驾驶仪的高度控制系统来实现导弹的等高平飞。高度控制系统框图示意如图 18-3 所示。

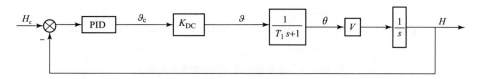

图 18-3 高度控制系统框图示意

需要说明的是，在设计高度控制系统的过程中采用了回路分离法：只要内回路（姿态自动驾驶仪）的带宽远大于外回路的带宽（5 倍以上），那么设计外回路时就可以把内回路作为一个稳态增益来处理。因此，在图 18-3 中，内回路姿态自动驾驶仪被其稳态增益 K_{DC} 代替，且 $K_{DC} = 1$。由图 18-3 可得高度控制系统的闭环传递函数为

$$\begin{aligned}G_{H_c}^H &= \frac{K_{DC} V(K_D s^2 + K_P s + K_I)}{s^2(T_1 s + 1) + K_{DC} V(K_D s^2 + K_P s + K_I)} \\ &= \frac{K_{DC} V(K_D s^2 + K_P s + K_I)}{T_1 s^3 + (K_{DC} V K_D + 1)s^2 + K_{DC} V K_P s + K_{DC} V K_I}\end{aligned} \quad (18-19)$$

式中，$(K_D s^2 + K_P s + K_I)/s$ 为 PID 环节的传递函数。将式（18-19）进一步整理为

$$G_{H_c}^H = \frac{(K_D s^2 + K_P s + K_I)/K_I}{\dfrac{T_1}{K_{DC} V K_I}s^3 + \dfrac{(K_{DC} V K_D + 1)}{K_{DC} V K_I}s^2 + \dfrac{K_P}{K_I}s + 1} \quad (18-20)$$

假设高度控制系统闭环传递函数的等效形式为

$$G_{H_c}^H = \frac{(K_D s^2 + K_P s + K_I)/K_I}{(\tau s + 1)\left(\dfrac{s^2}{\omega^2} + \dfrac{2\zeta}{\omega}s + 1\right)} \tag{18-21}$$

令式（18-20）和式（18-21）分母对应项的系数相等，则有

$$\left.\begin{array}{l} \dfrac{\tau}{\omega^2} = \dfrac{T_1}{K_{DC} V K_I} \\[2mm] \dfrac{2\tau\zeta}{\omega} + \dfrac{1}{\omega^2} = \dfrac{(K_{DC} V K_D + 1)}{K_{DC} V K_I} \\[2mm] \tau + \dfrac{2\zeta}{\omega} = \dfrac{K_P}{K_I} \end{array}\right\} \tag{18-22}$$

式（18-22）中的 ω、ζ、τ 为设计指标，能根据系统的预期性进行确定。然后，根据式（18-22）即可求出 PID 环节的三个系数，分别为

$$\left.\begin{array}{l} K_P = \dfrac{(2\zeta/\omega + \tau) T_1 \omega^2}{K_{DC} V \tau} \\[2mm] K_I = \dfrac{T_1 \omega^2}{K_{DC} V \tau} \\[2mm] K_D = \dfrac{(1/\omega^2 + 2\zeta\tau/\omega) T_1 \omega^2/\tau - 1}{K_{DC} V} \end{array}\right\} \tag{18-23}$$

3. 末制导段

导弹在末制导段攻击目标时，可以采用三维比例导引律，比例导引指令可以传输至过载自动驾驶仪来实现。

1）三维比例导引律。

比例导引律在三维空间表示为

$$\boldsymbol{A}_M^C = N\boldsymbol{\omega}_s \times \boldsymbol{V} \tag{18-24}$$

式中，$\boldsymbol{A}_M^C$——加速度指令；

N——比例系数；

$\boldsymbol{\omega}_s$——视线旋转角速度；

$\boldsymbol{V}$——导弹的速度矢量。

根据第二视线坐标系与地面坐标系的关系，可得 $\boldsymbol{\omega}_s$ 在地面坐标系的投影 $[\dot{\lambda}_x, \dot{\lambda}_y, \dot{\lambda}_z]$ 为

$$\begin{bmatrix} \dot{\lambda}_x \\ \dot{\lambda}_y \\ \dot{\lambda}_z \end{bmatrix} = \begin{bmatrix} 0 \\ \dot{q}_z \\ 0 \end{bmatrix} + \boldsymbol{L}(q_y, q_z) \begin{bmatrix} 0 \\ 0 \\ \dot{q}_y \end{bmatrix} = \begin{bmatrix} \dot{q}_y \sin q_z \\ \dot{q}_z \\ \dot{q}_y \cos q_z \end{bmatrix} \tag{18-25}$$

根据坐标系转换关系可得 $\boldsymbol{\omega}_s$ 在弹道坐标系的投影为

$$\begin{bmatrix} \dot{\lambda}_{x2} \\ \dot{\lambda}_{y2} \\ \dot{\lambda}_{z2} \end{bmatrix} = L(\theta,\psi_V) \begin{bmatrix} \dot{\lambda}_x \\ \dot{\lambda}_y \\ \dot{\lambda}_z \end{bmatrix} = \begin{bmatrix} \dot{\lambda}_x \cos\theta\cos\psi_V + \dot{\lambda}_y \sin\theta - \dot{\lambda}_z \cos\theta\sin\psi_V \\ -\dot{\lambda}_x \sin\theta\cos\psi_V + \dot{\lambda}_y \cos\theta + \dot{\lambda}_z \sin\theta\cos\psi_V \\ \dot{\lambda}_x \sin\psi_V + \dot{\lambda}_z \cos\psi_V \end{bmatrix} \quad (18-26)$$

V 在弹道坐标系的投影为 $[V,0,0]$，将 $[V,0,0]$ 与式（18-26）代入式（18-24），可得

$$\boldsymbol{A}_M^C\big|_{Ox_2y_2z_2} = \begin{bmatrix} a_{x2} \\ a_{y2} \\ a_{z2} \end{bmatrix} = \begin{bmatrix} 0 \\ NV\dot{q}_y \cos(q_z - \psi_V) \\ NV[\dot{q}_y \sin\theta\sin(q_z - \psi_V) - \dot{q}_z \cos\theta] \end{bmatrix} \quad (18-27)$$

由于 $a_{y2} = V\dot{\theta}$、$a_{z2} = -V\cos\theta\dot{\psi}_V$，因此，三维比例导引也可以写为

$$\left. \begin{aligned} \dot{\theta} &= N\dot{q}_y \cos(q_z - \psi_V) \\ \dot{\psi}_V &= N\dot{q}_z - N\dot{q}_y \tan\theta\sin(q_z - \psi_V) \end{aligned} \right\} \quad (18-28)$$

2）过载自动驾驶仪。

过载自动驾驶仪接收弹体的过载指令，利用弹体加速度形成反馈，经过校正环节和指令变化形成舵指令，并将舵指令传给舵机系统，从而产生期望方向的弹体过载。若导弹为倾斜稳定的轴对称导弹，则纵向和侧向动力系数相同，纵向过载自动驾驶仪和侧向过载自动驾驶仪的设计方法也相同，此处仅以纵向通道为例说明如何设计过载自动驾驶仪。采用一个速率陀螺和一个加速度计（安装在质心位置）的过载自动驾驶仪的原理结构框图示意如图 18-4 所示。

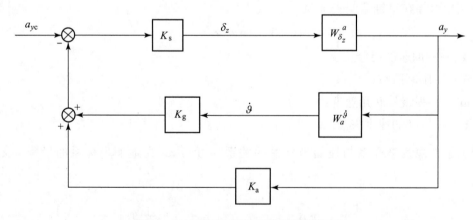

图 18-4 过载自动驾驶仪结构框图示意

图 18-4 中，$W^a_{\delta_z}$ 为以舵偏角为输入、以法向加速度为输出的传递函数，$W^{\dot{\vartheta}}_a$ 为以法向加速度为输入、以俯仰角速度为输出的传递函数。根据第 12 章的实验可知，

$$W^a_{\delta_z} = V\frac{a_{35}s^2 + (-a_{22}a_{35})s + (a_{25}a_{34} - a_{24}a_{35})}{s^2 + (a_{34} - a_{22})s + (-a_{22}a_{34} - a_{24})} \tag{18-29}$$

$$W^{\dot\vartheta}_a = \frac{a_{25}s + (a_{25}a_{34} - a_{24}a_{35})}{V[a_{35}s^2 + (-a_{22}a_{35})s + (a_{25}a_{34} - a_{24}a_{35})]} \tag{18-30}$$

在图 18-4 中，将舵系统简化为比例环节 K_s，并认为速率陀螺和加速度计的带宽足够大，也简化为比例环节，分别为 K_g 和 K_a。

由图 18-4 和式（18-29）、式（18-30）可以写出过载自动驾驶仪的闭环传递函数为

$$W^{a_y}_{a_{yc}} = \frac{a_y(s)}{a_{ys}(s)}$$

$$= \frac{V(a_{25}a_{34} - a_{24}a_{35})}{K_g(a_{25}s + a_{25}a_{34} - a_{24}a_{35}) + K_a V(a_{25}a_{34} - a_{24}a_{35}) + [s^2 + (a_{34} - a_{22})s + (-a_{22}a_{34} - a_{24})]/K_s}$$

$$= \frac{V(a_{25}a_{34} - a_{24}a_{35})}{a_2 s^2 + a_1 s + a_0} \tag{18-31}$$

式中，

$$\left. \begin{array}{l} a_2 = \dfrac{1}{K_s} + K_a v a_{35} \\[4pt] a_1 = \dfrac{1}{K_s}(a_{34} - a_{22}) + K_g a_{25} - K_a V a_{22} a_{35} \\[4pt] a_0 = -\dfrac{1}{K_s}(a_{22}a_{34} + a_{24}) + (K_a V + K_g)(a_{25}a_{34} - a_{24}a_{35}) \end{array} \right\} \tag{18-32}$$

由于 a_{35} 远远小于 a_{22}、a_{24}、a_{25}、a_{34}，因此在计算过程中可以将 a_{35} 忽略。此时，式（18-29）和式（18-30）可以分别简化为

$$W^a_{\delta_z} = V\frac{a_{25}a_{34}}{s^2 + (a_{34} - a_{22})s + (-a_{22}a_{34} - a_{24})} \tag{18-33}$$

$$W^{\dot\vartheta}_a = \frac{a_{25}s + a_{25}a_{34}}{V a_{25}a_{34}} \tag{18-34}$$

相应地，闭环传递函数为

$$W^{a_y}_{a_{yc}} = \frac{V a_{25}a_{34}}{a_2 s^2 + a_1 s + a_0} \tag{18-35}$$

式中，

$$\left. \begin{array}{l} a_2 = \dfrac{1}{K_s} \\[4pt] a_1 = \dfrac{1}{K_s}(a_{34} - a_{22}) + K_g a_{25} \\[4pt] a_0 = -\dfrac{1}{K_s}(a_{22}a_{34} + a_{24}) + (K_a V + K_g)a_{25}a_{34} \end{array} \right\} \tag{18-36}$$

式（18-35）所示的过载自动驾驶仪为一个二阶系统。常规二阶系统的传递函数可以表示为典型环节如下：

$$W(s) = \frac{K\omega_n^2}{s^2 + 2\zeta\omega_n s + \omega_n^2} \qquad (18-37)$$

式中，K, ζ, ω_n——系统的增益、阻尼和频率。

为了使系统稳态误差为 0，二阶系统的增益 K 可以取为 1，阻尼可以按一般控制系统设计原则选取（如 $\zeta = 0.6$），频率 ω_n 则根据制导回路带宽和舵机系统带宽的一般工程设计要求来选取。对照式（18-37）和式（18-35），可得

$$\left. \begin{array}{l} \omega_n^2 = \dfrac{a_0}{a_2} \\[4pt] 2\zeta\omega_n = \dfrac{a_1}{a_2} \\[4pt] K\omega_n^2 = \dfrac{Va_{25}a_{34}}{a_2} \end{array} \right\} \qquad (18-38)$$

结合式（18-36）和式（18-38），则可以得到自动驾驶仪参数 K_s、K_a、K_g 的取值为

$$\left. \begin{array}{l} K_s = \dfrac{K\omega_n^2}{Va_{25}a_{34}} \\[6pt] K_g = \dfrac{2\zeta_n\omega_n - (a_{34} - a_{22})}{a_{25}K_s} \\[6pt] K_a = \dfrac{1}{V}\left(\dfrac{\omega_n^2 + a_{22}a_{34} + a_{24}}{K_s a_{25}a_{34}} - K_g\right) \end{array} \right\} \qquad (18-39)$$

18.3.3 基础数据

导弹的气动参数、结构参数、导引头参数等与前序实验中的数据相同，导弹滚转操纵力矩系数见表 18-1。

表 18-1 导弹的滚转操纵力矩系数导数

Ma	0.1	0.2	0.3	0.4	0.5	0.6	0.7	0.8
$m_x^{\delta_x}$	-1.1708	-1.1786	-1.1918	-1.2110	-1.2428	-1.2848	-1.3436	-1.4273

18.4 实验项目内容

1）导弹在飞行过程中，滚转通道采用倾斜自动驾驶仪进行稳定。在偏航方向，中制导段时，依靠其他侦测手段间接获取目标的大致位置信息，再根据导弹的质心位置估计偏航方向的视线角及视线角速度，导弹基于此估计的视线角速度采用比例导引律（$N = 3$）飞行；末制导段时，则基于导引头测得的视线角速度采用比例导引律（$N = 3$）飞行。在俯仰方向，导弹经历爬升段、平飞段（含搜索段，平飞高度为 300 m）和末制导段（采用

$N=3$ 的比例导引律)。导弹的初始状态见表 18-2。假设目标为坦克,其初始位置和运动状态见表 18-3。当导弹在平飞段飞行且距离目标小于 6 km 时,开始采用以弹轴为中心的一字型搜索规律对目标进行搜索,搜索速度为 2°/s,搜索周期为 8 s。当目标进场后,导引头开始对目标进行跟踪,导弹继续保持平飞,直至弹目距离小于 2 000 m,导弹转入末制导攻击目标。仿真并记录目标的进场情况及导弹的各飞行参数。

表 18-2 导弹的初始状态

变量	单位	值	变量	单位	值
速度	m/s	20	滚转角	(°)	0
弹道倾角	(°)	35	俯仰角速度	(°)/s	0
弹道偏角	(°)	0	偏航角速度	(°)/s	0
俯仰角	(°)	35	滚转角速度	(°)/s	0
偏航角	(°)	0	位置	m	(0,0,0)

表 18-3 目标的初始位置和运动状态

初始位置/km	速度/(m·s^{-1})	纵向航向角/(°)	侧向航向角/(°)
(10,0,0)	10	-1.178 6	-1.191 8

表 18-3 中,目标的纵向航向角是指目标的速度矢量与水平面间的夹角,若速度矢量指向水平面上方,则纵向航向角为正,反之为负;目标的侧向航向角是指目标的速度矢量在水平面内的投影与地面坐标系的 Ax 轴间的夹角,迎着地面坐标系的 Ay 轴俯视,若由 Ax 轴至投影线是逆时针旋转,则侧向航向角为正,反之为负。

2) 假设目标仍然做匀速直线运动,但目标的侧向航向角变为 45°,其他条件同前,进行仿真并记录目标的进场情况及导弹的各飞行参数。

3) 假设目标为直升机,初始位置为 (10 km,50 m,0),速度为 80 m/s,在 50 m 高度上做最大过载分别为 2 和 4 的侧向蛇形机动,导弹采用搜索速度为 2°/s 的一维视觉效果搜索规律搜索目标,末段仍然采用比例导引律攻击目标。自行设计目标蛇形机动轨迹,进行弹目对抗仿真,并研究目标的进场时间,以及导弹的脱靶量。

4) 自行设计直升机的其他机动策略和导弹的制导律,建立仿真程序,分析导弹和目标的攻防对抗过程。

18.5 实验结果分析

18.5.1 控制系统

分别选取爬升段、平飞段和末制导段的一个点作为特征点,求出各个特征点的动力系数,写出导弹的传递函数。

1. 倾斜稳定系统

按照第 17 章实验的方法设计倾斜自动驾驶仪，考察滚转角和滚转角速度的变化情况，评价导弹的倾斜稳定性能。

2. 俯仰角稳定系统

在爬升段，通过姿态自动驾驶仪实现给定的俯仰角指令，分析实际的俯仰角能否良好地跟踪给定的俯仰角指令。绘出姿态自动驾驶仪闭环传递函数的幅频特性和相频特性，分析系统的稳定性及阶跃响应情况，评估自动驾驶仪的性能，并通过实验数据进行验证。

3. 高度控制系统

高度控制系统的内回路为姿态自动驾驶仪，在设计好姿态自动驾驶仪的基础上，同样可以采用 bode 图、根轨迹等方法对高度控制系统进行分析，并与仿真结果（导弹实现等高飞行的瞬态和稳态情况）进行对比。改变高度控制系统的频率 ω 和时间常数 τ，观察其响应速度和超调量的变化。改变 PID 调节器中的比例项、微分项和积分项的系数，观察系统的幅频特性、相频特性及根轨迹的变化，深入分析和理解 PID 控制器三项的各自作用和综合作用。

4. 过载自动驾驶仪

导弹在中制导段的偏航方向和末制导段的俯仰、偏航方向都采用比例导引律。分析过载自动驾驶仪是否良好地实现了给定的比例导引律过载信号。采用 bode 图、根轨迹等方法研究本实验所采用的两回路过载自动驾驶仪的性能，并通过实验数据进行验证。

18.5.2 导弹攻击直线运动坦克的搜索情况及攻击情况分析

本实验采用以弹轴为搜索中心的自主搜索模式，根据导弹的平飞速度、平飞高度、一字型搜索规律的具体参数（搜索速度和周期）计算瞬时视场，分析一字型搜索的搜索区域，记录目标的进场情况，包括何时进场，以及在视场内停留的时间。将导引头模型替换为第 16 章实验中的导引头耦合模型，对比搜索区域、目标进场情况有何变化。

当搜索到目标后，转入末制导，分析比例导引律攻击目标时的命中精度及导弹的需用法向过载变化规律。可令导弹在不同的弹目距离（如 2 500 m、1 500 m、1 000 m、800 m）情况下转入比例导引，分析转比距离（导弹转入比例导引时的弹目距离）对脱靶量及弹道特性的影响。

18.5.3 导弹攻击机动直升机的搜索情况及攻击情况分析

当目标做蛇形机动时，从搜索的角度看，搜索区域会呈现不规律性，分析目标此时的进场情况。

当导弹攻击目标时，由于目标在机动状态，所以有可能出现导弹的需用过载超出可用过载的情况。目标的机动性越强，就越有可能出现上述情况，从而引起较大的脱靶量。重点分析导弹在攻击不同机动模式的目标时的法向过载及脱靶量。

针对本实验中的导弹，目标机动的目的主要有：摆脱导引头的搜索、摆脱导引头的跟踪、摆脱导弹的制导攻击。通过实验分析目标实现这三个目的的难易程度。根据导弹目标攻防对抗的情况，提出对导弹弹道参数、搜索模式、搜索规律的改进措施。

18.6 探索与思考

1）在中制导过程中，通过其他侦测手段间接获取目标的位置，根据导弹的质心位置和目标的位置可以预估出视线角，此时可以采用以视线为中心的搜索方式对目标进行搜索。试设计实验来实现此种搜索方式，并分析视线估计误差对目标进场的影响，进一步与本实验中的以弹轴为中心的搜索方式进行对比。

2）导弹的平飞高度、机动能力、制导律对导弹攻击目标的脱靶量以及击顶落角等有直接的影响，从理论上定性分析影响情况，并设计弹目对抗仿真实验进行验证。或者，直接通过各种情况下的弹目对抗仿真，根据实验数据进行归纳分析，找出上述因素之间的联系和相互作用，在此基础上提出制导律、弹道、过载等设计要素的改进方向。

3）调研国外一流主战坦克的机动性能和主动防护（弹道拦截）系统，建立简化的目标机动及主动防护系统的弹道模型，进行攻防对抗仿真，根据仿真结果评估攻防双方的作战效能，并从图像导引头、制导律和总体技术参数等角度，提出改进意见和建议。

18.7 主题任务

复杂背景下的目标自动识别，在目前仍是尚未解决的问题。因此，当电视图像制导导弹攻击地面机动目标时，在战场背景图像比较复杂的情况下，就需要采用人在回路的工作模式，即由射手通过实时传回的导引头视频，在线完成对目标的识别、捕获，甚至可以进行人在回路的目标图像跟踪，直到导弹命中目标。请调研各国装备的电视图像制导导弹的主要战术技术指标和作战使用模式。在此基础上总结并思考：

1）人在回路的工作模式会给图像制导导弹的设计和使用带来哪些有利和不利的影响？各国为此所采取的主要技术措施有哪些？

2）当人在回路的工作模式成为某种图像制导武器系统不可避免的选择时，试从技术和非技术的角度出发，分析可以通过哪些途径提高这种武器系统的作战性能。

=== 相关视频 ===

坐标系转换的
常用方法

初等旋转矩阵与
坐标系变换规则

常用坐标系之间的
直接变换

逆变换与间接变换

第 19 章　一种具有终端角约束的滑模导引律

19.1　预期学习成果

1）理解扰动观测器的基本原理。
2）能用滑模变结构理论设计具有终端角约束制导律，并深入理解此制导律的特点。
3）能够用历史的、发展的眼光，分析和总结国内外反坦克导弹在击顶技术方面取得的成就和存在的不足。
4）能够通过资料调研，从技术、经济、效益等多个维度，综合分析不同击顶技术路径的优缺点。
5）能够理解先进技术从概念研究到工程应用之间的距离，从不同层面进行思考并提出自己的见解。

19.2　实验背景

为了满足给定的战术指标或为了提升毁伤效果，我们不仅要求导弹以较高的精度命中目标，而且常常要求对其末端攻击角度进行一定约束。例如，为了实现顶部攻击，通常要求反坦克导弹以一定的落角命中目标；反弹道导弹则通常要对来袭弹头进行迎头拦截；等等。因此，研究具有终端角约束的制导律具有重要意义。

20 世纪 70 年代，针对再入飞行器在铅垂面内的运动，提出了一种对飞行器终端角进行约束的最优攻击角导引律。此后，经过多年的发展，具有终端角约束的导引律的研究涌现出诸多成果，主要有基于最优控制、滑模控制、自适应控制、预测控制、模糊控制及比例导引律设计的导引律。本实验对一种基于滑模控制理论设计的具有终端角约束的制导律进行研究。考虑到仅利用滑模控制技术进行具有终端角约束的导引律设计时，较大的不确定量（来自外部扰动、建模误差等）可能会导致控制量过大、抖振或者变化速率过快，从而不利于实际工程运用，本实验结合扰动观测器技术与滑模控制技术，设计了一种能够抑制抖振、具有终端角约束的滑模导引律，适用于导弹速度时变未知且目标进行机动逃逸的情况。

19.3 实验基础

19.3.1 前序实验

- 追踪法导引弹道
- 平行接近法导引弹道
- 比例导引律导引弹道

19.3.2 相关知识与理论基础

19.3.2.1 相关模型的建立

在二维平面内,导弹与目标的相对运动关系如图 19-1 所示。

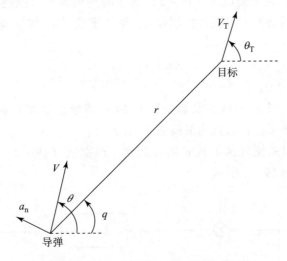

图 19-1 导弹—目标相对运动关系

图 19-1 中,a_n 为导弹法向加速度。由图 19-1 得视线角 q 的二阶导数可表示为

$$\ddot{q} = -\frac{2\dot{r}}{r}\dot{q} + \frac{w_q}{r} + \frac{\dot{V}\sin(q-\theta)}{r} - \frac{\cos(q-\theta)}{r}a_n \tag{19-1}$$

式中,w_q——目标加速度在视线法向上的分量,$w_q = V_T\dot{\theta}_T\cos(q-\theta_T) - \dot{V}_T\sin(q-\theta_T)$。

为命中目标并满足终端角约束,在终端时刻 t_f 处,有

$$q(t_f) = q_d \pm \Delta_1, \quad \dot{q}(t_f) \to 0 \pm \Delta_2 \tag{19-2}$$

式中,t_f——命中目标时刻;

q_d——终端角期望值;

Δ_1, Δ_2——终端角和终端角速度允许误差,$\Delta_1 、\Delta_2 \geq 0$。

定义状态变量 $x_1 = q - q_d$,$x_2 = \dot{q}$,同时,令 $u = -a_n/r$,考虑到式(19-1),则有

$$\left.\begin{aligned}\dot{x}_1 &= x_2 \\ \dot{x}_2 &= u + d_1 + d_2\end{aligned}\right\} \quad (19-3)$$

式中，$d_1 = -2\dot{r}\dot{q}/r + [w_q + \dot{V}_M \sin(q - \theta_M)]/r$；
$d_2 = [1 - \cos(q - \theta_M)]a_n$。

将 $d = d_1 + d_2$ 视为系统外部总扰动，则式（19-3）可以写为

$$\left.\begin{aligned}\dot{x}_1 &= x_2 \\ \dot{x}_2 &= u + d\end{aligned}\right\} \quad (19-4)$$

经过上述处理后，导弹-目标相对运动模型可以由受扰动的线性定常状态方程（即式（19-4））进行描述。

19.3.2.2 导引律设计

对于式（19-4），为了满足式（19-2）所述的约束条件，控制器的设计目标为：在系统外部干扰 d 存在的条件下，设计控制器 u，使状态变量 x_1 和 x_2 渐近收敛于零。

定义滑模面为

$$S = k_1 x_1 + x_2 \quad (19-5)$$

式中，k_1——系数，$k_1 > 0$。

显然，容易证明，当 $S = 0$ 时，状态变量 x_1 和 x_2 将渐近收敛于零。因此，为了达到控制器设计目标，只需使系统状态到达滑模面 $S = 0$ 即可。

利用扰动观测器对系统外部干扰 d 进行观测。根据式（19-4），可以设计扰动观测器，结构框图示意如图19-2所示。

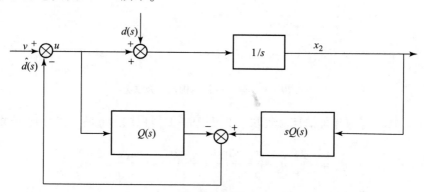

图19-2 扰动观测器结构框图示意

图19-2中，v 为参考输入；$1/s$ 为控制对象；x_2 为输出；$\hat{d}$ 为扰动估计值；$Q(s)$ 为低通滤波器，且有

$$Q(s) = \frac{1}{\tau s + 1} \quad (19-6)$$

式中，τ——时间常数。

由图19-2，有

$$\hat{d}(s) = Q(s)d(s) \quad (19-7)$$

因此，当 τ 较小时，扰动估计值将较好地跟踪扰动值，扰动值估计误差 $e=d-\hat{d}$ 将在有限时间之后满足 $|e|\leq e_m(e_m>0$，为较小的未知常数)，即 $\hat{d}$ 能有效地估计系统外部干扰 d。

由图 19-2 所示的扰动观测器，有

$$u = v - \hat{d} \tag{19-8}$$

考虑到 $e=d-\hat{d}$，将式（19-8）代入式（19-4）可得

$$\left.\begin{array}{l}\dot{x}_1 = x_2 \\ \dot{x}_2 = v + e\end{array}\right\} \tag{19-9}$$

如果能够合理选取低通滤波器时间常数 τ，则 $\hat{d}$ 将能有效地估计系统外部干扰 d，且在有限时间后，$e=d-\hat{d}$ 将变为一个小量。此时，系统变成了一个受小扰动的线性定常系统。

取参考输入：

$$v = -k_1 x_2 - k_2 S - \hat{\varepsilon}\,\mathrm{sgn}(S) \tag{19-10}$$

式中，k_1,k_2——待设计参数，k_1，$k_2>0$；

sgn(·)——符号函数；

$\hat{\varepsilon}$——自适应参数，自适应更新律为

$$\dot{\hat{\varepsilon}} = |S|/a \tag{19-11}$$

式中，a——待设计参数，$a>0$。

由式（19-11）可得如下控制器：

$$u = -k_1 x_2 - k_2 S - \hat{\varepsilon}\,\mathrm{sgn}(S) - \hat{d} \tag{19-12}$$

至此，可以得出定理：在系统外部干扰 d 存在的条件下，选用滑模面控制器可以保证闭环系统是渐近稳定的。

由 $u=-a_n/r$ 和式（19-12）可以得出基于扰动观测器的终端角约束滑模导引律为

$$a_n = -r[-k_1 x_2 - k_2 S - \hat{\varepsilon}\,\mathrm{sgn}(S) - \hat{d}] \tag{19-13}$$

需要说明的是，由于系统的扰动 e 为一个小量，因此滑模导引律（即式（19-13））采用相对较小的不连续项增益 $\hat{\varepsilon}$ 即可对扰动值估计误差 e 进行完全抑制，并保证闭环系统的渐近收敛性，从而避免因较大不连续项增益 $\hat{\varepsilon}$ 导致过大的控制量、控制量变化速率以及严重的抖振。

19.3.2.3 导引律改进及稳态误差分析

通过式（19-13）所示的导引律，导弹可以在目标机动信息未知且自身速度是未知时变的情况下，以指定的终端约束角命中目标，但是此导引律存在一个明显的缺点，即系统在穿越滑模面时，会产生抖振（尽管 $\hat{\varepsilon}$ 较小）。因此，需对式（19-13）进行改进，以抑制系统的抖振。

为此，根据终端角和终端角速度允许误差 Δ_1、Δ_2，对边界层厚度和系数 k_1 的取值进行设计，使改进后的导引律在满足制导精度的同时，可以有效地抑制抖振。

假设 ϕ 为一个正常数，表示边界层 S_ϕ 的厚度。在边界层 S_ϕ 外，仍采用式（19-12）

所示的控制器，它保证该边界层 S_ϕ 具有吸引性；在边界层内，采用 S/ϕ 替换式（19-12）所示控制器中的 $\mathrm{sgn}(S)$ 项。改进后的控制器为

$$u = -k_1 x_2 - k_2 S - \hat{\varepsilon}\,\mathrm{sat}(S,\phi) - \hat{d} \tag{19-14}$$

式中，$\mathrm{sat}(\cdot)$——饱和函数，其定义为

$$\mathrm{sat}(S,\phi) = \begin{cases} S/\phi, & |S| \leqslant \phi \\ \mathrm{sgn}(S), & |S| > \phi \end{cases} \tag{19-15}$$

为了防止自适应参数 $\hat{\varepsilon}$ 不断增大并保证边界层 S_ϕ 具有吸引性，取自适应更新律为

$$\dot{\hat{\varepsilon}} = \begin{cases} 0, & |S| \leqslant \phi \\ |S|/a, & |S| > \phi \end{cases} \tag{19-16}$$

因此，系统状态变量最终将进入并稳定在边界层 S_ϕ 内。此时，系统状态变量 x_1 和 x_2 的稳态误差界为

$$|x_1| \leqslant \phi/k_1, \quad |x_2| \leqslant 2\phi \tag{19-17}$$

考虑到终端约束条件（式（19-2））可知，为了满足制导精度，应有 $|x_1| \leqslant \Delta_1$，$|x_2| \leqslant \Delta_2$。因此可以取边界层厚度 $\phi = \Delta_2/2$，系数 $k_1 = \dfrac{\Delta_2}{2\Delta_1}$。

最后，得出改进后的基于扰动观测器的终端角约束滑模导引律（disturbance observer based guidance，DOBG）为

$$a_n = -r\left[-\frac{x_2 \Delta_2}{2\Delta_1} - k_2 S - \hat{\varepsilon}\,\mathrm{sat}(S,\Delta_2/2) - \hat{d}\right] \tag{19-18}$$

由于 DOBG 具有较小的不连续项增益，以及根据制导精度所确定的待设计参数和边界层厚度，因此 DOBG 对外部扰动具有较强的鲁棒性，能在满足制导精度要求的前提下有效地抑制抖振，还可保证导弹的控制量变化平稳。另外，此制导律的实现只要求测量导弹的视线角、视线角速度和弹目距离，因此便于工程实现。

如果令导引律中 $\hat{d} = 0$、$\hat{\varepsilon} = \bar{\varepsilon}$（$\bar{\varepsilon}$ 为正数且 $\bar{\varepsilon}$ 足够大，使得 $\bar{\varepsilon} > |d|$，从而保证闭环系统的渐近收敛性），则可以得出仅利用滑模控制设计的具有终端角约束的滑模导引律（sliding mode guidance，SMG）为

$$a_n = -r\left[-\frac{x_2 \Delta_2}{2\Delta_1} - k_2 S - \bar{\varepsilon}\,\mathrm{sat}(S,\Delta_2/2)\right] \tag{19-19}$$

19.3.3 基础数据

以某导弹攻击坦克为例，在地面坐标系 Oxy 内，导弹与坦克的初始条件见表 19-1。

表 19-1 导弹与目标运动初始条件

弹目	初始条件			
	$V_0/(\mathrm{m}\cdot\mathrm{s}^{-1})$	$\theta_0/(°)$	x_0/m	y_0/m
导弹	210	10	0	1 500
坦克	5	0	4 500	0

假设坦克沿着地面坐标系 Ox 轴运动，其切向加速度 $a_{Tt} = 2$ m/s²；导弹的切向加速度为 $a_{Mt} = 4$ m/s²；期望的终端角 $q_d = -30°$，终端角允许误差 $\Delta_1 = 0.5°$，终端角速度允许误差 $\Delta_2 = 0.2°/s$；低通滤波器时间常数 $\tau = 0.01$ s，$k_2 = 0.2$，$a = 1$；$\hat{d}(0) = 0$，$\hat{\varepsilon}(0) = 0$，$\bar{\varepsilon} = 0.02$。

19.4 实验项目内容

1）设弹目距离 $r = 1.5$ m 时停止仿真，基于给定的实验数据，采用没有扰动观测器的滑模制导律（SMG）（式（19-19））进行仿真，再采用引入扰动观测器的滑模制导律（DOBG）（式（19-18））进行仿真，从制导精度、控制量变化等方面对两种情况下的仿真实验结果进行对比。

2）对比式（19-13）与式（19-18）的制导精度、控制量变化、最大需用过载等情况。

3）改变表示制导精度的参数，令 $\Delta_1 = 0.3°$、$\Delta_2 = 0.1°/s$，仿真并进行对比分析。

19.5 实验结果分析

1）采用 SMG 和 DOBG 进行仿真，基于仿真结果分析以下内容：

（1）SMG 与 DOBG 是否均能保证视线角与视线角速度收敛至期望值附近？是否都满足要求的精度 Δ_1 和 Δ_2？为什么？

（2）当导弹分别采用 SMG 与 DOBG 时，导弹视线角和视线角速度的变化规律有什么区别？根据实验数据分析扰动观测器的作用。

（3）观察导弹分别采用 SMG 与 DOBG 时法向加速度的变化，对比导弹最大需用过载，以及过载变化的规律。

2）采用式（19-13），导弹能以指定的终端约束角命中目标吗？对比这时的控制变量和采用 DOBG 时的控制变量，哪个存在抖振现象？哪个会比较平滑？为什么？

3）当制导律的精度要求改变时，在导弹采用 DOBG 过程中，可以通过什么方法（设置哪些参数）来达到精度要求？在这种情况下，视线角、视线角速度及控制量的变化过程与此前有何不同？

19.6 探索与思考

1）如何从理论上证明式（19-12）的渐近稳定性？又如何利用仿真实验数据来分析制导律的渐近稳定性？

2）针对式（19-4），试采用反步法、动态面控制理论设计具有攻击角度约束的鲁棒制导律。

3）假设目标进行曲线机动，自行设计实验，分析本制导律用于攻击机动目标时的性能。

4）考虑导弹的转动，建立铅垂面内导弹的三自由度运动模型，设计控制系统，应用本实验中的制导律，研究导弹对目标的攻击情况，并与将导弹看作具有理想控制系统的质点的情况进行对比。

19.7 主题任务

调研了解国内外反坦克导弹击顶技术的研究及工程应用情况，在此基础上总结和思考：

1）为实现对装甲目标的顶部攻击，有哪些主要的技术路径？这些技术路径各有什么优缺点？

2）国内外现役反坦克导弹中采用了哪些击顶技术？这些技术从最初的概念研究到最终的工程应用，经历了多长时间，为什么？试从个人、行业、国家层面思考：可以通过什么措施和办法来加快这一进程？

========== 相关视频 ==========

相对运动方程组

最优制导律

第 20 章 多导弹协同作战鲁棒制导律

20.1 预期学习成果

1) 掌握在考虑导弹受到的扰动以及控制输入饱和前提下的建模方法。
2) 掌握一种能够实现多导弹飞行位置和攻击时间协同的制导律的设计方法。
3) 能用 Backstepping 理论设计具有鲁棒性的控制器。
4) 能够理解科学技术的发展对未来战争作战模式所产生的重大影响,并能通过资料分析对未来协同攻防技术的发展趋势和关键技术提出独立见解。
5) 能够面向未来,思考未来飞行器和导弹武器系统协同攻防的新需求,结合国内外相关支撑技术的发展态势,分析预测协同制导律可能出现的变化。
6) 面对未来技术引起的相关领域的变革,能够用全球视野和跨学科思维,思考应对策略或提出建议。

20.2 实验背景

随着科学技术的发展,战争在向信息化、智能化方向发展,未来的战争必然是系统与系统、体系与体系的对抗,单枚导弹的作用将非常有限,多枚导弹协同作战将成为未来战争的必然趋势。例如,为了有效地突破配属在海军舰船上的近程防御武器系统(CIWS)的拦截,反舰导弹通常采用饱和攻击战术。饱和攻击一般要求导弹群同时到达目标区域并同时命中目标。那么,如何充分共享战场实时信息,设计具有弹目距离协同(满足导弹群同时到达目标区域的要求)和弹着时间协同(满足同时命中目标的要求)功能的制导律,完成高效的、信息化的饱和攻击,这是一个值得深入研究的问题。

在工程实际中,导弹的舵偏角是有限的,从而其可用过载是有限的。当导弹的需用过载超过可用过载时,导弹将不能按照设定的制导律飞行。在多导弹协同作战过程中,为了实现协同,导弹可能需要进行大的机动,就更容易出现控制输入饱和的现象,因此在研究协同制导律时,需主动考虑这种饱和特性。

20.3 实验基础

20.3.1 前序实验

- 追踪法导引弹道

- 平行接近法导引弹道
- 比例导引律导引弹道
- 三点法导引弹道
- "导弹-目标"攻防对抗建模与仿真
- 一种具有终端角约束的滑模导引律

20.3.2 相关知识与理论基础

20.3.2.1 导弹-目标相对运动建模

在平面内,以1枚导弹和1个静止的目标作为研究对象,如图20-1所示。

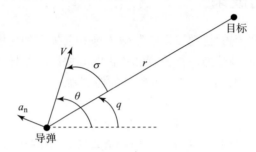

图 20-1 导弹-目标相对运动几何关系

图中,σ 为导弹速度矢量前置角,$\sigma = \theta - q$;其他角度的定义与图19-1中角度的定义相同。假设目标静止,根据图20-1的几何关系,可以推导出

$$\dot{r} = -V\cos\sigma \qquad (20-1)$$

$$\dot{\sigma} = a_n/V - \dot{q} \qquad (20-2)$$

假设导弹自动驾驶仪为一阶延迟环节,即

$$\dot{a}_n = (u - a_n)/\tau_M + d \qquad (20-3)$$

式中,τ_M——导弹自动驾驶仪时间常数;

d——外部干扰;

u——控制变量,也就是制导系统提供给导弹自动驾驶仪的输入。

为了避免导弹的需用过载超出可用过载,令导弹自动驾驶仪的输入 u 满足如下不等式:

$$|u| \leq u_{\max} \qquad (20-4)$$

式中,$u_{\max}$——u 的上限,由导弹的可用过载和自动驾驶仪的响应情况综合决定。

此时,式(20-3)变换为

$$\dot{a}_n = (\text{sat}(u) - a_n)/\tau_M + d \qquad (20-5)$$

式中,

$$\text{sat}(u) = \begin{cases} \text{sign}(u) u_{\max}, & |u| > u_{\max} \\ u, & |u| \leq u_{\max} \end{cases} \qquad (20-6)$$

式中,$\text{sign}(\cdot)$——符号函数。

20.3.2.2 导弹速度前置角期望值设计

为了满足弹群同时到达目标区域的协同任务需求，在文献［15］的基础上设计各枚导弹的弹目距离指令为

$$r_c = \mu V(t_d - t) \tag{20-7}$$

式中，μ——待设计的参数；

t——时间；

t_d——理想攻击时间。

由式（20-7）可知，当飞行时间 $t = t_d$ 时，有 $r_c = 0$。因此，如果各枚导弹的弹目距离能够跟踪 r_c，那么各枚导弹将在 $t = t_d$ 时同时到达目标，且在飞行过程中能够同步接近目标、同时到达目标区域，实现位置协同。

首先，定义弹目距离跟踪误差：

$$e_r = r - r_c \tag{20-8}$$

对其求导并将式（20-1）代入，可得

$$\dot{e}_r = \dot{r} - \dot{r}_c$$
$$= -V\cos\sigma_c - \dot{r}_c \tag{20-9}$$

式中，σ_c——待设计的导弹速度前置角指令。

为了使 e_r 趋近于零，可如下设计：

$$\cos\sigma_c = \frac{k_r e_r - \dot{r}_c}{V} \tag{20-10}$$

式中，$k_r > 0$。

将式（20-10）代入式（20-9），可得

$$\dot{e}_r = -k_r e_r \tag{20-11}$$

因此，有 e_r 趋近于零。为了控制式（20-7）给定的弹目距离指令，实现多导弹的弹目距离协同，我们只需设计制导律 u，控制导弹的速度前置角跟踪导弹前置角指令 σ_c 即可。

由于式（20-10）的右端需满足取值范围［1,1］，且导弹-目标相对速度需小于零，σ_c 的取值范围需满足 $|\sigma_c| \in [0, \sigma_{max}]$，$0 < \sigma_{max} < \pi/2$。同时，为了命中目标，需有 $\sigma_c = 0$。因此，为了保证命中目标，实现弹目距离协同和弹着时间协同，完成高效的、信息化的饱和攻击，可将式（20-10）改进为

$$\sigma_c = \begin{cases} \text{sign}(\sigma_0)\sigma_{max}, & \dfrac{k_r e_r - \dot{r}_c}{V} < -1 \text{ 且 } r \geq r_\varepsilon \\ \text{sign}(\sigma_0)\arccos\dfrac{k_r e_r - \dot{r}_c}{V}, & \left|\dfrac{k_r e_r - \dot{r}_c}{V}\right| < 1 \text{ 且 } r \geq r_\varepsilon \\ 0, & \text{其他} \end{cases} \tag{20-12}$$

式中，σ_0——前置角的非零初始值；

r_ε——与弹目距离相关的参数。

当 $r \geq r_\varepsilon$ 时，导弹以实现弹目距离协同为目的；否则，以零化导弹速度前置角为目的，保证命中目标。由于式（20-12）给出的前置角指令及其导数可能不满足连续性，因此有可能导致控制系统性能降低。为此，采用如下指令成型低通滤波器对式（20-12）滤波：

$$\left.\begin{array}{l} \tau_\sigma \dot{\sigma}_d + \sigma_d = \sigma_c \\ \sigma_d(0) = \sigma(0) \end{array}\right\} \quad (20-13)$$

式中，τ_σ——滤波器时间常数。

为了保证导弹速度前置角期望值 σ_d 快速且稳定地跟踪式（20-12），应将 τ_σ 设计得足够小。

20.3.2.3 导弹速度前置角跟踪控制设计与分析

为了实现弹目距离协同和弹着时间协同并命中目标，制导律的设计目标为：寻找控制器 u，使导弹的速度前置角跟踪导弹速度前置角期望值 σ_d，并保证控制器 u 满足式（20-4）给出的约束条件。

考虑未知干扰与输入饱和特性时，根据式（20-2）和式（20-5）得知控制对象可以描述为

$$\left.\begin{array}{l} \dot{\sigma} = a_n/V - \dot{q} \\ \dot{a}_n = (\mathrm{sat}(u) - a_n)/\tau_M + d \end{array}\right\} \quad (20-14)$$

可以看出，式（20-14）是一个存在外部干扰的阶次为 2 的非线性系统，且存在控制器受限问题。为了补偿式（20-14）的非线性饱和问题，构建如下辅助系统：

$$\left.\begin{array}{l} \dot{\zeta}_1 = -h_1\zeta_1 + \zeta_2 \\ \dot{\zeta}_2 = -h_2\zeta_2 + \Delta u/\tau_M \\ \zeta_1(0) = 0 \\ \zeta_2(0) = 0 \end{array}\right\} \quad (20-15)$$

式中，$h_1, h_2 > 0$；

$\Delta u = \mathrm{sat}(u) - u$。

利用 Backstepping 设计技术，引入新的状态变量：

$$\left.\begin{array}{l} z_1 = \sigma - \sigma_d - \zeta_1 \\ z_2 = a_n - \alpha_1 - \zeta_2 \end{array}\right\} \quad (20-16)$$

式中，α_1——虚拟控制。

对 z_1 求导，并考虑式（20-14）~式（20-16），可得

$$\begin{aligned} \dot{z}_1 &= \dot{\sigma} - \dot{\sigma}_d - \dot{\zeta}_1 \\ &= a_n/V - \dot{q} - \dot{\sigma}_d + h_1\zeta_1 - \zeta_2 \\ &= (z_2 + \alpha_1 + \zeta_2)/V - \dot{q} - \dot{\sigma}_d + h_1\zeta_1 - \zeta_2 \end{aligned} \quad (20-17)$$

设计虚拟控制 α_1 为

$$\alpha_1 = V(\dot{q} + \dot{\sigma}_d - h_1 z_1 - h_1 \zeta_1 + \zeta_2) - \zeta_2 \tag{20-18}$$

构建李雅普诺夫函数：

$$L_1 = \frac{1}{2} z_1^2 \tag{20-19}$$

对 L_1 求导，并考虑式（20-17），可得

$$\begin{aligned} \dot{L}_1 &= z_1 \dot{z}_1 \\ &= z_1 [(z_2 + \alpha_1 + \zeta_2)/V - \dot{q} - \dot{\sigma}_d + h_1 \zeta_1 - \zeta_2] \end{aligned} \tag{20-20}$$

将式（20-18）代入，可得

$$\begin{aligned} \dot{L}_1 &= z_1(-h_1 z_1 + z_2/V) \\ &= z_1 z_2/V - h_1 z_1^2 \\ &\leq -(h_1 - 1) z_1^2 + z_2^2/(4V^2) \end{aligned} \tag{20-21}$$

对状态变量 z_2 求导，并考虑式（20-14）~式（20-16），可得

$$\begin{aligned} \dot{z}_2 &= \dot{a}_n - \dot{\alpha}_1 - \dot{\zeta}_2 \\ &= (\text{sat}(u) - a_n)/\tau_M + d - \dot{\alpha}_1 + h_2 \zeta_2 - \Delta u/\tau_M \\ &= u/\tau_M - a_n/\tau_M + d - \dot{\alpha}_1 + h_2 \zeta_2 \end{aligned} \tag{20-22}$$

设计李雅普诺夫函数为

$$L_2 = L_1 + \frac{1}{2} z_2^2 + \frac{1}{2a} \tilde{d}^2 \tag{20-23}$$

式中，$\tilde{d} = d - \hat{d}$，$\hat{d}$ 为慢变干扰 d 的估计值；$a > 0$。

设计控制器为

$$u = (a_n/\tau_M + \dot{\alpha}_1 - \hat{d} - h_2 \zeta_2 - h_2 z_2) \tau_M \tag{20-24}$$

式中，$k_2 > 0$。

自适应更新律为

$$\dot{\hat{d}} = a z_2 \tag{20-25}$$

对 L_2 求导并考虑式（20-21）和式（20-22），可得

$$\begin{aligned} \dot{L}_2 &= \dot{L}_1 + z_2 \dot{z}_2 - \frac{1}{2a} \tilde{d} \dot{\tilde{d}} \\ &= z_1 z_2/V - h_1 z_1^2 + z_2(u/\tau_M - a_m/\tau_M + d - \dot{\alpha}_1 + h_2 \zeta_2) - \frac{1}{a} \tilde{d} \dot{\tilde{d}} \end{aligned} \tag{20-26}$$

将式（20-24）以及式（20-25）代入式（20-26），可得

$$\begin{aligned} \dot{L}_2 &= z_1 z_2/V - h_1 z_1^2 - h_2 z_2^2 \\ &\leq -(h_1 - 1) z_1^2 - [h_2 - 1/(4V^2)] z_2^2 \end{aligned} \tag{20-27}$$

令设计参数

$$\left. \begin{aligned} h_1 &\geq 1 + \bar{h} \\ h_2 &\geq 1/(4V^2) + \bar{h} \end{aligned} \right\} \tag{20-28}$$

式中，$\bar{h} > 0$，则有

$$\dot{L}_2 = z_1 z_2 / V - h_1 z_1^2 - h_2 z_2^2$$

$$\leqslant -\bar{h}(z_1^2 + z_2^2) \qquad (20-29)$$

式（20-29）说明 L_2 是一致有界稳定的，从而 z_1、z_2 以及 $\tilde{d}$ 均是一致有界的。根据前一节的导弹速度前置角期望值设计可知，σ_d 及其导数均是有界的。同时，在制导过程中，导弹的法向加速度 a_n、速度前置角 σ 一般也是有界的。因此，Δu 也是有界的，式（20-15）是一个输入输出稳定的系统。对式（20-29）运用 LaSalle-Yoshizawa 定理可知，$\lim\limits_{t \to \infty} z_1 = 0$ 和 $\lim\limits_{t \to \infty} z_2 = 0$。根据式（20-16）中对 z_1 的定义可知

$$\lim_{t \to \infty}(\sigma - \sigma_d - \zeta_1) = 0 \qquad (20-30)$$

从控制目的角度看，为了实现导弹速度前置角的精确跟踪，总是希望 ζ_1 更小。因此，为了分析 σ 对 σ_d 的跟踪精度，需要获得 ζ_1 的界。将式（20-29）两边对时间积分，可得

$$L_2(\infty) - L_2(0) \leqslant -\int_0^\infty \bar{h}(z_1^2 + z_2^2) \mathrm{d}t$$

$$= -\bar{h}\int_0^\infty |z_1(t)|^2 \mathrm{d}t - \bar{h}\int_0^\infty |z_2(t)|^2 \mathrm{d}t \qquad (20-31)$$

进一步整理，可得

$$\|z_1\|_2^2 = \|\boldsymbol{\sigma} - \boldsymbol{\sigma}_\mathrm{d} - \boldsymbol{\zeta}_1\|_2^2$$

$$= \int_0^\infty |z_1(t)|^2 \mathrm{d}t$$

$$\leqslant \frac{1}{\bar{h}}(L_2(0) - L_2(\infty)) - \frac{1}{\bar{h}}\int_0^\infty |z_2(t)|^2 \mathrm{d}t$$

$$\leqslant \frac{L_2(0)}{\bar{h}} \qquad (20-32)$$

因此，有

$$\|\boldsymbol{\sigma} - \boldsymbol{\sigma}_\mathrm{d} - \boldsymbol{\zeta}_1\|_2 \leqslant \frac{(L_2(0))^{1/2}}{(\bar{h})^{1/2}} \qquad (20-33)$$

为了获得 ζ_1 的界，定义：

$$L_\zeta = 0.5(\zeta_1^2 + \zeta_2^2) \qquad (20-34)$$

对 L_ζ 求导，并考虑式（20-15），可得

$$\dot{L}_\zeta = \zeta_1(-h_1\zeta_1 + \zeta_2) + \zeta_2(-h_2\zeta_2 + \Delta u/\tau_\mathrm{M})$$

$$= -h_1\zeta_1^2 + \zeta_1\zeta_2 - h_2\zeta_2^2 + \zeta_2\Delta u/\tau_\mathrm{M}$$

$$= -(h_1 - 0.5)\zeta_1^2 - (h_2 - 1/4\tau_\mathrm{M}^2)\zeta_2^2 + (\Delta u)^2$$

$$\leqslant -\hat{h}_1\zeta_1^2 - \hat{h}_2\zeta_2^2 + (\Delta u)^2$$

$$\leqslant -\hat{h}_0(\zeta_1^2 + \zeta_2^2) + (\Delta u)^2 \qquad (20-35)$$

式中，$\hat{h}_1 = h_1 - 0.5$；

$$\hat{h}_2 = h_2 - 1/4\tau_M^2;$$

$$\hat{h}_0 = \min\,(\hat{h}_1, \hat{h}_2)_\circ$$

对式（20-35）两边积分，可得

$$L_\zeta(\infty) - L_\zeta(0) \leq -\hat{h}_0 \int_0^\infty (\zeta_1^2 + \zeta_2^2)\mathrm{d}t + \int_0^\infty (\Delta u(t))^2 \mathrm{d}t$$

$$= -\hat{h}_0 \int_0^\infty |\zeta_1(t)|^2 \mathrm{d}t - \hat{h}_0 \int_0^\infty |\zeta_2(t)|^2 \mathrm{d}t + \int_0^\infty (\Delta u(t))^2 \mathrm{d}t \quad (20-36)$$

因此，有

$$\|\zeta_1\|_2^2 \leq \frac{1}{\hat{h}_0}\Big(L_\zeta(0) - L_\zeta(\infty) - \int_0^\infty |\zeta_2(t)|^2 \mathrm{d}t + \int_0^\infty (\Delta u(t))^2 \mathrm{d}t\Big)$$

$$\leq \frac{1}{\hat{h}_0}\Big(L_\zeta(0) + \int_0^\infty (\Delta u(t))^2 \mathrm{d}t\Big) \quad (20-37)$$

在式（20-15）中，状态变量的初始值 $\zeta_1(0) = 0$、$\zeta_2(0) = 0$，从而有 $L_\zeta(0) = 0$。式（20-37）可以进一步整理为

$$\|\zeta_1\|_2^2 \leq \frac{1}{\hat{h}_0} \int_0^\infty (\Delta u(t))^2 \mathrm{d}t$$

$$= \frac{1}{\hat{h}_0} \|\Delta u\|_2^2 \quad (20-38)$$

可得

$$\|\zeta_1\|_2 \leq \frac{\|\Delta u\|_2}{\sqrt{\hat{h}_0}} \quad (20-39)$$

最后，根据式（20-33）与式（20-39），可得

$$\|\sigma - \sigma_d\|_2 \leq \frac{(L_2(0))^{1/2}}{\sqrt{h}} + \frac{\|\Delta u\|_2}{\sqrt{\hat{h}_0}} \quad (20-40)$$

由式（20-40）可知，σ 对 σ_d 的跟踪精度与参数 h_1 和 h_2 的取值、李雅普诺夫函数 L_2 的初始值及控制输入的饱和项有关。

20.3.3 基础数据

假设导弹 1 和导弹 2 协同攻击一个坐标为（16,0）km 的静止目标。导弹的初始运动参数见表 20-1，其余相关仿真参数见表 20-2。

表 20-1 导弹的初始运动参数

变量	导弹 1	导弹 2
导弹初始位置/km	(0,0)	(2,-8.5)
导弹初始航向角/(°)	45	45
导弹初始速度/(m·s^{-1})	200	200

表 20-2 导弹自动驾驶仪、滤波器及干扰相关参数

变量	变量符号	值
导弹自动驾驶仪时间常数/s	τ_M	0.1
导弹自动驾驶仪输入上限/(m·s^{-2})	$u_{\max}$	50
指令成型低通滤波器/s	τ_σ	2
指令成型低通滤波器初始值/(°)	σ_d	45
干扰估计初始值	$\hat{d}$	0
外部干扰	d	3

控制器的设计参数 $h_i = 2(i=1,2)$，自适应更新律（即式（20-25））的参数 $a=10$。

20.4 实验项目内容

1）假设理想攻击时间 $t_d = 90$ s，式（20-7）中的 $\mu = 0.9$，式（20-12）和式（20-13）中的参数 $r_\varepsilon = 2$ km、$k_r = 2$、$\sigma_{\max} = 30°$，进行仿真，通过实验结果分析两枚导弹飞行位置和攻击时间的协同情况，以及控制输入的变化情况。

2）改变 k_r 的值，令其分别为 4 和 0.2，进行仿真，观察两枚导弹飞行位置和攻击时间的协同情况及控制输入的情况，与实验项目内容1）中 $k_r = 2$ 的情况进行对比，分析 k_r 对协同制导律的影响。

3）在实验项目内容1）的基础上，改变 μ，令其分别为 1.0 和 0.8，进行仿真，将仿真结果与实验项目内容1）的结果进行对比，分析 μ 对协同制导律协同精度和控制输入的影响。

4）改变控制器参数 $h_i(i=1,2)$，对比改变前后的仿真结果，分析 $h_i(i=1,2)$ 对系统稳定性及协同制导方法精度的影响。

20.5 实验结果分析

1）飞行过程中，两枚导弹均采用相同的弹目距离指令 r_c，如果在控制器的作用下，两枚导弹的实际弹目距离都能够良好地跟踪此指令，则两枚导弹能够实现协同。因此，结合仿真实验数据，分析以下几个问题：

（1）两枚导弹的表征实际弹目距离与弹目距离指令误差的量 e_r 是否均收敛于零？收敛的速度如何？影响 e_r 收敛速度和精度的因素有哪些？两枚导弹是否实现了飞行距离和攻击时间的协同？

（2）两枚导弹的速度前置角指令 σ_c 如何变化？是否出现极值30°和0°的情况，为何出现这种情况？σ_c 的变化与哪些因素相关？

(3) σ_d 相对于 σ_c 如何变化?导弹实际的速度前置角 σ 能否良好地跟踪 σ_d?跟踪精度与哪些因素相关?

2) 两枚导弹的控制输入 u 的变化情况如何?是否出现了饱和现象?控制器设计时引入的辅助系统(即式(20-15))的作用是什么?

3) 在其余参数不变的情况下,改变 k_r,将直接影响 e_r 的收敛速度。增大和减小 k_r,e_r 的收敛速度会有什么变化?e_r 的收敛速度会对制导律精度和控制量产生什么影响?e_r 过大或过小分别会产生什么结果?

4) 改变 u,将直接影响弹目距离指令 r_c。通过仿真实验数据,对比 $u=1$、$u=0.9$、$u=0.8$ 时,指令 r_c 随时间的变化规律、实际弹目距离 r 对指令 r_c 的跟踪情况、σ_c 的变化情况及控制输入 u 的变化情况,分析 μ 对协同制导律的影响。综合考虑导弹的初始位置和实际飞行约束(如燃料有限、导弹不能倒飞),给出如何合理设置 μ 的建议。

5) 当改变控制器参数 $h_i(i=1,2)$ 时,控制器的稳定性和精度会变化吗?如何变化?结合理论分析和实验数据,研究 $h_i(i=1,2)$ 对控制器的影响。

20.6 探索与思考

1) 在本实验中,假设两枚导弹的理想攻击时间为 $t_d=90$ s,自行设计实验,分析 t_d 对协同制导律的影响,提出合理设置 t_d 的方法。

2) 式(20-15)所示的辅助系统能够从本质上解决导弹控制输入饱和的问题吗?设计实验,对比引入辅助系统和不引入辅助系统、直接对控制变量限幅两种情况下的制导律性能、控制变量的变化情况,分析辅助系统的作用。

3) 在本实验中,导弹的速度 V 被假设为常值,如果 V 是变化的,本实验中的制导律还可行吗?或者在什么情况下可行?能否借鉴本制导律的设计思路,设计一种 V 可变情况下仍然适用的协同制导律?请设计并验证。

20.7 主题任务

调研国外发达国家多飞行器协同作战技术和相关武器装备系统的发展历程,分析其突破的关键技术,结合目前人工智能、大数据、星链网络等技术的发展态势,总结和思考:

1) 这些技术的发展将给未来战争带来哪些革命性的影响?各种武器装备的协同攻防将会出现哪些重大变化?需要解决的飞行力学方面的关键技术有哪些?

2) 为适应新技术条件下的导弹武器系统协同攻防的需求,依托人工智能、大数据、星链网络等技术的支持,战术导弹的协同制导律可能出现哪些变化?

3) 上述变化将为国家战略安全和经济社会发展带来什么影响?在综合考虑国内外的政治环境、经济技术基础的前提下,面对来自未来的挑战,有何应对策略或建议?

相关视频

协同制导律

参考文献

[1] 钱杏芳,林瑞雄,赵亚男. 导弹飞行力学[M]. 北京:北京理工大学出版社,2000.

[2] 孟秀云. 导弹制导与控制系统原理[M]. 北京:北京理工大学出版社,2003.

[3] 肖业伦. 航空航天器运动的建模:飞行动力学的理论基础[M]. 北京:北京航空航天大学出版社,2003.

[4] ZARCHAN P. Tactical and strategic missile guidance[M]. 6th ed. Reston:American Institute of Aeronautics and Astronautics, 2012.

[5] ZHANG Y, YU D, ZHANG Y, et al. An impact-time-control guidance law for multi-missiles [C]// 2009 IEEE International Conference on Intelligent Computing and Intelligent Systems. Shanghai, 2009: 430 – 434.

[6] KHALIL H K, GRIZZLE J W. Nonlinear systems[M]. Upper Saddle River:Prentice Hall, 2002.

[7] 张有济. 战术导弹飞行力学设计(上、下)[M]. 北京:宇航出版社,1998.

[8] 李新国,方群. 有翼导弹飞行动力学[M]. 西安:西北工业大学出版社,2005.

[9] 袁子怀,钱杏芳. 有控飞行力学与计算机仿真[M]. 北京:国防工业出版社,2001.

[10] SIOURIS G M. Missile guidance and control systems[M]. New York:Springer,2010.

[11] 魏先利,夏群力,祁载康. 姿态自动驾驶仪动力学特性的解析分析[J]. 弹箭与制导学报,2003,23(4):105 – 108.

[12] 陈佳实. 导弹制导和控制系统的分析与设计[M]. 北京:宇航出版社,1989.

[13] 王晓芳,郑艺裕,林海. 基于扰动观测器的终端角约束滑模导引律[J]. 系统工程与电子技术,2014,36(1):111 – 116.

[14] 杨斌. 弹载环境下导引头动态特性研究[D]. 北京:北京理工大学,2008.

[15] 林海. 图像制导导弹总体设计技术[D]. 北京:北京理工大学,2000.

[16] 徐军. 飞行控制系统:设计原型系统及半物理仿真实验[M]. 北京:北京理工大学出版社,2015.

[17] 吴麒. 自动控制原理[M]. 北京:清华大学出版社,2006.

[18] 程国采. 战术导弹导引方法[M]. 北京:国防工业出版社,1996.

附录 A　某导弹弹道计算相关数据

1. 初值

表 A-1　导弹飞行初始值

变量	单位	值	变量	单位	值
x	m	0	θ	(°)	18
y	m	20	v	m/s	20
ϑ	(°)	18	ω_z	rad/s	0
m	kg	52.38			

2. 结构数据

表 A-2　转动惯量随时间变化情况

t/s	0	2.0	2.4	6.4	10.4	18.4	22.4	30.4	34.0	44.1	50.0
$J_z/(\text{kg}\cdot\text{m}^2)$	8.35	7.88	7.86	7.81	7.78	7.73	7.71	7.70	7.69	7.69	7.69

表 A-3　导弹质心位置（起自头部）

t/s	0	2.0	2.4	18.0	26.0	44.1	50.0
x_G/m	0.938	0.910	0.909	0.897	0.893	0.890	0.890

3. 发动机相关数据

表 A-4　推力随时间的变化情况

t/s	0	0.15	0.49	2.11	2.27	3.53	8.78	25.45	44.1	44.11	50.0
P/N	3 249.1	6 026.3	4 958.0	5 962.5	477.3	431.3	412.1	402.2	402.0	2.2	0

注：发动机第一级工作结束时间为 2.11 s，第二级工作结束时间为 44.1 s。

表 A-5　发动机质量秒流量

t/s	0	2.1	2.105	44.1	44.105	50.0
质量秒流量$/(\text{kg}\cdot\text{s}^{-1})$	2.362	2.362	0.210 6	0.210 6	0	0

4. 气动数据

表 A-6 阻力系数 c_x

Ma	$\alpha/(°)$					
	0	2	4	6	8	10
0.1	0.429 8	0.448 9	0.526 8	0.66	0.853 1	1.091 1
0.2	0.401	0.420 7	0.5	0.635 2	0.830 7	1.072 2
0.3	0.396 8	0.416 7	0.497 2	0.634 2	0.832 3	1.077 3
0.4	0.401 4	0.421 7	0.503 3	0.642 2	0.843 1	1.091 5
0.5	0.401 6	0.422 1	0.504 1	0.643 8	0.845 7	1.095 4
0.6	0.410 1	0.430 9	0.514 5	0.656 5	0.861 9	1.116 2
0.7	0.422 9	0.444	0.538 4	0.675 2	0.899 6	1.156 8
0.8	0.452 9	0.473 9	0.578 4	0.712 1	0.940 2	1.228 1
0.9	0.554 6	0.575 4	0.661 8	0.785 2	1.076 4	1.314 1

表 A-7 升力系数 c_y

Ma	$\alpha/(°)$					
	0	2	4	6	8	10
0.1	0	0.726 8	1.521 1	2.379 4	3.211	4.040 9
0.2	0	0.726	1.518 7	2.375 2	3.205 8	4.035 2
0.3	0	0.728 7	1.523 9	2.382 6	3.216 3	4.049 1
0.4	0	0.728 7	1.523	2.380 5	3.213 3	4.045 8
0.5	0	0.733	1.531 6	2.392 8	3.229 7	4.066 7
0.6	0	0.742 7	1.552 2	2.423 5	3.270 5	4.119 2
0.7	0	0.751	1.569 7	2.449 6	3.305 8	4.164 6
0.8	0	0.764 1	1.597 7	2.491 8	3.362 5	4.236 3
0.9	0	0.778 6	1.642 4	2.570 4	3.478 7	4.390 5

表 A-8 静稳定力矩系数导数 $m_{z0}^{\alpha}\big|_{X_G=0.938}$

Ma	$\alpha/(°)$					
	0	2	4	6	8	10
0.1	0	-0.010 05	-0.010 15	-0.010 30	-0.010 35	-0.010 45
0.2	0	-0.010 10	-0.010 18	-0.010 35	-0.010 39	-0.010 48

续表

Ma	α/(°)					
	0	2	4	6	8	10
0.3	0	−0.010 10	−0.010 18	−0.010 35	−0.010 38	−0.010 47
0.4	0	−0.010 15	−0.010 25	−0.010 40	−0.010 41	−0.010 49
0.5	0	−0.010 05	−0.010 18	−0.010 33	−0.010 31	−0.010 38
0.6	0	−0.009 50	−0.009 60	−0.009 72	−0.009 70	−0.009 77
0.7	0	−0.008 90	−0.008 98	−0.009 10	−0.009 09	−0.009 14
0.8	0	−0.008 55	−0.008 65	−0.008 82	−0.008 78	−0.008 85
0.9	0	−0.008 05	−0.008 20	−0.008 40	−0.008 46	−0.008 59

注：利用此表计算静稳定力矩系数 $m_z^\alpha \alpha$ 时，攻角 α 的单位为（°）。当导弹重心变化时，修正公式为 $m_z^\alpha = m_{z0}^\alpha + c_y^\alpha (x_G - x_{G0})/L$。

表 A−9　$x_G = 0.938$ m 时的阻尼力矩系数导数 $m_z^{\bar{\omega}_z}$

Ma	α/(°)					
	0	2	4	6	8	10
0.1	−0.497	−0.512	−0.528	−0.544	−0.559	−0.574
0.2	−0.502	−0.517	−0.533	−0.549	−0.564	−0.579
0.3	−0.506	−0.521	−0.537	−0.553	−0.568	−0.582
0.4	−0.514	−0.529	−0.545	−0.561	−0.576	−0.591
0.5	−0.523	−0.538	−0.554	−0.57	−0.585	−0.599
0.6	−0.548	−0.563	−0.579	−0.594	−0.609	−0.623
0.7	−0.578	−0.592	−0.608	−0.623	−0.638	−0.652
0.8	−0.621	−0.635	−0.65	−0.665	−0.68	−0.694
0.9	−0.678	−0.693	−0.709	−0.724	−0.739	−0.753

表 A−10　$x_G = 0.890$ m 时的阻尼力矩系数导数 $m_z^{\bar{\omega}_z}$

Ma	α/(°)					
	0	2	4	6	8	10
0.1	−0.655	−0.677	−0.7	−0.722	−0.742	−0.762
0.2	−0.662	−0.683	−0.706	−0.728	−0.749	−0.768
0.3	−0.666	−0.688	−0.711	−0.733	−0.753	−0.773

续表

Ma	α/(°)					
	0	2	4	6	8	10
0.4	−0.677	−0.698	−0.721	−0.743	−0.764	−0.783
0.5	−0.688	−0.709	−0.732	−0.754	−0.774	−0.793
0.6	−0.718	−0.739	−0.761	−0.783	−0.803	−0.822
0.7	−0.753	−0.774	−0.796	−0.817	−0.837	−0.855
0.8	−0.804	−0.825	−0.846	−0.867	−0.886	−0.905
0.9	−0.873	−0.894	−0.916	−0.938	−0.958	−0.977

注：当导弹质心位于0.890~0.938 m之间时，先按$x_G=0.890$ m和$x_G=0.938$ m分别进行插值，再对两次插值所得结果用当前质心位置进行插值，求得对应当前质心位置的阻尼力矩系数导数$m_z^{\bar{\omega}_z}$。

表 A-11　$x_G=0.938$ m 时的操纵力矩系数导数 $m_z^{\delta_z}$

Ma	δ_z/(°)					
	0	2	4	6	8	10
0.1	0	−0.013 65	−0.014 05	−0.014 28	−0.014 53	−0.014 80
0.2	0	−0.013 60	−0.014 00	−0.014 23	−0.014 48	−0.014 75
0.3	0	−0.013 55	−0.013 95	−0.014 18	−0.014 43	−0.014 70
0.4	0	−0.013 60	−0.014 00	−0.014 23	−0.014 48	−0.014 75
0.5	0	−0.013 60	−0.014 00	−0.014 23	−0.014 48	−0.014 75
0.6	0	−0.013 45	−0.013 85	−0.014 08	−0.014 33	−0.014 60
0.7	0	−0.013 15	−0.013 55	−0.013 78	−0.014 03	−0.014 30
0.8	0	−0.013 00	−0.013 40	−0.013 63	−0.013 88	−0.014 15
0.9	0	−0.012 80	−0.013 20	−0.013 43	−0.013 68	−0.013 95

表 A-12　$x_G=0.890$ m 时的操纵力矩系数导数 $m_z^{\delta_z}$

Ma	δ_z/(°)					
	0	2	4	6	8	10
0.1	0	−0.014 45	−0.014 88	−0.015 10	−0.015 35	−0.015 62
0.2	0	−0.014 40	−0.014 83	−0.015 05	−0.015 30	−0.015 57
0.3	0	−0.014 35	−0.014 78	−0.015 00	−0.015 24	−0.015 51
0.4	0	−0.014 40	−0.014 83	−0.015 05	−0.015 30	−0.015 57

续表

Ma	$\delta_z/(°)$					
	0	2	4	6	8	10
0.5	0	-0.014 40	-0.014 83	-0.015 05	-0.015 30	-0.015 57
0.6	0	-0.014 25	-0.014 65	-0.014 88	-0.015 14	-0.015 41
0.7	0	-0.013 95	-0.014 35	-0.014 57	-0.014 83	-0.015 09
0.8	0	-0.013 80	-0.014 18	-0.014 42	-0.014 66	-0.014 93
0.9	0	-0.013 55	-0.013 98	-0.014 20	-0.014 45	-0.014 72

当导弹质心位于 0.890~0.938 m 之间时，先按 $x_G = 0.890$ m 和 $x_G = 0.938$ m 分别进行插值，再对两次插值所得结果，用当前质心位置进行插值，求得对应当前质心位置的操纵力矩系数导数 $m_z^{\delta_z}$。利用上述表格计算操纵力矩系数 $m_z^{\delta_z}\delta_z$ 时，舵偏角 δ_z 的单位为（°）。

5. 其他参数

表 A-13 其他参数

变量	单位	值	变量	单位	值
特征面积	m²	0.022 7	声速	m/s	343.13
特征长度	m	1.8	大气密度	kg/m³	1.225
毛翼展	m	0.5			

附录 B 基于四元数的坐标系变换

1. 四元数的定义和性质

四元数定义为超复数：
$$Q = q_0 + q_1 i + q_2 j + q_3 k \tag{B-1}$$

式中，i、j、k 遵循下列的乘法规则（以小圆圈。来表示四元数乘法），
$$i \circ i = -1, \quad j \circ j = -1, \quad k \circ k = -1 \tag{B-2}$$

$$\left.\begin{array}{l} i \circ j = -j \circ i = k \\ j \circ k = -k \circ j = i \\ k \circ i = -i \circ k = j \end{array}\right\} \tag{B-3}$$

式（B-2）表示类似于虚单位的性质，式（B-3）表示类似于单位矢量的性质。所以，四元数具有两重性。

四元数 Q 可以分解为标量 q_0 和矢量 q：
$$\left.\begin{array}{l} Q = q_0 + q = \mathrm{scal}(Q) + \mathrm{vect}(Q) \\ q = q_1 i + q_2 j + q_3 k \end{array}\right\} \tag{B-4}$$

四元数的共轭数是
$$Q^* = q_0 - q_1 i - q_2 j - q_3 k = q_0 - q \tag{B-5}$$

根据式（B-2）和式（B-3），可以推导出四元数乘法的性质。

（1）矢量 p 和矢量 q 的乘积为
$$p \circ q = -p \cdot q + p \times q \tag{B-6}$$

式中，点乘和叉乘的含义仍按常规，即
$$\left.\begin{array}{l} p \cdot q = p_1 q_1 + p_2 q_2 + p_3 q_3 \\ p \times q = (p_2 q_3 - p_3 q_2) i + (p_3 q_1 - p_1 q_3) j + (p_1 q_2 - p_2 q_1) k \end{array}\right\} \tag{B-7}$$

（2）四元数 P 与四元数 Q 的乘积为
$$R = P \circ Q \tag{B-8}$$

式中，
$$\left.\begin{array}{l} P = p_0 + p_1 i + p_2 j + p_3 k = p_0 + p \\ Q = q_0 + q_1 i + q_2 j + q_3 k = q_0 + q \end{array}\right\} \tag{B-9}$$

它的矢量表达式是
$$r_0 + r = p_0 q_0 - p \cdot q + q_0 p + p_0 q + p \times q \tag{B-10}$$

也就是

$$\left.\begin{aligned}\mathrm{scal}(\boldsymbol{P}\circ\boldsymbol{Q}) &= p_0 q_0 - \boldsymbol{p}\cdot\boldsymbol{q} \\ \mathrm{vect}(\boldsymbol{P}\circ\boldsymbol{Q}) &= q_0\boldsymbol{p} + p_0\boldsymbol{q} + \boldsymbol{p}\times\boldsymbol{q}\end{aligned}\right\} \quad (\text{B}-11)$$

式中，$\mathrm{scal}(\cdot)$——某向量的标量部分；

$\mathrm{vect}(\cdot)$——某向量的矢量部分。

式（B-10）的矩阵表达式是

$$\mathrm{col}(\boldsymbol{R}) = \mathrm{mat}(\boldsymbol{P})\mathrm{col}(\boldsymbol{Q}) \quad (\text{B}-12)$$

式中，

$$\left.\begin{aligned}\mathrm{col}(\boldsymbol{R}) &= \begin{bmatrix} r_0 & r_1 & r_2 & r_3 \end{bmatrix}^{\mathrm{T}} \\ \mathrm{col}(\boldsymbol{Q}) &= \begin{bmatrix} q_0 & q_1 & q_2 & q_3 \end{bmatrix}^{\mathrm{T}}\end{aligned}\right\} \quad (\text{B}-13)$$

$$\mathrm{mat}(\boldsymbol{P}) = \begin{bmatrix} p_0 & -p_1 & -p_2 & -p_3 \\ p_1 & p_0 & -p_3 & p_2 \\ p_2 & p_3 & p_0 & -p_1 \\ p_3 & -p_2 & p_1 & p_0 \end{bmatrix} \quad (\text{B}-14)$$

另一个矩阵形式是

$$\mathrm{col}(\boldsymbol{R}) = \mathrm{mati}(\boldsymbol{Q})\mathrm{col}(\boldsymbol{P}) \quad (\text{B}-15)$$

式中，

$$\mathrm{mati}(\boldsymbol{Q}) = \begin{bmatrix} q_0 & -q_1 & -q_2 & -q_3 \\ q_1 & q_0 & q_3 & -q_2 \\ q_2 & -q_3 & q_0 & q_1 \\ q_3 & q_2 & -q_1 & q_0 \end{bmatrix} \quad (\text{B}-16)$$

按照式（B-12），有

$$\boldsymbol{Q}\circ\boldsymbol{Q}^{*} = \boldsymbol{Q}^{*}\circ\boldsymbol{Q} = q_0^2 + q_1^2 + q_2^2 + q_3^2 \quad (\text{B}-17)$$

（3）四元数 $\boldsymbol{Q}$ 与矢量 $\boldsymbol{v}$ 的乘积为

$$\boldsymbol{Q}\circ\boldsymbol{v} = (q_0 + \boldsymbol{q})\circ\boldsymbol{v} = -\boldsymbol{q}\cdot\boldsymbol{v} + (q_0\boldsymbol{v} + \boldsymbol{q}\times\boldsymbol{v}) \quad (\text{B}-18)$$

该乘积仍然是四元数。

与之类似，有

$$\boldsymbol{v}\circ\boldsymbol{Q} = -\boldsymbol{q}\cdot\boldsymbol{v} + (q_0\boldsymbol{v} - \boldsymbol{q}\times\boldsymbol{v}) \quad (\text{B}-19)$$

该乘积也是四元数。

（4）四元数 $\boldsymbol{Q}$ 与矢量 $\boldsymbol{v}$ 及共轭四元数 $\boldsymbol{Q}^{*}$ 的混合乘积为

$$\begin{aligned}\boldsymbol{Q}\circ\boldsymbol{v}\circ\boldsymbol{Q}^{*} &= (-\boldsymbol{q}\cdot\boldsymbol{v} + q_0\boldsymbol{v} + \boldsymbol{q}\times\boldsymbol{v})\circ(q_0 - \boldsymbol{q}) \\ &= (1 - 2\boldsymbol{q}\cdot\boldsymbol{q})\boldsymbol{v} + 2q_0(\boldsymbol{q}\times\boldsymbol{v}) + 2(\boldsymbol{q}\cdot\boldsymbol{v})\boldsymbol{q}\end{aligned} \quad (\text{B}-20)$$

2. 坐标系转动的四元数表示法

设坐标系 $Ox_a y_a z_a (S_a)$ 绕轴 ON 转过角 σ 就与坐标系 $Ox_b y_b z_b (S_b)$ 重合，轴 ON 与轴 Ox_a、Oy_a、Oz_a（即与轴 Ox_b、Oy_b、Oz_b）之间的角度分别为 β_1、β_2、β_3，则坐标系 S_b 相对于 S_a 的姿态（角位置）可以用角 σ、β_1、β_2、β_3 确定，也可以用如下定义的四元数

确定：
$$Q = q_0 + q_1 \boldsymbol{i} + q_2 \boldsymbol{j} + q_3 \boldsymbol{k} \tag{B-21}$$

式中，
$$\left.\begin{aligned} q_0 &= \cos(\sigma/2) \\ q_i &= \sin(\sigma/2)\cos\beta_i, i = 1,2,3 \end{aligned}\right\} \tag{B-22}$$

显然，它们满足如下约束条件：
$$q_0^2 + q_1^2 + q_2^2 + q_3^2 = 1 \tag{B-23}$$

所以，在代表旋转的四元数的四个元素中，只有三个是独立的。

3. 刚体有限转动的表示法

设向量 $\boldsymbol{r}_a$ 绕轴 ON 转动角 σ 成为 $\boldsymbol{r}_b$，轴 ON 的单位向量为 $\boldsymbol{n}$，如图 B-1 所示。

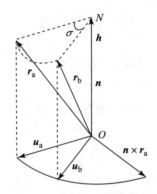

图 B-1 刚体的有限转动

由图 B-1 可得
$$\begin{cases} \boldsymbol{u}_b = \boldsymbol{u}_a \cos\sigma + (\boldsymbol{n} \times \boldsymbol{r}_a)\sin\sigma \\ \boldsymbol{u}_a = \boldsymbol{r}_a - \boldsymbol{h} = \boldsymbol{r}_a - (\boldsymbol{r}_a \cdot \boldsymbol{n})\boldsymbol{n} \\ \boldsymbol{r}_b - \boldsymbol{r}_a = \boldsymbol{u}_b - \boldsymbol{u}_a \end{cases} \tag{B-24}$$

经过推导，可得
$$\boldsymbol{r}_b = \cos\sigma \boldsymbol{r}_a + \sin\sigma(\boldsymbol{n} \times \boldsymbol{r}_a) + (\boldsymbol{r}_a \cdot \boldsymbol{n})(1 - \cos\sigma)\boldsymbol{n} \tag{B-25}$$

式（B-25）为刚体有限转动的向量表示法。

另一方面，以 σ 和 $\boldsymbol{n}$ 构成四元数：
$$Q = q_0 + \boldsymbol{q} = \cos(\sigma/2) + \sin(\sigma/2)\boldsymbol{n} \tag{B-26}$$

根据乘法运算法则，有
$$Q \circ \boldsymbol{r}_a \circ Q^* = \cos\sigma \boldsymbol{r}_a + \sin\sigma(\boldsymbol{n} \times \boldsymbol{r}_a) + (\boldsymbol{r}_a \cdot \boldsymbol{n})(1 - \cos\sigma)\boldsymbol{n} \tag{B-27}$$

对比式（B-25）和式（B-27），可得
$$\boldsymbol{r}_b = Q \circ \boldsymbol{r}_a \circ Q^* \tag{B-28}$$

其逆向关系式为 $\boldsymbol{r}_a = Q^* \circ \boldsymbol{r}_b \circ Q$。

4. 由四元数构成坐标变换矩阵

当坐标系 S_a 绕轴 ON 转过角 σ 而成为 S_b 时，单位矢量 $\boldsymbol{i}_a$、$\boldsymbol{j}_a$、$\boldsymbol{k}_a$ 变为 $\boldsymbol{i}_b$、$\boldsymbol{j}_b$、$\boldsymbol{k}_b$。按照式（B-28），有

$$\left.\begin{aligned} \boldsymbol{i}_b &= \boldsymbol{Q} \circ \boldsymbol{i}_a \circ \boldsymbol{Q}^* \\ \boldsymbol{j}_b &= \boldsymbol{Q} \circ \boldsymbol{j}_a \circ \boldsymbol{Q}^* \\ \boldsymbol{k}_b &= \boldsymbol{Q} \circ \boldsymbol{k}_a \circ \boldsymbol{Q}^* \end{aligned}\right\} \quad (B-29)$$

对于矢量 $\boldsymbol{r} = x_a \boldsymbol{i}_a + y_a \boldsymbol{j}_a + z_a \boldsymbol{k}_a = x_b \boldsymbol{i}_b + y_b \boldsymbol{j}_b + z_b \boldsymbol{k}_b$,有

$$\begin{aligned} \boldsymbol{r} &= x_b \boldsymbol{Q} \circ \boldsymbol{i}_a \circ \boldsymbol{Q}^* + y_b \boldsymbol{Q} \circ \boldsymbol{j}_a \circ \boldsymbol{Q}^* + z_b \boldsymbol{Q} \circ \boldsymbol{k}_a \circ \boldsymbol{Q}^* \\ &= \boldsymbol{Q} \circ (x_b \boldsymbol{i}_a + y_b \boldsymbol{j}_a + z_b \boldsymbol{k}_a) \circ \boldsymbol{Q}^* \end{aligned} \quad (B-30)$$

现定义零标量的四元数为

$$\left.\begin{aligned} \boldsymbol{R}_a &= 0 + x_a \boldsymbol{i}_a + y_a \boldsymbol{j}_a + z_a \boldsymbol{k}_a = 0 + \boldsymbol{r} \\ \boldsymbol{R}_{b/a} &= 0 + x_b \boldsymbol{i}_a + y_b \boldsymbol{j}_a + z_b \boldsymbol{k}_a \end{aligned}\right\} \quad (B-31)$$

于是,式(B-30)可以写为

$$\boldsymbol{R}_a = \boldsymbol{Q} \circ \boldsymbol{R}_{b/a} \circ \boldsymbol{Q}^* \quad (B-32)$$

或

$$\boldsymbol{R}_{b/a} = \boldsymbol{Q}^* \circ \boldsymbol{R}_a \circ \boldsymbol{Q} \quad (B-33)$$

利用式(B-12)和式(B-15),可得

$$\mathrm{col}(\boldsymbol{R}_{b/a}) = \mathrm{mati}(\boldsymbol{Q}) \mathrm{mat}(\boldsymbol{Q}^*) \mathrm{col}(\boldsymbol{R}_a) \quad (B-34)$$

即

$$\begin{bmatrix} 0 \\ x_a \\ y_a \\ z_a \end{bmatrix} = \begin{bmatrix} q_0 & -q_1 & -q_2 & -q_3 \\ q_1 & q_0 & q_3 & -q_2 \\ q_2 & -q_3 & q_0 & q_1 \\ q_3 & q_2 & -q_1 & q_0 \end{bmatrix} \begin{bmatrix} q_0 & q_1 & q_2 & q_3 \\ -q_1 & q_0 & q_3 & -q_2 \\ -q_2 & -q_3 & q_0 & q_1 \\ -q_3 & q_2 & -q_1 & q_0 \end{bmatrix} \begin{bmatrix} 0 \\ x_b \\ y_b \\ z_b \end{bmatrix} \quad (B-35)$$

因此,有

$$\begin{bmatrix} x_b \\ y_b \\ z_b \end{bmatrix} = \left(\begin{bmatrix} q_1 \\ q_2 \\ q_3 \end{bmatrix} \begin{bmatrix} q_1 & q_2 & q_3 \end{bmatrix} + \begin{bmatrix} q_0 & q_3 & -q_2 \\ -q_3 & q_0 & q_1 \\ q_2 & -q_1 & q_0 \end{bmatrix}^2 \right) \begin{bmatrix} x_a \\ y_a \\ z_a \end{bmatrix} \quad (B-36)$$

左边括号内的表达式正是坐标变换矩阵 $\boldsymbol{L}_{ba}$,它可以写为

$$\boldsymbol{L}_{ba} = \boldsymbol{q} \boldsymbol{q}^\mathrm{T} + (q_0 \boldsymbol{I} - \boldsymbol{q}^\times)^2 \quad (B-37)$$

式中,

$$\boldsymbol{q} = \begin{bmatrix} q_1 & q_2 & q_3 \end{bmatrix}^\mathrm{T}$$

$$\boldsymbol{q}^\times = \begin{bmatrix} 0 & -q_3 & q_2 \\ q_3 & 0 & -q_1 \\ -q_2 & q_1 & 0 \end{bmatrix}$$

于是,得到变换矩阵 $\boldsymbol{L}_{ba}$ 的各元素为

$$\left.\begin{aligned}l_{11} &= q_0^2 + q_1^2 - q_2^2 - q_3^2 \\ l_{12} &= 2(q_3 q_0 + q_1 q_2) \\ l_{13} &= 2(q_1 q_3 - q_0 q_2) \\ l_{21} &= 2(q_1 q_2 - q_0 q_3) \\ l_{22} &= q_0^2 - q_1^2 + q_2^2 - q_3^2 \\ l_{23} &= 2(q_1 q_0 + q_3 q_2) \\ l_{31} &= 2(q_1 q_3 + q_0 q_2) \\ l_{32} &= 2(q_2 q_3 - q_0 q_1) \\ l_{33} &= q_0^2 - q_1^2 - q_2^2 + q_3^2\end{aligned}\right\} \quad (\text{B}-38)$$

当变换矩阵的元素已知时，就可以从下列四组方程中选出一组来计算四元数：

$$\left.\begin{aligned}q_0 &= \pm\sqrt{1 + l_{11} + l_{22} + l_{33}}/2 \\ q_1 &= (l_{23} - l_{32})/(4q_0) \\ q_2 &= (l_{31} - l_{13})/(4q_0) \\ q_3 &= (l_{12} - l_{21})/(4q_0)\end{aligned}\right\} \quad (\text{B}-39)$$

$$\left.\begin{aligned}q_1 &= \pm\sqrt{1 + l_{11} - l_{22} - l_{33}}/2 \\ q_2 &= (l_{12} + l_{21})/(4q_0) \\ q_3 &= (l_{31} + l_{13})/(4q_0) \\ q_0 &= (l_{23} + l_{32})/(4q_0)\end{aligned}\right\} \quad (\text{B}-40)$$

$$\left.\begin{aligned}q_2 &= \pm\sqrt{1 - l_{11} + l_{22} - l_{33}}/2 \\ q_3 &= (l_{23} + l_{32})/(4q_0) \\ q_0 &= (l_{31} - l_{13})/(4q_0) \\ q_1 &= (l_{12} + l_{21})/(4q_0)\end{aligned}\right\} \quad (\text{B}-41)$$

$$\left.\begin{aligned}q_3 &= \pm\sqrt{1 - l_{11} - l_{22} + l_{33}}/2 \\ q_0 &= (l_{12} - l_{21})/(4q_0) \\ q_1 &= (l_{31} + l_{13})/(4q_0) \\ q_2 &= (l_{23} + l_{32})/(4q_0)\end{aligned}\right\} \quad (\text{B}-42)$$

利用每一组的第一行计算 q_0、q_1、q_2、q_3，选择给出最大值的那一组作为计算公式。例如，若 q_2 最大，则选择式（B-41）。

上述的四元数称为从 S_a 到 S_b 的变换四元数，或者称为 S_b 相对于 S_a 的姿态四元数。为了更加明确起见，把它记为 $\boldsymbol{Q}_{ba}$。

根据定义，有如下关系：

$$\boldsymbol{Q}_{ab} = \boldsymbol{Q}_{ba}^* \quad (\text{B}-43)$$

5. 三个或更多坐标系的关系

假设有三个坐标系，分别为 S_a：$Ox_ay_az_a$，S_b：$Ox_by_bz_b$，S_c：$Ox_cy_cz_c$。

坐标系 S_b 和 S_a 由 $\boldsymbol{Q}_{ba}$ 联系，即

$$\boldsymbol{Q}_{ba} = q_{0ba} + q_{1ba}\boldsymbol{i}_a + q_{2ba}\boldsymbol{j}_a + q_{3ba}\boldsymbol{k}_a = q_{0ba} + \boldsymbol{q}_{ba}^T \boldsymbol{f}_a \tag{B-44}$$

根据式（B-28），有

$$\boldsymbol{f}_b = \boldsymbol{Q}_{ba} \circ \boldsymbol{f}_a \circ \boldsymbol{Q}_{ba}^* \tag{B-45}$$

坐标系 S_c 和 S_b 由 $\boldsymbol{Q}_{cb}$ 联系，即

$$\boldsymbol{Q}_{cb} = q_{0cb} + q_{1cb}\boldsymbol{i}_b + q_{2cb}\boldsymbol{j}_b + q_{3cb}\boldsymbol{k}_b = q_{0cb} + \boldsymbol{q}_{cb}^T \boldsymbol{f}_b \tag{B-46}$$

且有

$$\boldsymbol{f}_c = \boldsymbol{Q}_{cb} \circ \boldsymbol{f}_b \circ \boldsymbol{Q}_{cb}^* \tag{B-47}$$

坐标系 S_c 和 S_a 由 $\boldsymbol{Q}_{ca}$ 联系，即

$$\boldsymbol{Q}_{ca} = q_{0ca} + q_{1ca}\boldsymbol{i}_a + q_{2ca}\boldsymbol{j}_a + q_{3ca}\boldsymbol{k}_a = q_{0ca} + \boldsymbol{q}_{ca}^T \boldsymbol{f}_a \tag{B-48}$$

且有

$$\boldsymbol{f}_c = \boldsymbol{Q}_{ca} \circ \boldsymbol{f}_a \circ \boldsymbol{Q}_{ca}^* \tag{B-49}$$

把式（B-43）、式（B-45）和式（B-47）结合，有

$$\boldsymbol{Q}_{ca} = \boldsymbol{Q}_{cb} \circ \boldsymbol{Q}_{ba} \tag{B-50}$$

注意：$\boldsymbol{Q}_{cb}$ 和 $\boldsymbol{Q}_{ba}$ 有不同的基底，它们的元素的关系不能用式（B-12）或式（B-15）来表示，所以不能直接应用式（B-50）。

把式（B-50）改写成

$$q_{0ca} + \boldsymbol{q}_{ca}^T \boldsymbol{f}_a = (q_{0cb} + \boldsymbol{q}_{cb}^T \boldsymbol{f}_b) \circ (q_{0ba} + \boldsymbol{q}_{ba}^T \boldsymbol{f}_a) \tag{B-51}$$

由于

$$\left. \begin{aligned} \boldsymbol{f}_b &= \boldsymbol{Q}_{ba} \circ \boldsymbol{f}_a \circ \boldsymbol{Q}_{ba}^* \\ q_{0cb} &= q_{0cb} \circ \boldsymbol{Q}_{ba} \circ \boldsymbol{Q}_{ba}^* = \boldsymbol{Q}_{ba} \circ q_{0cb} \circ \boldsymbol{Q}_{ba}^* \end{aligned} \right\} \tag{B-52}$$

式（B-51）被变换成

$$\begin{aligned} q_{0ca} + \boldsymbol{q}_{ca}^T \boldsymbol{f}_a &= \boldsymbol{Q}_{ba} \circ (q_{0cb} + \boldsymbol{q}_{cb}^T \boldsymbol{f}_a) \circ \boldsymbol{Q}_{ba}^* \circ \boldsymbol{Q}_{ba} \\ &= \boldsymbol{Q}_{ba} \circ (q_{0cb} + \boldsymbol{q}_{cb}^T \boldsymbol{f}_a) \end{aligned} \tag{B-53}$$

利用符号

$$\boldsymbol{Q}_{cb/a} = q_{0cb} + \boldsymbol{q}_{cb}^T \boldsymbol{f}_a \tag{B-54}$$

则式（B-53）变为

$$\boldsymbol{Q}_{ca} = \boldsymbol{Q}_{ba} \circ \boldsymbol{Q}_{cb/a} \tag{B-55}$$

这里的 $\boldsymbol{Q}_{ba}$ 和 $\boldsymbol{Q}_{cb/a}$ 具有同样的基底 $\boldsymbol{f}_a$，因而可以把这个式子按照式（B-12）或（B-15）展开，得到变换四元数的元素之间的关系。

更一般的定义可以表示为，从 S_p 到 S_q 的旋转四元数为

$$\boldsymbol{Q}_{pq\#} = q_{0pq} + q_{1pq}\boldsymbol{i} + q_{2pq}\boldsymbol{j} + q_{3pq}\boldsymbol{k} \tag{B-56}$$

式中，q_{0pq}、q_{1pq}、q_{2pq}、q_{3pq} 由式（B-22）确定，它们决定于旋转轴线的方向余弦及旋转的角度；$\boldsymbol{i}$、$\boldsymbol{j}$、$\boldsymbol{k}$ 是虚单位或虚拟坐标系的单位矢量，但与当时的坐标系无关。因此，$\boldsymbol{Q}_{pq\#}$ 称为通用基底的四元数或虚拟四元数。于是，式（B-53）可写为

$$\boldsymbol{Q}_{\mathrm{ca\#}} = \boldsymbol{Q}_{\mathrm{ba\#}} \circ \boldsymbol{Q}_{\mathrm{cb\#}} \tag{B-57}$$

对于这个四元数方程，可以使用式（B-12），即

$$\mathrm{col}(\boldsymbol{Q}_{\mathrm{ca\#}}) = \mathrm{mat}(\boldsymbol{Q}_{\mathrm{ba\#}}) \circ \mathrm{col}(\boldsymbol{Q}_{\mathrm{cb\#}}) \tag{B-58}$$

推广到四个坐标系的情况，对于各自基底的四元数，关系为

$$\boldsymbol{Q}_{\mathrm{da}} = \boldsymbol{Q}_{\mathrm{dc}} \circ \boldsymbol{Q}_{\mathrm{cb}} \circ \boldsymbol{Q}_{\mathrm{ba}} \tag{B-59}$$

对于共同基底的四元数（即虚拟四元数），关系为

$$\boldsymbol{Q}_{\mathrm{da\#}} = \boldsymbol{Q}_{\mathrm{ba\#}} \circ \boldsymbol{Q}_{\mathrm{cb\#}} \circ \boldsymbol{Q}_{\mathrm{dc\#}} \tag{B-60}$$

后 记

情感领域教育目标涉及情感、兴趣、态度、价值观等，在内涵描述、教学实施、考核评价等方面与认知领域教育目标之间存在较大区别。即便有一定经验的教师，当需要在一门非情感领域课程中融入情感领域教育目标时，有时也会感到困惑。比较常见的问题有：

一是不小心把课程目标描述得过于宏大、笼统、抽象，以至于既难以落实，也难以评价，甚至最后就不评了，即"说""做""评"三者之间出现了一定程度的分离。

二是在评价情感领域教育目标的达成情况时，没有注意及时、主动地搜集直接证据，更不用说有计划、系统全面地搜集了。到了总结工作成果或申报项目时，才开始被动地搜集证据，这不仅错失良机，还会导致一些证据的严谨、规范程度有所不足。例如，仅选用个别优秀学生的表现进行评价，而未做到面向全体学生；又如，用教师自己获得的奖励与表彰来进行旁证。

三是人类的情感态度既能表现为内隐行为，也能表现为外显行为，二者之间还可相互影响和转化。在不借助仪器的情况下，即便只是简单的内隐行为，往往也难以直接进行观察，这大大增加了情感态度类教育目标的描述和评价难度。

四是部分情感态度类教育目标的达成过程比较漫长，有的可能需要好几年才能最终达成。于是有一种观点认为：根据学生在某一门课程中的行为表现所做出的评价，并不具有确定的、可持续"保值"的意义，因而没有必要对这类课程目标的达成情况进行评价。

课程思政教学目标大多属于情感领域教育目标，其达成情况评价相对于认知领域教育目标而言，更加具有挑战性。在创建一门课程时，教师若能将情感领域教育目标描述得尽可能清楚，让其可落实、可评价，应该是一件非常具有现实意义的事情。

于是，我开始分析近年来在"飞行力学（研究型课程）"教学过程中学生所表现出的外显行为，并试图从中找到一些线索。我按照"学生的行为表现"→"教学活动与载体"→"课程目标"的顺序进行了一番推演：先基于既往课程教学实践中学生的行为表现梳理出相关的教学活动与载体，再根据这些教学活动与载体"量身打造"课程目标，最终推演出"课程目标"的具体内涵。这种方式其实是一种"逆序"，因为它刚好与 OBE 和专业认证所倡导的顺序相反。这种做法虽然可以避免"说大做小""说多做少""说而不评""评说分离"等现象，但并不符合产出导向的基本逻辑，如果发展下去很可能导致一系列非常糟糕的情况，如因简就陋、缩手缩脚、不思进取、得过且过等。因此，这种"逆序"也许可以用来帮助教师搜集用于评价的证据，反思课程目标的描述是否存在不够清晰、可落实和可评价性差等问题，但并不适合用来设计符合 OBE 理念的课程目标。

一种相对合理的办法可能是：在设计课程目标时，同步考虑如何落实（教学活动与载体）与如何评价（搜集证据）的问题。由于涉及情感领域的教育目标关联了较多的内隐和外显行为，绝大多数课程和教师受专业知识和客观条件的限制，难以对学习者的内隐行为进行有效的观察、分析和评价。在考虑如何落实、如何评价这类教育目标时，应当更多地设计有利于全体学生展示相关外显行为的教学内容、教学活动，并将其作为载体，以便在教学过程中观察、记录到更多可以用于评价的全体学生的外显行为。

总而言之，在为一门非情感领域课程设计情感领域教育目标时，既要避免将预期学习成果描述得过于宏观、笼统、抽象，以至于不便落实和评价；也要避免过于具体、具象和表面化，以至于有损其应有的意义或导致教学效果迅速地、不留痕迹地消失。

在如何将情感领域教育目标与课程原有的专业认知领域教育目标相融合的问题上，即便教师已经谙熟 OBE 理念，知道应该如何描述、落实和评价这类教育目标，仍有可能因方法不同，导致两类教育目标的融合出现层次上的区别。

第一个层次好比简单粗暴地做加法——生搬硬套地加入一些情感、态度方面的元素，要么牵强附会，要么干脆"两张皮"。这一层次根本不能叫作融合，只能算是拼凑，给人的感觉就像是"强扭的瓜"一样。

第二个层次好比同号变量做加法——两个领域的教育目标能够共用部分教学内容、教学活动等载体实现共生，课程能够实现寓"情感领域教学"于"专业认知领域教学"，但相互促进不够。

第三个层次是双向奔赴、相互促进的和谐相融——两个领域的教育教学已不限于共用、共生，既能寓"情感领域教学"于"专业认知领域教学"，还能通过情感领域教育目标的达成，提升学习者在专业认知领域的层次和境界。

立德树人是大学的根本任务，因此"课程思政"这个概念一经提出，很快成为全国高校的共识，涌现出了不少构思精妙、堪称典范的课程思政优秀案例。但同时不难发现，要达到第三个层次的和谐相融状态，还有很长的路要走。

事实上，无论是对情感领域教育目标还是对认知领域教育目标，"理论联系实际""知行合一"应该都是最有效的达成途径。近年来，"飞行力学（研究型课程）"的教学实践，让我在这方面的体会越来越深刻，但如何为情感领域与认知领域的教育目标建立一条"和谐相融、知行合一"的达成途径，更让我感觉任重而道远。

时代的发展必然会对教材提出与时俱进的新要求，当课程已经迈出跨领域教育目标融合发展的步伐时，教材作为课程的重要组成部分甚至核心基础，其编写思路理应主动调整，才能更好地帮助教师重构课程，使课程的情感领域教育目标与认知领域教育目标双向奔赴、相互促进，实现更高层次的融合。

要把体现时代精神的情感领域教育目标和教学内容"写"进教材并不复杂，但要"融"进教材，则是一件不那么容易的事。要让教材能够帮助课程在情感领域和认知领域的教学效果实现最高层次的和谐相融，更是一件不容易的事。近年来，我在"飞行力学（研究型课程）"的教学实践中一直坚持尝试这种"和谐相融、知行合一"的发展模式，终于在本次修订之初，水到渠成地提出了相应的编写理念，概括起来就是"转""载""融""合"四个字。

所谓"转"，是将我们这个时代的伟大精神"转化"为一项或若干项具体的情感、态度、价值类教育目标，为相关章节的内容起到明确的、具体的引领作用，便于编者组织恰当的内容作为载体加以落实。切忌简单粗暴、生搬硬套，导致目标过于宏大或过于抽象，最终难以落实。

所谓"载"，是针对这些特别设计的情感、态度、价值类教育目标，精心组织恰当的、足够厚重的内容作为载体，让这些教育目标能够实实在在地落实，既包括依靠教材本身来落实，也包括将教材用于课程教学来落实。切忌目标高大宏伟，而载体不够厚重扎实，结果头重脚轻，支撑乏力。

所谓"融"，是指这些特别设计的情感、态度、价值类教育目标，以及相应的支撑载体和具体内容，能够尽可能地与专业认知领域教育目标、支撑载体和具体内容相融合。切忌貌合神离、表面化，更不能牵强附会或干脆"两张皮"。

所谓"合"，是指按照"知行合一"的理念，让教材本身（或将教材用于课程教学时）能够引导读者（或学生）在专业内容的学习和探究过程中，知行合一地达成这些特别设计的情感、态度、价值类教育目标，进而实现对时代精神的深刻领会和感悟，同时促进专业认知领域教学效果的升华。切忌形式主义、走过场，或者纸上谈兵、光说不练。

"润物细无声"是达成情感领域教育目标的一种理想模式，也是本书的重要编写指导思想。为此，编者尽可能按照"知识、能力、价值"三位一体的"转、载、融、合"编写理念，以一个个专业研习项目支撑一个个同样具有专业属性的主题任务，同时将主题任务作为载体来落实和支撑一个个特别设计的情感领域教育目标。每一个主题任务既是情感领域教育目标的支撑载体，又与专业项目之间有着极强的关联，这让教师可以很方便地利用这些项目来重构课程，组织实施研究型教学，引导学生通过主题任务和项目研习，知行合一地进行研究型学习，在研究实践中更加深刻地领会和感悟时代精神，更好地将其内化于心。由于每一项情感领域教育目标都有具体的主题任务来落实，教师可以很方便地从学生的各种相关外显行为和结果中搜集到合适的证据，用于评价每一个学生的情感领域教育目标的达成情况。

面对"百年未有之大变局"，为了将立德树人的根本任务更好地落实到每一门具体的课程上，教材建设必须依靠更加先进的指导思想、更加创新的编写理念，才能适应新时代的新要求。这次修订，既是一次将"飞行力学（研究型课程）"的教学理念移植到配套教材的过程，也是一次"教材与课程一体化建设"的尝试，有些编写理念对我来说还是首次尝试。恳请各位专家、教师和读者朋友多提宝贵意见，为今后的修订工作指明方向。

林 海

2023 年 11 月于珠海